黄河水沙分析及河道治理综论

吕军奇　炊玉波　隋媛媛　王　展　武国全　　编著

黄河水利出版社

·郑州·

图书在版编目(CIP)数据

黄河水沙分析及河道治理综论/吕军奇等编著.—郑州:
黄河水利出版社,2022.11
ISBN 978-7-5509-3456-6

Ⅰ.①黄…　Ⅱ.①吕…　Ⅲ.①黄河-含沙水流-研究
②黄河-河道整治-研究　Ⅳ.①TV152②TV882.1

中国版本图书馆 CIP 数据核字(2022)第 229281 号

审稿:席红兵　14959393@qq.com

出 版 社:黄河水利出版社
地址:河南省郑州市顺河路黄委会综合楼 14 层　　邮政编码:450003
发行单位:黄河水利出版社
发行部电话:0371-66026940、66020550、66028024、66022620(传真)
E-mail:hhslcbs@126.com
承印单位:河南新华印刷集团有限公司
开本:787 mm×1 092 mm　1/16
印张:15.5
字数:370 千字　　印数:1—1 000
版次:2022 年 11 月第 1 版　　印次:2022 年 11 月第 1 次印刷

定价:68.00 元

前　言

人民治黄以来，特别是改革开放以来，黄河水沙治理、河道整治、水资源开发、水生态保护等工作取得了巨大的成就。黄河水功能区划分、水库建设、黄土高原水土保持工程建设，以及黄河下游标准化堤防建设等，使黄河水资源有力地支撑了我国经济社会的发展，黄河防洪体系不断完善，抗洪能力不断提高，保障了黄河流域人民的生命财产安全。但是，目前来看仍有很多问题没有解决，黄河洪水隐患还没有彻底根除，抗御洪涝灾害的能力还需持续提高。因此，必须认清黄河水沙情势，上、中、下游统筹兼顾，在黄河上、中游做好水土保持工作，在黄河下游做好河道堤防建设管理工作，同时做好各水库水量调度和除险加固等工作，使黄河顺利流入东海，确保黄河岁岁安澜。

本书共分为8章。主要内容包括水文水资源、水土保持监测与防治、水土保持工程建设、堤防工程、涵闸工程施工与控制、河道和滩区综合整治、水库防洪除险加固、流域整体水土保持预防监督和建设发展等。本书可供从事黄河水沙治理和河道治理、工程建设管理的研究人员与技术人员参考。

本书由郑州黄河工程有限公司吕军奇、郑州黄河河务局中牟黄河河务局炊玉波、松辽水利委员会水利工程建设管理站隋嫒嫒、黄河水利委员会河南水文水资源局王展、焦作黄河河务局沁阳沁河河务局武国全共同编写。具体编写分工如下：第1章由吕军奇编写，第2章由隋嫒嫒、王展编写，第3章由隋嫒嫒、王展编写，第4章由吕军奇、炊玉波编写，第5章由吕军奇编写，第6章由炊玉波、武国全编写，第7章由武国全编写，第8章由炊玉波、武国全编写。全书由吕军奇负责统稿。

在本书编写过程中，作者参考和引用了前人的文献资料和研究成果，在此对相关文献资料的作者和有关研究人员表示衷心的感谢！

由于作者水平有限，编写时间仓促，加之黄河治理涉及多方面因素，且黄河来水来沙条件复杂多变，本书内容难免有错误和不妥之处，恳请专家学者和读者批评指正。

作　者

2022年11月

目　录

第 1 章　概述 …… (1)
1.1　黄河流域自然地理条件 …… (1)
1.2　流域气候特点 …… (3)
1.3　流域水利工程概况 …… (3)
第 2 章　水文水资源 …… (5)
2.1　流域径流及流量分析 …… (5)
2.2　流域洪水特性分析 …… (10)
2.3　流域泥沙特性分析 …… (47)
2.4　水资源利用情况 …… (64)
第 3 章　水土保持监测与防治 …… (68)
3.1　黄河流域水土保持监测概况 …… (68)
3.2　水土保持重点监测项目与系统建设 …… (72)
3.3　水土保持防治技术在监测中的应用 …… (82)
第 4 章　水土保持工程建设 …… (89)
4.1　林草工程建设 …… (89)
4.2　坝体防护工程建设 …… (95)
4.3　截排水防洪工程建设 …… (115)
4.4　支毛沟治理 …… (122)
4.5　临时防护工程建设 …… (133)
第 5 章　堤防工程、涵闸工程施工与控制 …… (137)
5.1　堤防工程施工 …… (137)
5.2　涵闸工程施工控制 …… (144)
5.3　堤防防护工程质量控制 …… (167)
5.4　堤防防护工程验收 …… (180)
第 6 章　河道和滩区综合整治 …… (185)
6.1　黄河下游河道治理方向 …… (185)
6.2　河道放淤技术 …… (187)
6.3　引洪放淤数学模型 …… (201)
6.4　滩区放淤模式及试验 …… (210)

第7章 水库防洪除险加固 ……(221)
7.1 水库大坝除险加固 ……(221)
7.2 大坝降渗排水 ……(224)
第8章 流域整体水土保持预防监督和建设发展 ……(225)
8.1 流域水土保持预防监督管理 ……(225)
8.2 水土流失防治与水土保持建设发展 ……(231)
参考文献 ……(242)

第1章 概 述

黄河流域位于我国的中东部，地理位置在东经96°~119°、北纬32°~42°，西起青藏高原的巴颜喀拉山，东临渤海，北抵阴山，南至秦岭，流域面积79.5万km^2（其中内流区为4.2万km^2）。黄河发源于青藏高原巴颜喀拉山北麓的约古宗列盆地，流经青海、四川、甘肃、宁夏、内蒙古、陕西、山西、河南、山东九省（区），在山东垦利县注入渤海，干流全长5 464 km。自河源至内蒙古托克托县的河口镇为上游，河口镇至河南郑州的桃花峪为中游，桃花峪至入海口为下游。小浪底坝址位于黄河中游的河南省洛阳市境内。

1.1 黄河流域自然地理条件

黄河流域的地势西高东低，大致分为三个阶梯。第一阶梯是流域西部的青藏高原，一般海拔2 500~4 500 m。有一系列的西北—东南向山脉，如北部的祁连山，南部的积石山和巴颜喀拉山，黄河迂回于山峦之间，在兰州以上呈"S"形大转弯。雄踞黄河第一大曲的阿尼玛卿山（又称积石山）主峰玛卿岗日海拔6 282 m，是黄河流域的制高点，山顶终年积雪，冰峰起伏，气象万千。

第二阶梯是青藏高原以东至太行山，海拔1 000~2 000 m，由河套平原、鄂尔多斯高原、黄土高原和秦岭山脉、太行山山脉等组成。本阶梯内白于山以北属内蒙古高原的一部分，包括黄河河套平原和鄂尔多斯高原两个自然地理区域；白于山以南为黄土高原和崤山、熊耳山、太行山等。

鄂尔多斯高原的西、北、东三面均为黄河所环绕，南界长城，高原面积为13万km^2，大部分海拔为1 000~1 400 m，是一块近似方形的台状干燥剥蚀高原，风沙地貌发育，高原内盐碱湖泊众多，地表径流大部分汇入湖中，是黄河流域内最大的闭流区，面积达4.22万km^2。

黄土高原北起鄂尔多斯高原，南界秦岭，西抵青藏高原，东至太行山山脉，海拔1 000~2 000 m。黄土塬、梁、峁、沟是黄土高原的地貌主体。黄土高原土质疏松，垂直节理发育，植被稀疏，水土流失严重，是黄河泥沙的主要来源地区。

横亘黄土高原南部的秦岭，是我国亚热带和暖温带的南北分界线和黄河与长江的分水岭，它阻挡了部分来自西南方向的水汽，使秦岭以北的年降水量显著减少。豫西山地由秦岭东延的崤山、熊耳山、外方山、伏牛山、嵩山组成，大部分海拔在100 m以上，这些山脉也是黄河流域同长江流域、淮河流域的分水岭。太行山耸立在黄土高原与华北平原之间，是黄河流域与海河流域的分水岭，也是华北地区一条重要的自然地理界线。

第三阶梯自太行山系以东至滨海，是黄河下游冲积平原和鲁中南低山丘陵。黄河下游冲积平原包括豫东、豫北、鲁西、鲁北、冀南、皖北、苏北等地区，面积达25万km^2。平原地势大体以黄河大堤为分水岭，其北为黄海平原，属海河流域；大堤以南为黄淮平原，属淮河流域。

黄河上游在玛多(黄河沿)以上称为河源区。该区河谷宽阔,湖泊沼泽众多,水源丰富,湖沼水面面积达2 000 km²。其中,扎陵湖和鄂陵湖相对较大,扎陵湖面积为526 km²,平均水深9 m左右;鄂陵湖面积610 km²,平均水深17.6 m,最大水深30.7 m。自玛多至玛曲,黄河顺势蜿蜒而下,流经山区和丘陵地带,河道切割渐深。玛曲以上是黄河最大的弯曲段,区域内地势相对平坦、开阔,水草丰富且有较多的成片灌木。最大的支流白河、黑河自右岸汇入,流域蓄水能力强,调蓄作用大。自西南、东南气流输入的水汽,由于该区首当其冲,所以降水量大,是黄河上游水量的主要来源区。自玛曲以下至唐乃亥,河道穿行于崇山峻岭之中,山高谷深,坡陡流急,蕴藏着丰富的水力资源。本河段植被一般较好,在沟谷坡地上灌木丛生,兼有小片的松柏森林。该段河网密度大,降水量也较大。唐乃亥至龙羊峡河段河谷切割很深,植被稀疏,水量增加很少;龙羊峡至青铜峡,河道蜿蜒曲折,一束一放,川峡相间。该段有19个较大峡谷和17个较大川地,峡谷长度占河段长度的40%以上。该河段总落差为1 324 m,在刘家峡库区至兰州之间有大夏河、洮河、湟水、庄浪河等大支流汇入。

黄河出青铜峡后,流经宁夏和内蒙古两大河套平原,这两大平原是夹峙在贺兰山、阴山与鄂尔多斯高原之间的一系列断陷湖积冲积平原。整个河段长867 km,平均比降为1/6 000,是宽浅的平原河道。该河段大部分属于干旱地区,降水量小,蒸发量大,加之灌溉引水量大,且无大支流汇入,所以黄河水量有较大幅度的减少。

黄河中游的河口镇至禹门口河段,河长725 km,落差达607 m,比降近1/1 000。除河曲、保德附近几处河道较为宽阔外,大部分河宽为200~400 m。右岸一部分支流上游为盖沙区,左岸一部分为石质山区,其余大部分属黄土丘陵及黄土丘陵沟壑区,水土流失极其严重,输沙模数一般在1万~2万t/(km²·a),最高的可达2.5万t/(km²·a),集中分布在河口镇至无定河口区间各支流的中下游,河口镇至吴堡区间右岸较大支流有黄甫川、窟野河、秃尾河,左岸有浑河汇入,是形成三门峡以上洪峰的主要来源区。吴堡至龙门区间,右岸有无定河、延水、清涧河,左岸有三川河等较大支流汇入。

河出晋陕峡谷后,河道豁然开阔。龙门至潼关河段长128 km,两岸为黄土台地,河宽达3~15 km,平均宽约8.5 km,对龙门以上的陡峻洪峰有较大的滞洪削峰作用。本河段内有渭河、洛河、汾河等较大支流汇入,这些支流除一部分为石质山区及林区外,大部分为黄土丘陵及黄土塬区,水土流失也比较严重。泾河、洛河上游输沙模数可达1.5万t/(km²·a)以上,是黄河洪水泥沙的又一主要来源区。

黄河三门峡至花园口区间,有伊洛河、沁河等大支流汇入。支流的上游为石质山区,植被较好;中下游为黄土丘陵区及冲积平原区。干流三门峡至小浪底区间,两岸支沟众多,源短坡陡,是三门峡至花园口区间洪峰的主要来源区之一。小浪底至花园口间河道展宽达5 000~9 000 m,有一定的滞洪削峰作用。伊洛河下游龙门镇、白马寺至黑石关之间为河谷盆地,面积有200多km²,河道两岸有堤防,遇较大洪水均决口漫溢,滞洪削峰作用也较为显著。沁河五龙口以下,流经冲积平原,两岸有堤,遇较大洪水时,沁阳以上北岸部分堤段即可自然漫溢或在沁阳以下右岸堤段有计划分洪,对入黄洪峰流量有一定限制。

干流桃花峪以下为“地上河”,全靠堤防束水。上段河南境内,河道宽阔,堤距一般达

10 km左右。下段流经山东境内,河道变窄,堤距一般为1~3 km。黄河下游的较大支流有两条,即左岸的金堤河和右岸的大汶河。

1.2 流域气候特点

黄河流域位于我国北中部,属大陆性季风气候。冬季受流域极地大陆冷气团(以蒙古高压为主)控制,多西北风,气候寒冷干燥,雨雪稀少。夏季蒙古高压逐渐北移,流域大部分受西太平洋副热带高压的影响,自印度洋和南海北部湾带来大量水汽,雨水增多。由于地域广阔,距海洋远近不同及地形影响,黄河流域的降水量不仅季节分配不均,年际变化较大,而且地区分布也极不平衡。

黄河流域多年平均降水量为466 mm,年平均降水量约3 510亿 m^3。降水的地区分布是自东南向西北递减。年降水量400 mm等值线的走向是:自内蒙古的托克托,经榆林、靖边、环县、定西、兰州,绕祁连山过循化、贵南、同德至玛多,该线以南年平均降水量向东南递增,秦岭北坡年平均降水量高达800~900 mm,此线以北,除祁连山局部地区受地形影响年平均降水量约600 mm外,其他地区降水量向西北部递减,到内蒙古后套一带,年平均降水量约150 mm。

由于季风气候和地形的影响,年降水量在时间分配上变化很大,连续最大4个月降水量大部分地区出现在6~9月。4个月降水量占年降水量的百分率随着降水量的减少而增大,由南部的60%逐渐向北增加到80%以上。7月、8月两月是黄河流域降水量最集中的月份。

黄河降水的另一个特点是年际变化大,而且降水愈少的地区,其降水量年际之间的变化越大。从最大、最小年降水量的对比看,流域内丰水年的降水量一般为枯水年降水量的3~4倍。流域北部少雨地区,丰水年的降水量为枯水年降水量的7~10倍。如宁夏石嘴山站,1947年降水量为358 mm,1965年降水量仅有48 mm,1947年降水量是1965年的7.5倍。

流域内气温西部低于东部,北部低于南部,高山低于平原。年平均气温为10 ℃的等温线从陕西省的潼关,沿秦岭北麓到宝鸡市折向东北,经陇县、彬县、黄龙、佳县,过黄河进入山西省的柳林、蒲县、平遥、晋城,至陵川出流域。此线南侧和西北侧年平均气温均低于10 ℃。

流域内气温年较差大,大部分地区的年较差在25~30 ℃,山西省的太原至宁夏的中宁一线以北,年较差最大,为30~36 ℃。一年内7月平均气温最高,大部分地区均在20~29 ℃,洛阳市的极端最高气温达44.2 ℃。1月平均气温最低,大部分地区均在0 ℃以下。

1.3 流域水利工程概况

小浪底以上的黄河干流上已经建成了龙羊峡、李家峡、刘家峡、盐锅峡、八盘峡、青铜峡、三盛公、天桥、三门峡等大中型水利工程10余座,总库容426亿 m^3(原始库容),总装机容量5 816 MW。其中,龙羊峡、刘家峡水库总库容304亿m^3,对黄河上游洪水及水量具有较显著的调蓄作用。支流已建的大中型水库130多座,其中伊河陆浑水库与洛河故县水库设计总库容24.3亿m^3,对伊洛河的入黄洪水具有一定的调蓄作用。三门峡、陆浑、故县3座大型水库工程与下游的河防工程和分滞洪工程组成了黄河下游的防洪工程体系。小浪底水库位于三门峡大坝下游130 km处,建成后,黄河下游的防洪工程体系将进一步完善,黄河下游的防洪标准将进一步提高。

第2章　水文水资源

2.1　流域径流及流量分析

2.1.1　黄河干、支流主要控制站实测资料系列

黄河水文站设立最早的是干流上的陕县站（三门峡坝址上游21 km），建于1919年；其次是支流泾河的张家山站及干流的兰州站，分别建于1932年和1934年。1952年以前设站很少，资料不全，1952年后始形成较完整的水文站网。陕县站（1951年7月设三门峡站观测，陕县站观测至1959年6月）至今已有80年的实测资料。黄河干、支流主要控制站实测资料系列情况见表2-1。

表2-1　黄河干、支流主要控制站实测资料系列

河名	站名	始测时间（年·月）	资料系列（年·月）
黄河	贵德	1954.1	1954年1月迄今
黄河	兰州	1934.8	1934年8月迄今
黄河	安宁渡	1953.7	1953年7月迄今
黄河	河口镇	1952.1	1952年1月迄今
黄河	龙门	1934.6	1934.6～1937.12，1944.3～1944.12，1945.7～1945.10，1950年4月迄今
黄河	陕县	1919.4	观测至1959年6月
黄河	三门峡	1951.7	1951年7月迄今
黄河	小浪底	1955.6	1955年6月迄今
汾河	河津	1934.6	1934.6～1937.10，1950年7月迄今
北洛河	洑头	1933.5	1933.5～1935.5，1935.8～1935.12，1936.5～1948.10，1949年迄今
泾河	张家山	1932.1	1932年1月迄今
渭河	华县	1935.3	1935.3～1943.12，1950年6月迄今
伊洛河	黑石关	1934.8	1934.8～1934.12，1935年7月，1936.1～1937.9，1950年7月迄今
沁河	小董	1950.7	1950年7月迄今

小浪底水文站始建于1955年6月，坝址多年平均（1955～1999年水文年45年）径流量361.60亿m^3，其中1990～1999年连续枯水，平均年径流量227.19亿m^3，占多年平均实测径流量的62.8%。据1955～1990年实测资料统计，三门峡到小浪底区间平均径流量为5.9亿m^3。

2.1.2 干、支流各主要站资料插补及检验

黄河干、支流各主要站,年径流资料系列长度不一,断续不全,只有陕县(三门峡)、兰州两站历年资料较完整。1962 年黄河水利委员会(简称黄委)水文处利用三门峡、兰州两参证站的实测资料辗转相关插补,将全河干、支流 44 个主要站的年径流均延长到 1919 年,正式刊印出《黄河干、支流各主要断面 1919~1960 年水量、沙量成果》。

由陕县站实测年径流系列分析,1922~1932 年(水文年,即 1922 年 7 月至 1932 年 6 月,下同)出现连续 11 年的枯水段。黄河流域其他站,这段时间均无实测资料,是否也同步出现枯水段,关系到能否借用陕县站进行插补延长的问题。1968 年原水电部水电总局曾组织有关单位,对黄河上、中游进行了全面调查。调查结果表明,黄河上、中游干、支流主要河段均出现上述 11 年的枯水段,与三门峡站枯水基本是同步的。因此,可以利用三门峡站对全河主要站进行插补延长。

在小浪底水利枢纽初步设计阶段,又增加了 1960~1980 年 20 年的实测资料,点绘并分析了三门峡与兰州、龙门、花园口、河口镇及四站(龙门+华县+河津+洑头)等站汛期(7~10 月)径流量和非汛期径流量的相关关系,以进一步检验原延长成果是否合理。结果表明,1962 年以陕县、兰州为参证站所插补的黄河干、支流其他主要站的年径流量,从定量上看基本上是合理的。

1987 年国务院批准的黄河可供水量分配方案(国办发〔1987〕61 号文)选用 1919~1975 年 56 年系列(水文年),花园口站多年平均实测径流量为 469.8 亿 m^3,兰州、河口镇站分别为 315.3 亿 m^3、247.4 亿 m^3,详见表 2-2。

表 2-2 黄河干、支流主要站多年平均实测年径流量(1919~1975 年 56 年系列)

河名	站名	多年平均实测径流量(亿 m^3)			最大值		最小值	
		全年	汛期(7~10 月)	非汛期(11 月至翌年 6 月)	年径流量(亿 m^3)	年份(水文年)	年径流量(亿 m^3)	年份(水文年)
黄河	贵德	202.0	121.7	80.3	324.0	1967~1968	101.9	1928~1929
黄河	上诠	267.2	156.0	111.2	466.5	1967~1968	137.0	1928~1929
黄河	兰州	315.3	185.5	129.8	503.6	1967~1968	163.0	1928~1929
黄河	安宁渡	316.8	189.8	127.0	525.3	1967~1968	158.3	1928~1929
黄河	河口镇	247.4	149.4	98.0	440.0	1967~1968	118.8	1928~1929
黄河	龙门	319.1	188.0	131.1	549.2	1967~1968	155.2	1928~1929
黄河	三门峡	418.5	245.3	173.2	656.5	1937~1938	198.3	1928~1929
黄河	花园口	469.8	279.2	190.6	802.3	1964~1965	230.1	1928~1929
汾河	河津	15.6	9.7	5.9	34.1	1964~1965	7.8	1936~1937
北洛河	洑头	7.0	4.0	3.0	17.4	1964~1965	2.8	1957~1958
渭河	华县	80.0	48.7	31.3	193.0	1937~1938	30.1	1928~1929
伊洛河	黑石关	33.7	20.7	13.0	84.5	1964~1965	6.1	1936~1937
沁河	小董	13.4	9.1	4.3	29.6	1963~1964	3.6	1936~1937

2.1.3　流域径流量

2.1.3.1　天然年径流计算

黄河实测径流受人类活动影响较大,其中影响最大的是农业灌溉耗水和大型水库的调蓄。除这两项因素外,水土保持、中小型水库蓄水以及因修建水库所增加的蒸发渗漏等,对天然径流还原也有一定影响,由于缺乏资料并且所占比重较小,未进行还原。工业、城市生活耗水量,在1949年以前几乎没有,1949年以后耗水量也很小,而且多为地下水。据统计,花园口以上1979年工业、城市生活耗用河川水量仅5亿 m^3,影响很小,未曾还原。因此,天然径流的还原主要考虑了农业灌溉耗水量及干、支流大型水库的调蓄还原。

为了进行黄河水资源利用规划,黄委设计院于1982年12月完成了《黄河流域天然年径流》成果,主要控制站天然年径流量统计特征值见表2-3。该成果中主要控制站天然径流系列为1919年7月至1975年6月,个别站为1919年7月至1980年6月。在小浪底水利枢纽初步设计阶段,采用了《黄河流域天然年径流》成果,主要控制站的天然年径流系列为1919年7月至1975年6月,共56年。

在招标设计阶段,黄委设计院在《黄河流域天然年径流》成果的基础上,将主要控制站的天然年径流还原到1989年6月,系列年数达到70年,花园口站70年系列天然年径流量为574亿 m^3,比56年系列的559亿 m^3 多15亿 m^3,增大2.7%。1999年,在开展“黄河的重大问题及对策”研究过程中,黄委会水文局又将主要站的天然年径流还原到1997年6月,系列年数达到78年,花园口站78年系列天然年径流量为562亿 m^3,与56年系列均值相比仅相差0.5%,说明56年系列具有一定的代表性。考虑到经国务院批准的黄河可供水量370亿 m^3 分配方案是根据56年系列径流资料制定的,且56年系列成果已被广泛应用于黄河流域规划工作中,因此在小浪底工程各设计阶段均采用56年径流系列。

按56年系列计算,三门峡站、三门峡至小浪底区间、小浪底站多年平均天然年径流量分别为498.4亿 m^3、5.6亿 m^3 和504亿 m^3。

2.1.3.2　年径流特性

黄河花园口以上天然年径流深77 mm(三门峡以上径流深只有72 mm),与全国其他河流比较,黄河流域河川水资源量是比较贫乏的,具有以下特性。

1.水资源贫乏,水量与土地、人口分布不协调

黄河流域河川径流主要由大气补给,由于受大气环流及季风影响,降水量少而蒸发能力很强,花园口以上多年平均径流深77 mm,只相当于全国平均径流深276 mm的28%,比海河流域山区径流深111 mm还小31%。

黄河流域面积占全国国土面积的8.3%,而年径流量只占全国的2%。流域内人均水量527 m^3,为全国人均水量的22%;耕地亩均水量294 m^3,仅为全国耕地亩均水量的16%。再加上流域外的供水需求,人均占有水资源量更少。

2.地区分布不均

由于受地形、气候、产流条件的影响,河川径流在地区上的分布很不平衡。黄河径流大部分来自兰州以上及龙门到三门峡区间。兰州以上控制流域面积占花园口控制流域面积的30%,但多年平均径流量占花园口年平均径流量的58%;龙门到三门峡区间,流域面

表 2-3　黄河流域主要控制站天然年径流量统计特征值

河名	站名	控制面积（万 km^2）	1919~1975 年天然年径流量统计特征值										
			多年平均值（亿 m^3）	7~10 月径流量（亿 m^3）	11 月至翌年 6 月径流量（亿 m^3）	C_v	最大年径流量		最小年径流量		最大与最小年径流量之比	不同保证率年径流量（亿 m^3）	
							径流量（亿 m^3）	年份	径流量（亿 m^3）	年份		$P=50\%$	$P=75\%$
黄河	贵德	13.36	202.8	121.8	81.0	0.22	326.2	1967~1968	101.9	1928~1929	3.2	201.8	164.8
黄河	上诠	18.28	269.7	160.0	109.7	0.23	469.4	1967~1968	137.1	1928~1929	3.4	261.6	217.2
黄河	兰州	22.25	322.6	191.1	131.5	0.22	515.1	1967~1968	165.5	1928~1929	3.1	314.4	267.7
黄河	安宁渡	24.38	325.6	195.7	129.3	0.23	539.3	1967~1968	160.8	1928~1929	3.4	313.6	266.7
黄河	河口镇	38.59	312.6	190.6	122.0	0.23	541.7	1967~1968	160.2	1928~1929	3.4	295.6	260.5
黄河	龙门	49.75	385.1	229.4	155.7	0.22	652.6	1967~1968	196.6	1928~1929	3.3	377.1	313.6
黄河	三门峡	68.84	498.4	294.2	204.2	0.24	770.2	1964~1965	239.7	1928~1929	3.2	477.4	411.8
黄河	花园口	73.00	559.2	331.7	227.5	0.25	938.7	1964~1965	273.5	1928~1929	3.4	537.2	463.8
汾河	河津	3.87	20.1	11.5	8.6	0.41	41.8	1964~1965	7.8	1936~1937	5.4	18.5	13.3
北洛河	洑头	2.51	7.6	4.3	3.3	0.42	18.5	1964~1965	3.7	1957~1958	5.0	6.4	5.1
渭河	华县	10.64	87.3	51.6	35.7	0.39	194.2	1937~1938	30.1	1928~1929	6.5	84.0	61.5
伊洛河	黑石关	1.85	35.9	21.7	14.2	0.41	88.0	1964~1965	7.3	1936~1937	12.0	34.0	25.7
沁河	小董	1.28	15.1	9.8	5.3	0.49	31.8	1963~1964	4.6	1936~1937	6.9	14.0	9.3

积占花园口控制流域面积的26%,年径流量占花园口年平均径流量的20%;兰州到河口镇区间集水面积达16万km²(占花园口的22%),区间较大支流产水量仅5亿m³(占花园口年径流量不到1%),考虑河道损失后,兰州到河口镇区间的多年平均水量为负值。

3.年际、年内变化大

黄河流域是典型的季风气候区,因受大气环流和季风的影响,河川径流量的年际变化较大,年内分配很不均衡。

龙门以上干流各站年径流 C_v 值为0.22~0.23;龙门以下汇入了一些流域内涵蓄能力很小的大支流,年径流 C_v 值有所增大,如三门峡、花园口两站的 C_v 值分别为0.24和0.25。干流各站最大年径流量与最小年径流量之比为3~4,黄河流域较大支流年径流量的年际变化大,中游黄土丘陵干旱地区的中、小支流年径流量年际变化更大。

黄河流域径流量的年内分配很不均匀,干流及较大支流汛期径流量占全年的60%左右,3~6月径流量只占全年的10%~20%;陇东、宁南、陕北、晋西北等黄土丘陵干旱地区的一些支流,汛期径流量占全年的80%~90%,3~6月的径流量所占比重很小,有些支流基本上呈断流状态。

4.上、下游站年径流量丰、枯同步遭遇概率大

由于黄河年径流主要来自兰州以上,因此造成黄河干流各站年径流量丰、枯的同步遭遇概率大。不论是1919~1975年的56年系列,还是1950~1975年的25年系列,同丰、同枯出现的概率都在50%以上(见表2-4)。如三门峡与花园口两站年径流量同步丰、枯级别的概率达85%左右,兰州与龙门到三门峡区间(汾河、洛河、渭河)年径流量同步丰、枯级别出现的概率为40%~50%。

表2-4　黄河干流主要站年径流量同步丰、枯级别出现的概率

系列段	项目	兰州与龙门	兰州与三门峡	兰州与花园口	兰州与龙门到三门峡区间	龙门与三门峡	三门峡与花园口
1919~1975年	丰枯同级年数	38	40	36	28	44	48
	占全系列(%)	67.9	71.4	64	50.0	78.6	85.7
1950~1975年	丰枯同级年数	20	19	17	10	21	21
	占全系列(%)	80.0	76.0	68.0	40.0	84.0	84.0

黄河流域自有实测资料以来(至2000年),出现了3次连续5年以上的枯水段,即1922~1932年的11年、1969~1974年的6年及1990~2000年的11年枯水段。

5.水质污染日益严重

黄河干、支流大部分天然水质良好,部分山区、干旱区有苦水、高含氟水或其他有害水源。苦水区多分布在祖厉河、清水河、泾河西川、北洛河上游以及内蒙古鄂托克旗一带。近年来干、支流水质污染日趋严重,据1990年统计,全流域日接纳废污水量达893万t,年总量将近32.6亿t。在黄河干支流12 550 km的评价河长中,属于Ⅰ、Ⅱ类水质河长为1 750 km,占13.9%;Ⅲ类水质河长2 160 km,占17.2%;Ⅳ、Ⅴ类水质河长6 290 km,占51.3%;劣于Ⅴ类水质河长达2 350 km,占18.7%。黄河干流刘家峡以下及大部分主要支

流的中下游均遭受不同程度的污染。

2.2 流域洪水特性分析

2.2.1 实测资料

黄河的水文资料，1952 年 7 月至 1954 年 7 月进行过系统整编，并已正式刊印。在 1954~1955 年编制《黄河综合利用规划技术经济报告》期间和 1955 年、1956 年编制《伊洛沁河综合利用规划技术经济报告》期间，又对有关测站资料进行过复核。1984 年又对 1933 年、1942 年、1954 年、1958 年和 1982 年等几个大洪水年的资料进行了复核。复核的结论是：原整编刊印成果基本合理。上述各有关站实测资料情况见表 2-5，大水年资料复核成果见表 2-6。

表 2-5 黄河中游主要水文站及水文资料情况

序号	河名	站名	控制流域面积 (km^2)	资料年限
1	黄河	循化	145 459	1945~1982
2	黄河	小川	181 770	1953~1982
3	洮河	红旗	24 973	1954~1982
4	大夏河	折桥	6 843	1954~1982
5	黄河	潼关	682 141	1953~1982
6	黄河	陕县	687 869	1919~1943、1946、1949~1958
7	黄河	三门峡	688 421	1951~1982
8	黄河	小浪底	694 155	1955~1982
9	黄河	花园口(秦厂)	730 036	1934、1946、1949~1982
10	伊洛河	黑石关	18 563	1934~1937、1950~1982
11	沁河	小董(武陟、木栾店)	12 894	1934~1937、1950~1982
12	伊河	东湾	2 623	1960~1982
13	伊河	陆浑	3 492	1960~1982
14	伊河	龙门镇	5 318	1936~1943、1946、1947、1951~1982
15	洛河	卢氏	4 623	1951~1982
16	洛河	故县	5 370	1957~1961
17	洛河	长水	6 244	1951~1982
18	洛河	白马寺(洛阳)	11 891	1936~1943、1946、1947、1951~1982

表 2-6　黄河中下游几次大洪水复核成果

站名	年份	洪峰流量(m^3/s)	洪量(亿 m^3)		
			5 日	12 日	45 日
陕县	1933	22 000	51.8	91.8	220
	1942	17 700	23.9	41.6	101
花园口	1954	15 000	34.7	72.7	216
	1958	22 300	51.9	81.5	235
	1982	15 300	42.6	72.6	146

从历次资料的复核情况看,认为 1949 年以前特别是抗日战争期间水文资料的观测精度较差,1949 年以后水文资料的观测精度较高。

2.2.2　历史调查洪水资料

20 世纪 50、60 年代,黄河水利委员会在黄河干支流上开展了大规模的历史洪水调查考证工作,取得了不少宝贵资料。在 20 世纪 70、80 年代进行流域规划和水库工程设计时,对重点的历史调查洪水又进行了复核。主要的历史调查洪水都经过原水利电力部审查,并刊印成册。

从调查及考证结果看,黄河上的大洪水年份,上游干流为 1904 年、1911 年和 1946 年;中游三门峡以上为 1099 年、1534 年、1570 年、1613 年、1632 年、1662 年、1785 年、1841 年和 1843 年等。三门峡到花园口区间为公元前 184 年、公元 223 年、公元 271 年、公元 983 年和 1344 年、1482 年、1553 年、1761 年以及 1931 年等。

从工作过程看,20 世纪 50 年代侧重野外调查,这期间发现的大洪水有黄河干流的 1843 年、沁河的 1482 年、伊洛河的 1931 年等;60 年代重视历史文献考证分析,这期间发现的大洪水有伊河的公元 223 年等;70 年代以来主要开展水文考古,这期间取得的成果有黄河干流 1761 年特大洪水的定量、1843 年洪水重现期的考证延长等。

黄河中游历史大洪水典型情况具体如下。

2.2.2.1　1843 年洪水

1843 年(道光二十三年)洪水是黄河干流潼关至孟津河段所调查到的一次罕见的特大洪水。在三门峡一带至今还流传着“道光二十三,黄河涨上天,冲了太阳渡,捎带万锦滩”的歌谣。这次洪水来自三门峡以上河段,主要雨区在泾河、北洛河的中上游和河口镇到龙门区间的西部;主要暴雨中心可能在窟野河、黄甫川一带。根据调查资料推算,三门峡洪峰流量为 36 000 m^3/s,小浪底洪峰流量为 32 500 m^3/s。

根据当时河东河道总督慧成的奏报,陕州“万锦滩黄河于七月十三日巳时报长水七尺五寸,后续据陕州呈报,十四日辰时至十五日寅时复长水一丈三尺三寸,前水尚未见消,后水踵至,计一日十时之间,长水至二丈八寸之多,浪若排山,历考成案,未有长水如此猛骤”的水情,估绘出水位过程线,借用陕县站水位—流量关系推算出流量过程,求得陕县 5 日洪量为 84 亿 m^3、12 日洪量为 119 亿 m^3。

根据陕县至花园口洪峰流量、5日洪量、12日洪量的相关关系，推得花园口1843年洪峰流量为33 000 m^3/s、5日洪量为90亿m^3、12日洪量为136亿m^3。

2.2.2.2 1761年洪水

1761年（乾隆二十六年）洪水是黄河三门峡至花园口区间近400多年以来的最大洪水。该次洪水相应的降雨区域范围很广，南起淮河流域，北至汾河、沁河和海河流域，西起陕西关中一带，东至郑州花园口一带。其中以三花间雨量为最大，暴雨中心在垣曲、新安、沁阳一带。降雨总历时约10天，其中强度较大的暴雨有四五天。雨区呈南北向带状分布。该年在三花间的伊洛河、沁河、三花干流区间均发生了大洪水。干支流洪水情况如下。

1.伊洛河

7月15~19日，伊洛河流域出现了持续4天的大暴雨，伊河上游嵩县“秋大雨五日伊水溢，民庐田舍多没”（《嵩县县志》）。洛河流域灾情更重，“渑洛溢，坏城垣漂没人畜房舍”（《渑池县志》），“涧水溢，坏民田坟墓无数”（《新安县志》）。下游洪水更大，《河南府志》记载：“伊洛诸水泛溢，冲塌坛庙、城廓、村庄，田禾殆尽。”洛阳重修洛渡桥碑对该场洪水作了更具体的描述：“七月十六日洛、涧水溢，南至望城岗，北至华藏寺，庙前水深丈余……水至十八日方落。”洛阳河段洪水漫溢，历史上是常出现的，但洪水淹及望城岗则很少见。从洪水淹及高程判断，无疑是一场罕见的大洪水。

2.沁河

据沁河中游润城镇洪水位碑刻“大清乾隆二十六年七月十八日辰时，大水发至此”估计，洪峰流量约在4 000 m^3/s以上。其下游洪水更大，“沁阳府城沦为巨浸，城内水深浅者五六尺，深者一丈二三尺，漂房舍十五六万间，溺人四千，灾害特重，为明成化十八年（1482年）以来所仅见”。值得注意的是，当时河南河北镇总兵田金玉的奏折中曾提到：“河南属迅地方（沁阳境），于七月十二三等日昼夜大雨如注，连绵不息，丹、沁两河同时异涨……于十六日夜间水势汹涌长高一二丈……至十八日水势方定。”由此可见，沁河洪水涨消过程同洛河是一致的。

3.三花干流区间

三花干流区间暴雨也很突出。如垣曲“大雨四昼夜两川（亳清河、沇水）皆溢”，八里胡同东洋河“大雨极乎五日，洪水溢乎两岸”，西沃“暴雨滂沱者数日”。

由上可见，三花间南北两大支流的洪水与干流同时遭遇。由于暴雨持续时间较长，干支流洪水同时遭遇，峰高量大，造成三花间历史上罕见的特大洪水。

该次洪水黄河花园口站洪峰流量及洪量的估算：根据当时河南巡抚常钧的奏报“祥符县（今开封）属之黑岗口（七月）十五日测量，原存长水二尺九寸，十六日午时起至十八日巳时，陆续共长水五尺，连前共长水七尺九寸，十八日午时至酉时又长水四寸，除落水一尺外，净长水七尺三寸，堤顶与水面相平，间有过水之处”的水情，估绘水位过程线，考证了当时河道断面形态，并考虑洪水过程冲刷和河槽调节作用，推得花园口（在黑岗口上游65 km）洪峰流量为32 000 m^3/s、5日洪量为85亿m^3、12日洪量为120亿m^3。

2.2.2.3 公元223年洪水

公元223年（魏文帝黄初四年）伊河发生了大洪水。据《水经注》记载，“伊阙（现伊河龙门)左壁有石铭云魏黄初四年六月二十四日辛巳大水出水举高四丈五尺齐此巳下盖记水之涨减也”,《三国志·魏书》中也有“黄初四年六月甲戌……是月大雨伊洛溢流杀人民坏庐宅”,《晋书·五行志》有“魏文帝黄初四年六月大雨霖伊洛溢至津阳城门漂数千家杀人”。另外,《河渠纪闻》《偃师县志》等文献中对该年洪水也有记载。根据《水经注》的“举高四丈五尺”折算为10.9 m,推算洪峰流量为20 000 m^3/s。

2.2.2.4 1931年洪水

1931年8月,主要暴雨区在伊洛河的中下游,三门峡至花园口的干流区间及淮河流域的洪汝河上也有降雨。1955年调查时,60~85岁的老人认为1931年洪水在伊河龙门镇河段与洛河洛阳河段都是近百年来最大洪水,经推算,其洪峰流量分别为10 400 m^3/s和11 100 m^3/s。由于当时伊洛河下游无堤防,洛阳、龙门镇至黑石关区间形成一自然滞洪区,平均水深为八尺至一丈,滞蓄削峰作用较大,黑石关洪峰流量仅为7 800 m^3/s。又据《河南省西汉以来历代灾情史料》中“沁阳县八月中旬以来,淫雨连绵,平地积水数尺,淹没秋禾不计其数”、《河南水灾》中“济源县淫雨连绵,山洪暴发,水深数寸至一尺”,从以上文献可知,1931年三花干流区间及沁河下游有雨,但不大,反映在花园口断面不属大洪水,黄河下游亦未决溢。

2.2.3 洪水分析

参照《中国之暴雨》的研究,黄河中游、上游大面积日暴雨的环流形势,可分为稳定经向型、稳定纬向型和过渡型。

在稳定经向型环流形势下,以西风带经向环流为主,长波系统移动缓慢或停滞少动。西太平洋副热带高压位置偏北,中心在日本海一带,并且稳定少动,青藏高原为高压控制。从巴尔喀什湖一带东移的短波槽可直接并入这两个对峙高压之间的南北向辐合带中,在110°E附近形成一条较稳定的南北向切变线。此时,弱冷空气可由偏北方向流入辐合带中,促使辐合加强。与此同时,赤道辐合带北移,导致台风、台风倒槽或东风波系统进入华中地区,构成中、低纬天气系统相互作用的形势。在上海至郑州一线形成风速达16~20 m/s的低空东南风急流。这种中、低纬低值系统相互作用时,水汽与动力条件特优,暴雨尤为剧烈,再加上三门峡以下有利地形等因素,往往形成强度大、笼罩面积广、呈南北向带状分布的大暴雨区与特大暴雨区。特大暴雨中心则主要落在三花间喇叭口地形区的环山地带,小浪底坝址附近的仁村、垣曲等地是特大暴雨中心之一。1958年7月中旬三花间发生的大洪水,便是这类的典型过程。

在稳定纬向型与过渡型环流形势下,西风带盛行纬向环流,短波槽活动较多。副热带高压稳定时,常呈东西向带状分布;副热带高压位置不稳定时,在暴雨过程中常出现副热带高压较明显进退。700 hPa天气图上暴雨影响系统主要有西风槽、暖切变、冷切变、低涡和三合点,并且暴雨期低空副高西北侧边缘经常有一支风速达12 m/s以上的西南风急流北上,为暴雨提供了水汽和位势不稳定条件。地面天气图上常伴有冷锋、锢囚锋等。雨区位于副高西北侧边缘,在700 hPa天气图上的低槽、切变线与地面锋面之间,暴雨区常呈东西向或东北—西南向带状分布。随副高位置南北、东西差别,暴雨带可出现在38°N以北,偏南时则落在三花间。1933年8月10日陕县站出现流量达22 000 m^3/s的洪水,其暴雨的环流形势与影响系统即属此类型。

黄河上游循化以上，地处青藏高原的东北部，地面平均海拔 3 000 m 以上。由于高原热力与动力影响，形成了特定的连阴雨天气条件。当 500 hPa 天气图上东亚中高纬度盛行纬向环流，巴尔喀什湖至新疆北部一带低槽稳定、偏强时，西太平洋副热带高压势力较强西伸，停滞在长江中下游地区，以及孟加拉湾一带低槽加强，高原近地层热低压发展，致使西南暖湿气流源源不断地向高原东侧汇集，向黄河上游兰州以上地区输送大量暖湿空气。这样，极地冷空气经北疆东移南下，与偏南暖湿气流汇合于高原东北侧，在 500 hPa 天气图上形成稳定的近东西向横切变，造成较强的持续 20 天以上的连雨天气。例如 1981 年 8 月中旬至 9 月上旬较强连阴雨，形成兰州站洪峰流量为 7 090 m^3/s，便是此类的典型。

根据暴雨属性以及大地形、山岭障碍等，坝址以上分属三个暴雨类型区：拉脊山以西南的黄河上游区，即河源至循化区间的青藏高原区；拉脊山以东至自吕梁山—崤山，南达秦岭、北抵阴山，包括黄河上游下段和中游河龙间及泾河、洛河、渭河，为黄土高原区；汾河流域、三门峡至小浪底区间已属吕梁山、崤山以东暴雨区。

造成黄河上游大洪水的降雨特点是面积大、历时长，但雨强不大。如 1981 年 8 月中旬至 9 月上旬连续降雨约 1 个月，150 mm 雨区面积为 11.0 万 km^2，降雨中心久治站总雨量为 313.2 mm，其中仅有 1 天雨量达 43.2 mm，其余日雨量均小于 25 mm。1964 年 7 月中、下旬，1967 年 8 月下旬至 9 月上旬等几次较大洪水，其降雨历时都在 15 天以上，雨区笼罩兰州以上大部分流域。

黄河中游托克托至三门峡河段暴雨强度大，但暴雨历时短，陕西渭南大石槽 1981 年 6 月 20 日，69 min 降水量达 367.0 mm，山西陶村铺 1976 年 8 月 10 日，6 h 降水量达 600 mm，内蒙古乌审旗木多才当 1977 年 8 月 1 日，12 h 降水量达 1 400 mm(调查值)，为我国大陆同历时降水极值。日暴雨面积(50 mm 以上)常可达 1 万～2 万 km^2，最大可达 6 万～7 万 km^2。暴雨区长轴为 200～300 km，最长为 560 km，短轴为 50～180 km。如河龙间 1964 年 8 月 10～12 日面平均雨量达 40 mm，最大 24 h 雨量占 3 日雨量的 93.6%，日暴雨面积达 4.8 万 km^2。另外，这种大面积暴雨还有相隔数天相继出现的情况。例如，1933 年 8 月上旬出现了一场西南—东北向暴雨，暴雨区同时笼罩泾河、洛河、渭河与北干流无定河、延水、三川河流域，主要雨峰出现在 6 日，其次是 9 日。

三花间大面积日暴雨较频繁，强度亦较大，日暴雨区面积可达 2 万～3 万 km^2。三门峡至小浪底坝址区间常是该暴雨区的一部分。1958 年 7 月中旬暴雨，小浪底坝址以上垣曲站，最大日雨量达 366 mm，任村日雨量达 650 mm(调查值)。1982 年 7 月 30 日伊河石碉站 24 h 降雨量达 734.3 mm，7 月 29 日至 8 月 2 日降雨量为 904.8 mm，三花间最大 24 h 面平均雨量为 90.7 mm，5 日面平均雨量为 264.41 mm，为历年最大。该场暴雨期间，三门峡至小浪底区间最大 1 日面平均雨量达 99.4 mm，最大 5 日面平均雨量为 321.8 mm，亦是历年最大。

黄河中游的河三间(河口镇至三门峡区间的简称，下同)与三花间的特大暴雨不会同期发生。这是由于当河三间产生特大暴雨时，三花间经常受太平洋副热带高压控制而无雨或处于雨区边缘；当三花间降特大暴雨时，三门峡以上大部分地区受青藏高压控制而无雨。有时东西向大雨—暴雨带经由渭河延展到三花间且持续数日，但雨强不大，例如1964年8月底到9月初的降雨过程就属这一类型。

2.2.3.1 洪水特性

1.洪水发生时间及峰型

黄河洪水系由暴雨形成，故洪水发生的时间与暴雨发生时间相一致。从全流域来看，洪水发生时间为6~10月。其中大洪水的发生时间，上游一般为7~9月，三门峡为8月，三花间为7月中旬至8月中旬。

从黄河洪水的过程来看，上游为矮胖型，即洪水历时长、洪峰低、洪量大，这是由上游地区降雨特点（历时长、面积大、强度小）以及产汇流条件（草原、沼泽多，河道流程长，调蓄作用大）决定的。如兰州站，一次洪水历时平均为40天左右，最短为22天，最长为66天。较大洪水的洪峰流量一般为4 000~6 000 m^3/s。中游洪水过程为高瘦型，洪水历时较短，洪峰较大，洪量相对较小，这是由中游地区的降雨特性（历时短、强度大）及产汇流条件（沟壑纵横、支流众多，有利于产汇流）决定的。据实测资料统计，中游洪水过程有单峰型，也有连续多峰型。一次洪水的主峰历时，支流一般为3~5天，干流一般为8~15天。支流连续洪水一般为10~15天，干流三门峡、小浪底、花园口等站的连续洪水历时可达30~40天，最长达45天，较大洪水洪峰流量为15 000~25 000 m^3/s。

2.洪水来源及组成

黄河下游的洪水主要来自中游的河口镇至花园口区间。

黄河上游的洪水主要来自兰州以上，由于源远流长，加之河道的调蓄作用和宁夏、内蒙古灌区耗水，洪水传播至下游，只能组成黄河下游洪水的基流，并随洪水统计时段的加长，上游来水所占比重相应增大。

黄河中游洪水主要来自河龙间、龙三间和三花间三个地区。

根据实测及历史调查洪水资料分析，花园口站大于8 000 m^3/s 的洪水，都是以中游来水为主，河口镇以上的上游地区相应来水流量一般为2 000~3 000 m^3/s，只能形成花园口洪水的基流。花园口站各类较大洪水的洪峰流量、洪量组成见表2-7。

从表2-7中可以看出，以三门峡以上来水为主的洪水（简称“上大洪水”，下同），三门峡洪峰流量占花园口洪峰流量的90%以上，12日洪量占花园口12日洪量的85%以上。以三花间来水为主的洪水（简称“下大洪水”，下同），三门峡洪峰流量占花园口洪峰流量的19%~31%，12日洪量占花园口12日洪量的42%~57%。

三花间的洪水主要来自小花间（见表2-8）。据对3次实测较大洪水统计，小花间（小浪底至花园口区间）来水占三花间来水的70%以上，主要原因是小花间面积占三花间面积比例很大（86.2%）。与面积所占比例相比，三花间大洪水时，三小间（三门峡至小浪底区间）来水也较大，1958年洪水三小间来水比例达25%以上，3次洪水平均三小间来水比例达23%以上，远大于其面积所占比例（13.8%）。这与三小间的地理位置（降雨中心地区）、流域形状（近方圆形）、地形地貌条件（山区，地面坡度大，植被条件好）是一致的。

表 2-7　花园口站各类较大洪水的洪峰流量、洪量组成

洪水类型	洪水年份	花园口		三门峡			三花间			三门峡占花园口的比例(%)	
		洪峰流量(m^3/s)	12日洪量(亿 m^3)	洪峰流量(m^3/s)	相应洪水流量(m^3/s)	12日洪量(亿 m^3)	洪峰流量(m^3/s)	相应洪水流量(m^3/s)	12日洪量(亿 m^3)	洪峰流量	12日洪量
上大洪水	1843	33 000	136.0	36 000		119.0		2 200	17.0	93.3	87.5
	1933	20 400	100.5	22 000		91.90		1 900	8.60	90.7	91.4
下大洪水	1761	32 000	120.0		6 000	50.0	26 000		70.0	18.8	41.7
	1954	15 000	76.98		4 460	36.12	12 240		40.55	29.7	46.9
	1958	22 300	88.85		6 520	50.79	15 700		37.31	29.2	57.2
	1982	15 300	65.25		4 710	28.01	10 730		37.5	30.8	42.9
上下较大洪水	1957	13 000	66.30		5 700	43.10		7 300	23.2	43.8	65.0

注:相应洪水流量是指组成花园口洪峰流量的相应来水流量,1761 年和 1843 年洪水系调查推算值。

3.洪水的地区遭遇

根据实测及历史洪水资料分析,黄河上游大洪水和黄河中游大洪水不同时遭遇。黄河中游的“上大洪水”和“下大洪水”也不同时遭遇。例如,上游地区的大洪水年份有 1850 年、1904 年、1911 年、1946 年、1981 年等,黄河中游河三间的大洪水年份有 1632 年、1662 年、1841 年、1843 年、1933 年、1942 年等,黄河中游三花间的大洪水年份有 1553 年、1761 年、1954 年、1958 年、1982 年等。

黄河上游大洪水可以和黄河中游的小洪水相遇,形成花园口断面洪水,据实测资料统计,由上游洪水组成的花园口洪水,洪峰流量一般不超过 8 000 m^3/s,但洪水历时较长,含沙量较小。

黄河中游的河龙间和龙三间洪水可以相遇,形成三门峡断面峰高量大的洪水过程。从洪水传播时间上看,河龙间与龙三间洪水遭遇具有得天独厚的条件。黄河干流的龙门与渭河的华县、北洛河的洑头、汾河的河津至三门峡的洪水传播时间相当,干流的吴堡与支流三川河的后大成、无定河的绥德、清涧河的子长、延水的延安、北洛河的道佐埠、泾河的雨落坪、渭河的林家村、汾河的义棠至三门峡洪水传播时间相当,干流的沙窝铺与支流窟野河的温家川、无定河的赵石窑、北洛河的刘家河、马莲河的庆阳、泾河的泾川、渭河的南河川、汾河二坝至三门峡洪水传播时间相当。因此,当西南—东北向的雨区笼罩河三间时,黄河龙门以上和泾河、北洛河、渭河地区可以同时形成大洪水并有遭遇的可能,形成三门峡以上的大洪水或特大洪水。如 1933 年洪水,为 1919 年陕县有实测资料以来的最大洪水,即是河龙间和龙三间洪水相遇而成。

表 2-8　三花间较大洪水地区组成统计

年份	区间	洪峰流量(m^3/s)	5 日洪量(亿 m^3)	12 日洪量(亿 m^3)
1954	三花间	12 240	24.0	40.55
	小花间	10 900	18.78	31.9
	三小间	1 340	5.22	8.65
	三小间占花园口(%)	10.9	21.8	21.3
1958	三花间	15 700	30.8	37.31
	小花间	10 000	22.9	27.92
	三小间	5 700	7.9	9.39
	三小间占花园口(%)	36.3	25.6	25.2
1982	三花间	10 730	29.01	37.5
	小花间	8 350	20.6	27.77
	三小间	2 380	8.41	9.73
	三小间占花园口(%)	22.2	29.0	25.9
平均	三小间占花园口(%)	23.1	25.5	24.1

黄河中游的河三间和三花间的较大洪水也可以相遇,形成花园口断面的较大洪水。这类洪水一般由纬向型暴雨形成,雨区一般笼罩泾洛渭河下游至伊洛河的上游地区。如 1957 年 7 月洪水,三门峡和三花间较大洪水相遇,形成花园口断面 7 月 19 日洪峰流量 13 000 m^3/s 的洪水。与此次洪水对应的渭河华县站 17 日洪峰流量 4 330 m^3/s,洛河长水站 18 日洪峰流量 3 100 m^3/s。历史调查的 1898 年洪水,在渭河下游、洛河上游和宏农涧河地区均为百年一遇以上的大洪水,而在花园口断面没有反映,仅为一般或较大洪水。

2.2.3.2　洪水频率分析

1.区间设计洪水计算方法

三花间、小花间、小陆故花间(小浪底、陆浑、故县、花园口)的设计洪水,利用区间洪水的资料系列进行频率分析求得。区间洪水的洪峰流量采用干流洪水过程相减法计算,区间洪水的洪量采用支流洪量相加法计算。

三小间的设计洪水采用地区综合法进行计算,参证站选用伊河的龙门镇站。计算公式如下:

洪峰流量　$$Q_{三小间} = (F_{三小间}/F_{龙})^{0.5} \times Q_{龙} \tag{2-1}$$

洪量　$$W_{三小间} = (F_{三小间}/F_{龙})^{0.75} \times W_{龙} \tag{2-2}$$

2.洪水资料的插补延长

为增强资料系列的代表性,对有关测站和区间的资料都进行了插补延长。

插补延长方法,对各测站主要是采用上下游站洪峰流量与洪量相关。对各区间洪峰流量,主要采用上下洪水过程线推演相减和区间内干支流站推演相加,区间洪量主要采用区间内各区洪量相加或峰量相关。比如,对小浪底站,插补资料有 32 年,其年份为 1919~1943 年、1946 年、1949~1954 年,其中 1951~1954 年是将上游八里胡同站资料进行修正移用,其余年份是用陕县与小浪底洪量相关插补。对花园口,洪峰流量通过与陕县、三花间及泺口等的相关关系进行插补,洪量则主要由陕县资料插补。对三花间的洪峰流量、洪量由区间内的洛阳、龙门镇、黑石关站的实测及调查洪水资料进行插补。插补资料的年份,花园口洪峰流量为 1919~1932 年、1933 年、1935~1937 年、1938~1943 年、1947~1948 年共 26 年,花园口洪量为 1919~1923 年、1925 年、1927~1930 年、1932~1933 年、1935~1943 年共 21 年;三花间洪峰流量及洪量为 1931 年、1938~1943 年、1946~1947 年共 9 年。

各站及区间插补资料情况见表 2-9。

表 2-9　各站及区间插补资料情况

站名	项目	插补资料	
		年份	年数
三门峡(陕县)	洪峰流量	1944~1945,1947~1948	4
	洪量	1960	1
小浪底	洪峰流量	1919~1943,1946,1949~1954,1960~1982	55
	洪量	1919~1943,1946,1949~1954	32
花园口(秦厂)	洪峰流量	1919~1932,1933,1935~1937,1938~1943,1947~1948	26
	洪量	1919~1923,1925,1927~1930,1932~1933,1935~1943	21
三花间	洪峰流量	1931,1938~1943,1946~1947	9
	洪量	1931,1938~1943,1946~1947	9
无控制区	洪峰流量	1931,1934~1943,1946~1947,1949~1953	18
	洪量	1931,1934~1943,1946~1947,1949~1950	15

3.洪水资料的还原处理

花园口断面以上干支流先后于 1960 年、1967 年和 1968 年建成三门峡、陆浑和刘家峡等大型水库,由于水库的调蓄作用,这些水库以下各站的实测水文资料的一致性受到一定的影响。为了使统计资料系列具有一致性,需要对水库工程调蓄影响的资料进行还原,其还原方法如下:

(1)对于洪量,主要通过水量平衡原理计算调蓄量,并考虑洪水传播时间进行还原。对刘家峡水库的影响,由水库入、出库站(循化、红旗、折桥、小川等站)逐日平均流量,计算出水库逐日调蓄量($\pm\Delta Q$),然后考虑刘家峡水库至三门峡、小浪底、花园口断面的洪水传播时间,将此逐日调蓄量与三门峡、小浪底、花园口的实测逐日平均流量代数相加,即为刘家峡水库还原后的逐日平均流量。对于刘家峡至河口镇河段沿程的水量损耗,鉴于目前难于估计,暂不考虑这一因素。对三门峡水库的影响,由入、出库潼关站和三门峡站的逐日平均流量计算水库的逐日调蓄量,考虑洪水传播时间,与小浪底、花园口实测逐日平均流量代数相加,即为三门峡还原后的逐日平均流量。对陆浑水库的影响,由入、出库东湾站和陆浑站的逐日平均流量计算水库的逐日调蓄量,考虑洪水传播时间,与龙门镇、花园口实测逐日平均流量代数相加,即为陆浑还原后的逐日平均流量。

(2)对于洪峰流量,刘家峡水库由于上游洪水过程线“低胖”,其洪峰流量所占比重不大的特点,暂不考虑其对下游洪峰流量的影响;三门峡洪峰流量用入库站潼关站资料代替;三门峡水库对小浪底、花园口洪峰流量的影响及陆浑水库对花园口、三花间洪峰流量的影响用洪水演算的方法进行还原。

4.历史洪水重现期的确定

1)公元 223 年洪水的重现期

龙门镇站公元 223 年洪水,按公元 223 年以来的最大洪水考虑,截至 1982 年,洪水重现期为 1 660 年。

2)1931 年洪水的重现期

龙门镇 1931 年洪水,根据 1955 年调查情况,当时 70 岁左右的老人反映是他们记事的第一次大水,还有的说“听长辈说,过去也没有涨过这样的大水”。按照被调查者的年龄推算,1955 年时的 70 岁,出生年为 1885 年,1885~1985 年时段长为 100 年,因此 1931 年洪水的重现期确定为 100 年。

3)1843 年洪水的重现期

1843 年洪水洪峰流量的重现期,在黄河小浪底以上,1976 年计算时曾按 1765 年清政府在万锦滩设水尺标志桩以来的最大洪水计,其重现期定为 210 年。1979 年以后,又从远古史料考证、水文考古、地貌特征研究等方面,补充论证了 1843 年洪水的重现期。论证的结论为 1843 年洪水的重现期为 1 000 年。具体叙述如下。

(1)从垣曲古城水情记载看,1843 年洪水的重现期至少为 600 年

垣曲古城位于三门峡以下峡谷河道的左岸,据考证始建于西魏大统三年(公元 537 年),自建城以来,位置没有变化,只是在明崇祯九年(1636 年)城墙加高五尺。该城南面紧靠黄河,西有亳清河,东有沇水来汇,历史上常受洪水之患。自明洪武十八年(1385 年)以来,凡涨水危及该城者,县志中多有记载。从《垣曲县志》的水情记载看,道光二十三年洪水最大,“水溢至南城砖垛”,其次为 1632 年“黄河溢南城,不没者数版”。县志记载中还有 1385 年、1530 年、1563 年、1761 年“水溢南城圮”之说。为了落实这几年洪水是否大于 1843 年洪水,又与黄河下游的决溢资料进行了对比,除 1761 年外,其余几年黄河下游河段均无漫溢或决溢记载,而 1761 年洪水是三花间大洪水,“水溢南城圮”可能系亳清河或沇水涨水所致。因此,1843 年洪水为《垣曲县志》中有水情记载以来的最大洪水,即 1385 年以来的最大洪水的重现期为 600 年。

(2)从三门峡人门岛上唐宋灰层考证,1843 年洪水是自唐末以来的最大洪水,重现期约为 1 000 年

中国社会科学院考古研究所俞伟超等同志于 1955~1957 年在三门峡大坝施工期间,曾对三门峡坝区进行了考古调查。他们发现人门岛顶上南北约 16 m、东西约 4 m 的平台上有黄土灰烬和砖瓦碎块,砖瓦的外形具有明显的唐代特征,少量遗物还具有宋代特征,故取名曰“唐宋灰层”。

从这些遗物的存在可以推断,唐末或宋初以来所发生过的大洪水,其水位都没能超过这一层,否则这个灰层将被冲掉。人门岛顶部岩面高程为 301 m,灰层厚度平均约 1 m。

则自唐宋以来在该处可能发生的最高洪水位应不超过302 m。1843年洪水在本断面水位为301 m,截至目前,还没有发现比1843年更高的洪水位。所以,1843年洪水应是自唐末以来的最大洪水,其重现期约为1 000年。

(3)从龙岩村集津仓遗址考证,1843年洪水是自唐开元二十一年以来的最大洪水,其重现期可确定为1 000年以上

在三门峡以下约7.8 km的龙岩村冲沟的剖面上,发现在1843年淤沙层之下2.5~3.0 m处有一层厚约0.5 m的文化层。该层上部是杂土、炉渣等,下部多为灰色素面布纹瓦片,间有少量的白釉或青釉瓷片与陶片等。

经过对大量历史资料的考证,自汉武帝时便利用黄河自下游向京都长安运送漕粮。唐开元二十一年(公元733年)为避三门天险,在三门峡以西建盐仓,三门峡以东设集津仓,并在北岸凿开十八里山路,陆运过三门峡。经过多方考证,确定此处即为集津仓遗址。据考古工作者对现场考察和对遗物标本外形特征所做的鉴定,以及上海博物馆做的"热释光"鉴定,确定瓦片、瓷片等是唐宋时代的遗物,瓦片的烧制年代是在西汉末年至唐初一段时期内。由于这组古文化层是埋在1843年洪水淤沙层之下的,说明1843年洪水位是自唐开元二十一年(公元733年)以来最高的。因此,1843年洪水的重现期可确定为1 000年以上。

(4)与河流一级阶地对比,1843年洪水的出现概率更稀遇

三门峡建库前后,在潼关至小浪底河段所进行的大量调查工作中发现,在该河段的凸岸及支沟入黄处,至今留有一层粗沙,其厚度随地形不同而异,最厚者可达2~3 m,粗沙的中数粒径为0.2~0.3 mm。经多次调查,在此粗沙层之上没有发现洪水淤积物。在小浪底坝段北岸的土崖底村附近,在1843年淤沙面之上为二三十米高的直立黄土陡崖。由三门峡库区地质地貌调查资料可知,自潼关至小浪底沿岸不对称地分布着一级阶地,1843年的淤沙与一级阶地的前沿高程相近,而一级阶地的形成年代距今1.0万~1.2万年。因此,与潼关至小浪底河段的一级阶地形成年代相比,1843年洪水的出现概率是更为稀遇的。

综上所述,认为在黄河干流潼关至小浪底河段1843年洪水洪峰流量的重现期至少是1 000年,本次按1 000年计。

在花园口河段,1843年洪水也是最大的,其重现期按与三门峡相同考虑,为1 000年。

4)1761年洪水的重现期

在1976年设计洪水计算时,将1761年洪水按1761年以来的最大洪水考虑,重现期为215年。通过对三花间历史文献的收集和分析,发现自15世纪以来,三花间的地方志资料基本上是连续的,仅个别时段有间断。从地方志资料中发现,1553年为伊洛河的特大洪水,且当地灾情严重。沁河也有水情反映,但较1761年小。干流区间该年没有涨水。故可初步确定,1761年为1553年以来的最大洪水,其重现期可确定为430年。1553年以前,由于历史文献资料不全,难以再向前考证。

在花园口河段,1761年洪水的重现期按与三花间相同考虑,为430年。

5.年最大洪峰洪量系列

经过上述区间洪水计算,资料的插补、还原,各站及区间的年最大洪峰流量、洪量系列

情况见表 2-10。各站及区间历史洪峰流量、洪量及重现期情况见表 2-11。

表 2-10　各站及区间历史洪峰流量、洪量系列情况

站名	项目	实测		插补		还原		总年数
		年份	年数	年份	年数	年份	年数	
三门峡（陕县）	洪峰流量	1919～1943，1946，1949～1967	60	1944～1945，1947～1948	4			64
	洪量	1919～1943，1946，1949～1967	45			1968～1982	15	60
小浪底	洪峰流量	1955～1959	5	1919～1943，1946，1949～1954	32	1960～1982	23	60
	洪量	1955～1959	5	1919～1943，1946，1949～1954	32	1960～1982	23	60
花园口（秦厂）	洪峰流量	1934，1946，1949～1959	13	1919～1932，1933，1935～1937，1938～1943，1947～1948	26	1960～1982	23	62
	洪量	1934，1946，1949～1959	13	1919～1923，1925，1927～1930，1932～1933，1935～1943	21	1960～1982	23	57
三花间	洪峰流量	1934～1937，1949～1959	15	1931，1938～1943，1946～1947	9	1960～1982	23	47
	洪量	1934～1937，1949～1959	15	1931，1938～1943，1946～1947	9	1960～1982	23	47
无控制区	洪峰流量	1954～1982	29	1931，1934～1943，1946～1947，1949～1953	18			47
	洪量	1951～1982	32	1931，1934～1943，1946～1947，1949～1950	15			47
龙门镇	洪峰流量	1936～1943，1946，1947，1951～1959	19			1960～1982	23	42
	洪量	1936～1943，1946，1947，1951～1959	19			1960～1982	23	42

表 2-11　各站及区间历史洪峰流量、洪量及重现期情况

项目	1843 年		1761 年		公元 223 年	1931 年		
	陕县	花园口	花园口	三花间	龙门镇	龙门镇	黑石关	三花间
洪峰流量(m^3/s)	36 000	33 000	32 000	26 000	20 000	10 400	7 800	9 400
5 日洪量(亿 m^3)	84		85	59		9.85		
12 日洪量(亿 m^3)	119		120	70				
重现期(年)	1 000	1 000	430	430	1 760	100		

6.频率洪水计算及设计洪水成果

按照《水利水电工程设计洪水计算规范》(SL 44—93),采用 P－Ⅲ曲线进行适线,适线确定的设计洪水统计参数及不同频率设计洪峰流量、洪量值见表 2-12。

表 2-12　各站及区间天然设计洪水成果

(单位:洪峰流量 Q_m,m^3/s;洪量 W,亿 m^3)

站名	控制流域面积(km^2)	项目	资料系列(年) N	n	a	均值	C_v	C_s/C_v	频率为 $P(\%)$ 的设计值 0.01	0.1	1.0
三门峡	688 401	Q_m	1 000	64	1	8 582	0.52	4.0	46 000	35 400	24 900
		W_5		60		21.5	0.45	4.0	96.5	76.0	55.5
		W_{12}		60		43.3	0.40	3.0	154.1	126.5	98.0
		W_{45}		60		125	0.35	2.0	357.6	305.1	250.1
小浪底	694 155	Q_m	1 000	64	1	8 340	0.49	4.0	41 530	32 280	23 000
		W_5		60		21.9	0.45	4.0	98.3	77.5	56.5
		W_{12}		60		43.8	0.40	3.0	156	127.9	99.0
		W_{45}		60		127.5	0.35	2.0	364.5	311.0	254.9
花园口		Q_m	1 000	50	2	9 380	0.51	4.0	49 000	37 900	26 700
		W_5		46		27.7	0.42	4.0	115	91.4	67.5
		W_{12}		46		55.4	0.40	3.0	197.2	162	125.2
		W_{45}		46		153	0.33	2.0	416	358	295
三花间		Q_m	1 000	47	1	4 400	0.95	2.5	42 200	31 200	20 300
		W_5		47		8.72	0.95	2.5	83.6	61.8	40.1
		W_{12}		47		13.15	0.90	2.5	116.6	86.9	57.2
		W_{45}		47		26.89	0.68	2.5	165	127.6	89.8
小花间		Q_m		47		3 670	0.84	2.5	29 700	22 300	15 000
		W_5		47		7.52	0.90	2.5	66.8	49.7	32.8
		W_{12}		47		11.37	0.86	2.5	95.1	71.1	47.4
小陆故花间		Q_m		47		2 580	0.92	2.5	23 600	17 500	11 500
		W_5		47		4.17	1.04	2.5	45.5	33.1	21.1
		W_{12}		47		6.52	0.96	2.5	63.5	46.8	30.3

续表 2-12

站名	控制流域面积(km^2)	项目	资料系列(年)			均值	C_v	C_s/C_v	频率为 P(%)的设计值		
			N	n	a				0.01	0.1	1.0
龙门镇		Q_m	1 760	42	2	1 980	1.17	2.5	25 600	18 400	11 300
		W_5		42		2.28	1.05	2.5	25.2	18.3	11.6
		W_{12}		42		3.09	0.98	2.5	30.9	22.7	14.7
三小间		Q_m							26 600	19 000	11 700
		W_5							26.7	19.4	12.3
		W_{12}							32.7	24.0	15.5

7.频率洪水计算成果的合理性分析

设计洪水计算成果合理与否,关系到工程的设计标准、防洪安全等,因此需要对设计洪水成果进行合理性检查。下面从基本资料情况、统计参数、历次成果的差别等方面,对本次计算的设计洪水成果进行合理性分析,以确定采用成果。

1)资料系列的可靠性和代表性

(1)可靠性方面

黄河的水文资料经过新中国成立初期的统一审查和黄河规划期间的核查,发现并纠正了资料中的误差,落实了连续枯水段的问题。其后在历次治黄规划中,又相继进行过重点审查,特别是一些大水年如 1933 年、1954 年、1958 年等。因此,刊布的水文资料,除因测验技术条件所限,还存在一定的误差外,其基础是可靠的。20 世纪 70 年代以来,对黄河干流和主要支流历史调查洪水资料进行了全面的审编和刊布。1976 年黄河规划以来先后对缺测年份资料做过插补延长,从而增加了资料系列的连续性。同时对 20 世纪 60 年代、70 年代受水库调蓄影响的资料均进行了还原处理,恢复了资料基础的一致性。对调查考证到的历史特大洪水如 1843 年、1761 年和公元 223 年等,对其定量和重现期的考证进行了长期的调研工作,使调查成果质量得以不断提高。

(2)代表性方面

系列的代表性是对样本总体而言的,而洪水系列的总体现在是未知的。因此,要确切地回答这个问题,是有实际困难的,分析讨论这个问题,最多也只能根据现有资料条件做一些相对的分析。

首先,从各站计算资料系列看,一般在 47~64 年。但无论是长系列还是短系列,均包括不同量级的洪水年份。如干流陕县站的 64 年系列,其 20 世纪 20 年代为连续小水时段,30 年代和 40 年代为多水时段,50 年代至 70 年代属中水时段;三花间的 47 年系列,其 20 世纪 30 年代和 50 年代为多水时段,40 年代和 60 年代前期属中水时段,60 年代后期至 70 年代属小水时段;花园口站 20 世纪 20 年代属小水时段,30 年代和 50 年代属多水时段,40 年代和 60 年代属中水时段,70 年代属中偏小水时段。可见花园口站与陕县站洪水系列基本对应。但由于花园口站洪水是陕县和三花间洪水的组合,因此花园口 20 世纪 50 年代多水时段和 70 年代小水时段是受三花间来水影响而形成的,这样花园口站的系列与陕县站又略有不同。

总的来看,虽然各站及区间的实测系列较短,但较短的系列中包含了不同量级的洪水资料,再加上几百年甚至上千年的历史大洪水资料,其系列的代表性还是比较好的。

其次,从陕县站64年系列的稳定性上看,均值随时序的变化过程从20世纪50年代就趋于相对稳定的状态,摆动变化幅度 ΔQ 为 $-50 \sim +250\ m^3/s$,因此可以认为其系列的代表性尚可。

2)统计参数分析

陕县至小浪底洪峰流量均值及 C_v 随流域面积增加而呈减小趋势。实测资料表明,从陕县至小浪底虽然流域面积增加,但由于区间河道的调蓄作用,绝大多数洪水资料小浪底洪峰小于陕县相应洪峰,所以这种减小是符合实际的。小浪底至花园口,由于区间汇入伊洛沁河等较大支流,且这些支流是三花间的暴雨中心地区,因而洪峰流量均值和 C_v 值呈增加趋势,这也是符合实际的。而干流各站洪量均值是随流域面积增加而增加的,而 C_v 的变化则较小。从洪峰流量、洪量 C_s 与 C_v 的倍比看,洪量倍比小于洪峰流量倍比,而洪量倍比是随洪量历时的加长而减小的。三花间洪峰流量、洪量均值及 C_v 在流域面积上的变化也基本类似干流的特性。总之,统计参数的时空分布基本符合一般的规律特征,是比较合理的。

3)历次计算成果比较

从1975年进行黄河下游防洪规划以来,洪水频率曾先后于1976年、1980年及1985年进行过3次计算。1976年计算是淮河"75·8"大水后进行黄河下游防洪规划的第一次计算,这次计算的成果已经水电部规划设计总院组织审查和审定;1980年计算是在1979年黄河中下游学术讨论会的基础上,考虑将1976年计算系列由1919~1969年延长到1976年所做的补充计算;1985年计算是为小浪底水库初步设计服务,对基本资料进行了进一步的审查和修正,将洪水系列增加到1982年。现分析比较具体如下。

(1)各次计算的差别

1976年与1980年两次计算的差别:①1980年计算资料系列比1976年增加了1970~1976年7年资料;②1980年对1843年、1761年两次历史洪峰流量、洪量及重现期有所修正;③1980年补充计算了三门峡、小浪底、花园口5日洪量及小浪底、小陆故花间12日洪量设计值。

1980年与1985年计算的差别:①1985年计算资料系列比1980年增加了1977~1982年6年资料;②1985年花园口站增加了1960~1982年还原后洪峰流量系列,其插补洪峰资料也有所修改;③1985年对三花间的干流区间历年实测洪量用雨量资料进行了计算和修正,对插补的1931年洪峰流量、洪量也作了修正。

(2)各次计算成果比较

尽管各次计算资料系列均有差别,插补资料、历史洪水也有修改,但总的计算成果变化不大。各次计算成果比较见表2-13~表2-16。表中显示,1985年计算成果与1976年计算成果相比,除小陆故花间5日洪量变化较大(达17.5%)外,一般减少在10%以内。1985年成果与1980年成果相比则变化更小。下面就各次洪峰流量、洪量成果的增减再作两点说明(见表2-17、表2-18):

表2-13 各站及区间洪峰流量频率计算成果比较

站名	计算年份	资料系列(年)			均值(m^3/s)	C_v	C_s/C_v	频率为P(%)的设计值(m^3/s)			说明
		N	n	a				0.01	0.1	1.0	
三门峡	1976	210	47	1	8 880	0.56	4.0	52 300	40 000	27 500	采用
	1980	1 000~600	54	1	8 740	0.52	4.0	47 000	36 200	25 300	
	1985	1 000	64	1	8 582	0.52	4.0	46 000	35 400	24 900	
小浪底	1985	1 000	64	1	8 340	0.49	4.0	41 500	32 300	23 000	采用
花园口	1976	215	34	2	9 780	0.54	4.0	55 000	42 300	29 200	采用
	1980	600	34	2	9 780	0.50	4.0	50 000	38 700	27 400	
	1985	1 000	50	2	9 380	0.51	4.0	49 000	37 900	26 700	
三花间	1976	215	34	1	5 170	0.91	2.5	46 700	34 600	22 700	采用
	1980	430	41	1	4 630	0.89	3.0	44 000	32 400	20 700	
	1985		47	1	4 400	0.95	2.5	42 200	31 200	20 300	
小花间	1976	215	34	1	4 232	0.86	2.5	35 400	26 500	17 600	采用
	1985		47		3 670	0.84	2.5	29 700	22 300	15 000	
小陆故花间	1976	215	34	1	2 910	0.88	3.0	27 400	20 100	12 900	采用
	1980		41		2 660	0.88	3.0	25 000	18 400	11 700	
	1985		47		2 580	0.92	2.5	23 600	17 500	11 500	
龙门镇	1980	1 754	40	1	2 150	1.24	2.0	27 000	19 600	12 400	采用
	1985		42	2	1 980	1.17	2.5	25 600	18 400	11 300	

表2-14 各站及区间年最大5日洪量频率计算成果比较

站名	计算年份	资料系列(年)			均值(亿m^3)	C_v	C_s/C_v	频率为P(%)的设计值(亿m^3)			说明
		N	n	a				0.01	0.1	1.0	
三门峡	1980		54		21.6	0.50	3.5	104	81.8	59.1	
	1985		60		21.5	0.45	4.0	96.5	76.0	55.5	
小浪底	1980		54		22.3	0.51	3.5	111	87.0	62.4	采用
	1985		60		21.9	0.45	4.0	98.3	77.5	56.5	
花园口	1980		51		26.5	0.49	3.5	125	98.4	71.3	采用
	1985		46		27.7	0.42	4.0	115	91.4	67.5	
三花间	1976	215	34	1	9.8	0.90	2.5	87.0	64.7	42.8	采用
	1980		41		9.1	0.95	2.5	87.0	64.0	41.6	
	1985		47		8.72	0.95	2.5	83.6	61.8	40.1	
小花间	1976	215	34	1	8.65	0.84	2.5	70.0	52.5	35.2	
	1985		47		7.52	0.90	2.5	66.8	49.7	32.8	
小陆故花间	1976		34		5.06	1.04	2.5	55.0	40.1	25.4	采用
	1980		41		4.61	1.04	2.5	50.1	36.6	23.1	
	1985		47		4.17	1.04	2.5	45.5	33.1	21.1	
龙门镇	1980		40		2.40	1.09	2.0	25.1	18.6	12.1	采用
	1985		42		2.28	1.05	2.5	25.2	18.3	11.6	

表 2-15　各站及区间年最大 12 日洪量频率计算成果比较

站名	计算年份	资料系列(年)			均值(亿 m^3)	C_v	C_s/C_v	频率为 $P(\%)$ 的设计值(亿 m^3)			说明
		N	n	a				0.01	0.1	1.0	
三门峡	1976	210	47	1	43.5	0.43	3.0	168	136	104	采用
	1980		54		43.3	0.41	3.0	159	130	100	
	1985		60		43.3	0.40	3.0	154.1	126.5	98.0	
小浪底	1980		54		44.1	0.44	3.0	172	139	106	采用
	1985		60		43.8	0.40	3.0	156	127.9	99.0	
花园口	1976	215	44	2	53.5	0.42	3.0	201	164	125	采用
	1980		51		52.9	0.41	3.0	194	158	122	
	1985		46		55.4	0.40	3.0	197.2	162	125.2	
三花间	1976	215	34	1	15.03	0.84	2.5	122	91.1	61.0	采用
	1980		41		13.8	0.86	2.5	115	86.5	57.5	
	1985		47		13.15	0.90	2.5	116.6	86.9	57.2	
小花间	1976	215	34	1	13.15	0.80	2.5	99.5	75.4	51.0	采用
	1985		47		11.37	0.86	2.5	95.1	71.1	47.4	
小陆故花间	1980		41		7.14	0.96	2.5	69.3	51.0	33.1	采用
	1985		47		6.52	0.96	2.5	63.5	46.8	30.3	
龙门镇	1980		40		3.40	1.01	2.0	31.5	23.7	15.8	采用
	1985		42		3.09	0.98	2.5	30.9	22.7	14.7	

表 2-16　各站及区间年最大 45 日洪量频率计算成果比较

站名	计算年份	资料系列(年)			均值(亿 m^3)	C_v	C_s/C_v	频率为 $P(\%)$ 的设计值(亿 m^3)			说明
		N	n	a				0.01	0.1	1.0	
三门峡	1976	210	47	1	126	0.35	2.0	360	308	251	采用
	1980		54		125	0.35	2.0	358	306	249	
	1985		60		125	0.35	2.0	357.6	305.1	250.1	
小浪底	1985		60		127.5	0.35	2.0	364.5	311.0	254.9	采用
花园口	1976	215	44	2	153	0.33	2.0	417	358	294	采用
	1980		51		150	0.33	2.0	410	352	289	
	1985		46		153	0.33	2.0	416	358	295	
三花间	1976	215	34	1	31.6	0.64	2.0	165	132	96.5	采用
	1980		41		28.8	0.66	2.5	170	132	94.0	
	1985		47		26.89	0.68	2.5	165	127.6	89.8	

表 2-17　各站及区间 1985 年成果与 1976 年成果增减比较　（%）

项目		三门峡	花园口	三花间	小花间	小陆故花间
洪峰流量	均值	-3.4	-4.1	-14.9	-13.3	-11.3
	P=0.1%	-11.5	-10.4	-9.8	-15.8	-12.9
	P=0.01%	-12.0	-10.9	-9.6	-15.9	-13.9
5 日洪量	均值			-11.0	-13.1	-17.6
	P=0.1%			-4.5	-5.3	-17.5
	P=0.01%			-3.9	-4.6	-17.3
12 日洪量	均值	-0.5	+3.6	-12.5	-13.5	
	P=0.1%	-7.0	-1.2	-4.5	-5.7	
	P=0.01%	-8.3	-1.9	-4.0	-4.4	
45 日洪量	均值	0.8	0	-14.9		
	P=0.1%	-0.9	0	-3.3		
	P=0.01%	-0.7	-0.2	0		

表 2-18　各站及区间 1985 年成果与 1980 年成果增减比较　（%）

项目		三门峡	小浪底	花园口	三花间	小陆故花间	龙门镇
洪峰流量	均值	-1.8		-4.1	-5.0	-3.0	-7.9
	P=0.1%	-2.2		-2.1	-3.7	-4.9	-6.1
	P=0.01%	-2.1		-2.0	-4.1	-5.6	-5.2
5 日洪量	均值	0.5	-1.8	+4.5	-4.2	-9.5	-1.5
	P=0.1%	-7.1	-10.9	-7.1	-3.4	-9.6	-1.6
	P=0.01%	-7.2	-11.4	-8.0	-3.9	-9.2	+0.4
12 日洪量	均值	0	-0.7	+4.7	-4.7	-8.7	-9.1
	P=0.1%	-2.7	-8.0	+2.5	+0.5	-8.2	-4.2
	P=0.01%	-3.1	-9.3	+1.6	+1.4	-8.4	-1.9
45 日洪量	均值	0		+2.0	-6.6		
	P=0.1%	-0.3		+1.7	-3.3		
	P=0.01%	-0.1		+1.5	-2.9		

①千年一遇及万年一遇洪峰流量成果，1985 年比 1976 年普遍减少 3.3%~14.9%。其减少的原因，一是对 1843 年、1761 年历史洪水重现期的修正及三花各区间 1931 年大水资料的修改影响也较大；二是增加的资料系列多属中小洪水，从而使均值及 C_v 减小。

②千年一遇及万年一遇洪量成果，1985 年与 1976 年相比，5 日洪量三花间减少 5%左右，小陆故花间减少 17.5%；12 日洪量花园口、三花间减少 1.2%~4.5%，陕县减少 8%左右；45 日洪量花园口、三花间减少 0~3.3%，陕县减少 0.7%~0.9%。洪量减小的原因，对干流站主要是系列延长后引起 C_v 减小，而均值的变化则不大；对三花间的各区间则主要是增加系列和资料修改从而使均值减小。

8.频率洪水计算成果的采用

通过本次对频率洪水的复核，延长了资料系列，修正了插补资料，进一步考证了历史洪水重现期，增补了原成果的缺项，从而使频率洪水成果更趋合理完整。但从历次计算成果的比较分析来看，除个别成果变化较大外，一般变化不大，成果的稳定性较好。考虑到目前的认识水平，人们对洪水发生规律特性的研究和掌握还是有限的，为了小浪底水库的安全，本阶段仍采用 1976 年水利部审定成果；对 1976 年未计算的短缺部分仍采用 1980 年补充成果；对 1980 年也未做补充的小浪底洪峰流量及 45 日洪量可采用本次成果。具体成果的采用是：陕县站、花园口站的洪峰流量、12 日洪量、45 日洪量，三花间的洪峰流量、5 日洪量、12 日洪量、45 日洪量，小陆故花间的洪峰流量、5 日洪量采用 1976 年成果；陕县站、花园口站的 5 日洪量，小浪底的 5 日洪量、12 日洪量，小陆故花间的 12 日洪量，龙门镇（三小间）的洪峰流量、5 日洪量、12 日洪量采用 1980 年成果；小浪底洪峰流量、45 日洪量采用本次成果。

2.2.3.3 可能最大暴雨洪水

1.各种方法估算的可能最大洪水成果

1）历史洪水加成法

本法是采用 1761 年洪水加大一个百分数作为可能最大洪水。

针对 1761 年洪水的洪峰流量、洪量，1975 年提出初步成果，1980 年进行了修订。

历史洪水的加成数以往采用 30%～50%。根据水文气象法推求 PMP 的基本思路：高效暴雨→水汽放大→可能最大暴雨→可能最大洪水，用相似暴雨的概念推估出 1761 年洪水相应暴雨的代表性露点，进而求得水汽放大倍比为 1.40，遂采用 40%作为加成数，见表 2-19。

表 2-19　历史洪水加成法可能最大洪水成果

估算时间	地区	项目	1761 年洪水	1761 年洪水加成		
				30%	40%	50%
1976 年	花园口	Q_m（m^3/s）	37 000	48 000	52 000	55 000
		W_{12}（亿 m^3）	142.5	185	200	214
	三花间	Q_m（m^3/s）	29 000	38 000	40 000	43 000
		W_{12}（亿 m^3）	75	98	105	113
1985 年	花园口	Q_m（m^3/s）	32 000		44 800	
		W_5（亿 m^3）	85		119	
		W_{12}（亿 m^3）	120		168	
	三花间	Q_m（m^3/s）	26 000		36 400	
		W_5（亿 m^3）	59		82.6	
		W_{12}（亿 m^3）	70		98	

2）频率分析法

按《水利水电工程设计洪水计算规范》规定，根据频率计算成果分析选定可能最大洪水时，采用值不得小于万年一遇洪水的数值。考虑到黄河下游主要站的洪水频率分析成果尚属可靠，遂采用万年一遇作为可能最大洪水，见表 2-20。

表 2-20　频率分析法可能最大洪水成果

站(区)名	1976 年成果			1985 年成果		
	Q_m(m^3/s)	W_5(亿 m^3)	W_{12}(亿 m^3)	Q_m(m^3/s)	W_5(亿 m^3)	W_{12}(亿 m^3)
三门峡	52 300	(104)	168	46 000	96.5	154
小浪底				41 500	98.3	156
花园口	55 000	(125)	201	49 000	115	197
三花间	46 700	87.0	122	42 200	83.6	117
无控制区	27 400	55.0	69.3	23 600	45.5	63.5

注：带( )者为 1980 年成果。

3）水文气象法

水文气象法的基本思路是，采用当地暴雨放大、暴雨移置、暴雨组合等方法，分析计算可能最大暴雨，再应用水文学的产汇流计算方法，推求可能最大洪水。初步设计阶段采用水文气象法对三花间的可能最大暴雨和洪水进行了较深入的分析研究，将在后面进行详细介绍。

2.三花间可能最大暴雨推求

1）三花间可能最大暴雨特征的定性估计

根据三花间的暴雨特性，三花间的特大洪水是由南北向的经向型暴雨造成的。由三花间暴雨的动力与水汽条件分析并参照有关的天气分析经验，可以确定三花间经向型暴雨比纬向型暴雨有着持久的高强度降水能力。因此，三花间 5 日可能最大暴雨应以经向型暴雨作为控制；12 日可能最大暴雨亦应以 5 日可能最大暴雨为主体，再适当组合其他一场较一般的暴雨过程。

关于三花间可能最大暴雨的历时，分析了海河流域和淮河流域的大暴雨资料及历史文献资料。海河“63・8”暴雨平移三花间后流域面平均降雨量在 50 mm 以上的天数达 6 天，淮河“75・8”暴雨移置三花间后面平均降雨量在 50 mm 以上的天数为 3 天。可见，三花间实测大暴雨历时与淮河“75・8”相当，而短于海河“63・8”暴雨。从数百年历史文献资料来看，海河流域历史特大暴雨有 1626 年、1668 年、1801 年等。这些年份记载了“七月初二至初八雨若倾盆”“大雨 7 日如注”等情况，表明数百年来华北西部山区大范围、南北向高强度暴雨可以持续 7 天。三花间地处其西南侧，比较深入内陆。若南北向暴雨带从华北西部山区再往西、南推移 3 个经纬度，则要求西太平洋副高更为深入华北平原，这样天气形势愈加不易稳定。因此，在经向环流形势下，三花间强暴雨持续日数短于华北西部山区是合理的。参考三花间 1761 年暴雨特性，判定三花间经向型可能最大暴雨历时为 3～5天是比较合理的。

综上所述，提出三花间可能最大暴雨的定性特征(见表 2-21)。

表 2-21 三花间可能最大暴雨定性特征估计

序号	项目		定性特征
1	大气环流形势		盛夏经向型
2	暴雨天气系统		南北向切变线、台风、东风波、低空东南急流等,且多为上述多个系统综合作用
3	雨区分布型式		呈南北向带状分布
4	雨区范围		暴雨笼罩面积在三花间大于 2 万 km^2,造成主要支流同时涨水
5	暴雨中心位置		伊洛沁河中下游及干流区间
6	暴雨移来方向		自南向北或原地产生
7	降雨历时	断续降雨	10 日左右
		其中暴雨	5 日
8	暴雨时程分配		强烈阵性 2~3 场,主峰较后
9	暴雨出现时间		7~8 月
10	前期降雨情况		多雨

2)可能最大暴雨的计算方法及成果

可能最大暴雨的计算方法有当地暴雨放大法、暴雨组合法和暴雨移置法等。

(1)当地暴雨放大法

①水汽放大

选择三花间实际发生的"54·8""58·7""82·8"较大暴雨作为当地暴雨放大的模式。

采用群站平均的方法,在锋面暖侧雨区的大暴雨期或稍前的时段内,统计典型暴雨的代表性露点。三花间"53·8""54·8""56·8""57·7""58·7""82·8"的代表性露点为21.8~24.7 ℃。海河"63·8"的代表性露点为 24.3 ℃,淮河"75·8"的代表性露点为 25.5 ℃。

可能最大露点的推求,通过用当地实测最大露点统计、最大探空可降水反算、历年最大露点频率计算和最大露点物理上限分析等途径,综合确定三花间可能最大露点为 26.5 ℃。

以典型暴雨的露点和可能最大露点,分别计算持续 12 h 的可降水量,以可能最大 12 h 的可降水量与典型 12 h 的可降水量的比值,作为暴雨的水汽放大系数,进行典型暴雨水汽放大。

②效率放大

效率的计算公式:

$$\eta_t = \frac{P_t}{tW_{12}} = \frac{i}{W_{12}} \tag{2-3}$$

式中 t——计算降水时段;

η_t——流域 t 时段的降水效率;

P_t——流域 t 时段的面平均雨量;

W_{12}——典型暴雨的可降水量,用持续 12 h 地面代表性露点查算。

按照上述公式,统计计算了三花间及邻近流域较大暴雨最大 1 日的效率,共计算了三花间“54・8”“57・7”“58・7”“82・8”,汉江“35・7”,淮河“54・7”“68・7”“75・8”,海河“56・8”“63・8”10 场较大暴雨的效率。在计算邻近流域暴雨效率时,进行了流域形状改正和暴雨移置改正。据统计,三花间暴雨的最大效率为 5.63%,海河“63・8”暴雨的效率为 5.6%,淮河“75・8”暴雨的效率为 6.8%。

以三花间实测暴雨的最大效率为依据,参考邻近流域移置改正后的效率,可能最大暴雨的效率取两个数值,即以 $\eta=6.0\%$作为设计效率,以 $\eta=7.0\%$作为比较方案。

以设计效率与典型暴雨效率的比值,放大典型暴雨。

(2)暴雨组合法

从实测各典型暴雨过程和影响三花间中、低纬度低压系统规律来看,组成三花间 5 日 PMP(Probable Maximum Precipition,可能最大降水)的暴雨过程应由两场暴雨组成。但一些典型过程 5 日暴雨放大后,面雨量仍有 3 日在 50 mm 以下。可见,对暴雨演变过程而言,仍可选择暴雨组合模式。

①组合模式拟定

根据三花间历年资料,拟订了两个组合方案:方案 1,1957 年 7 月 16~18 日接 1954 年 8 月 2~3 日;方案 2,1954 年 8 月 2~3 日接 1958 年 7 月 14~16 日。

对组合模式的合理性,从天气系统演变的可能性和连续性、气团进退演变的可行性等方面进行了分析。经比较,方案 1 组合模式最好,方案 2 衔接时,西太平洋副热带高压北上西进的速度较常见的快一些。

②组合模式放大

由于选定的几个典型都不是稀遇暴雨,因此采用了两场暴雨同时进行水汽效率放大的方法,对组合模式进行放大。组合模式放大后,面雨深大于 50 mm 的暴雨日为 4 日,符合三花间 5 日 PMP 的定性特征。

(3)暴雨移置法

根据我国气候区划,并进行气象一致区分析,认为三花间的气象一致区为西界 110°E、北界 39°N、东界约 116°E、南界约 32.5°N 的范围,即三花间的气候特性和暴雨特性与邻近的海河流域、淮河上游十分相似。在此范围内黄河、淮河、海河地区已发生过的特大经向型暴雨有:黄河“54・8”“58・7”“73・7”“82・8”暴雨;淮河“75・8”“84・8”暴雨;海河“63・8”暴雨。经比较,暴雨的移置模式选择了海河“63・8”、淮河“75・8”和黄河“82・8”,并对移置模式进行了移置的可能性分析。

通过雨图安置、移置改正等,将移置模式移置到三花间。根据移置后暴雨的露点和效率,对移置的暴雨进行极大化。海河“63・8”暴雨移置后的效率是 5.6%,淮河“75・8”移置后的效率是 7.0%,是相当高效的暴雨了。因此,海河“63・8”和淮河“75・8”移置后,不再做效率放大,只进行水汽放大即可。而黄河“82・8”移置后,代表性露点是 24.4 ℃,效率是 4.82%,均未达到三花间可能最大露点与效率,需要进行水汽与效率放大。

(4)可能最大暴雨成果及合理性分析

①可能最大暴雨成果

按照上述各种方法计算可能最大暴雨的最大 1 日、5 日面雨深。最大 12 日面雨深在

5 日 PMP 的基础上延长，参照同类型较大暴雨的 H_5 与 H_{12} 的比值，组合其他 1～2 场暴雨而成。可能最大 1 日、5 日、12 日面雨深计算成果见表 2-22。从表中可以看出，三花间可能最大降雨最大 1 日面雨深为 130～170 mm，最大 5 日面雨深为 320～470 mm，最大 12 日面雨深为 500～570 mm。经过综合分析，最终研究确定三花间可能最大降雨最大 1 日面雨深为 130～150 mm，最大 5 日面雨深为 350～400 mm，最大 12 日面雨深为 500～550 mm。

表 2-22　三花间可能最大暴雨成果　（单位:mm）

计算方法	典型暴雨	PMP 面平均雨量			说明
		1 日	5 日	12 日	
当地暴雨放大	“58·7”	154.1	365	565	采用
	“82·8”	154	450		
暴雨组合	“57·8+54·8”	132	357.8		
	“54·8+58·7”	132.6	404.6	506	采用
暴雨移置	“63·8”	135	472	539	采用
	“75·8”	169.7	389	498	采用
	“37·8”	124	357		
	“82·8”	132	387		

②可能最大暴雨成果的合理性分析

为了进一步论证可能最大暴雨成果的可能性和极大性，下面从计算过程的合理性、与邻近流域实测大暴雨的比较、与暴雨频率分析成果比较等几个方面进行分析。

a.计算过程的合理性

选用的暴雨模式具有一定的代表性。选用的当地暴雨模式、移置暴雨模式和组合暴雨模式都是按照三花间可能最大暴雨的定性特征进行挑选的。而三花间可能最大暴雨的定性特征是根据三花间千余年来历史文献考证、调查洪水及实测雨洪资料进行估计的，并运用现代天气学理论与经验进行分析。因此，选用的暴雨模式具有一定的代表性。

当地暴雨水汽、效率因子放大成果具有一定的稳定性。通过典型大暴雨的成因分析，认为水汽因子比较稳定，基本达到了物理上限，其误差影响在 10%以下。效率因子变化较大，有一定的经验性和任意性。采用三花间本流域典型的最大效率取整为衡量基础，以邻近流域特大暴雨的效率为参考的方法确定可能最大暴雨的效率，经过黄河“82·8”暴雨的验证，证明原来估计的最大效率是合适的。因此，当地暴雨水汽、效率因子放大成果具有一定的稳定性。

组合模式再放大的成果是合理的。经过水文气象上的分析论证，把两场较严重的实测暴雨组合在一起，既具备了实际模式的全部优点，又可弥补实测资料的不足。从放大后的 5 日雨量过程来看，有 4 日面雨量超过 50 mm，这与历史记载的 1761 年暴雨 5 昼夜不止相比，还不是很突出的，与海河“63·8”相比，也不是最严重的。因此，组合模式放大的成果是合理的。

对暴雨移置的可能性进行了论证，并对移置的暴雨进行了地形改正、水汽订正和动力订正等，充分利用了邻近流域的大暴雨资料，使可能最大暴雨的极大性得到进一步保障。

采用多元组合的方法计算可能最大 12 日暴雨，并用实测较大暴雨的 H_5 与 H_{12} 比值进行控制,使可能最大12日暴雨成果更具合理性。

因此,从可能最大暴雨的计算过程来看,可能最大暴雨计算成果是合理可靠的。

b.与邻近流域实测大暴雨的比较

计算的三花间可能最大暴雨成果与本流域的实测暴雨相比,大得多。但与海河“63・8”和淮河“75・8”暴雨相比,也不算大。海河“63・8”5日面雨深688 mm(经流域形状和地形改正后为358 mm),淮河“75・8”5日面雨深470 mm(经流域形状和地形改正后为315 mm),而三花间可能最大5日面雨深为350~400 mm。因此,与邻近流域实测大暴雨相比,三花间的可能最大暴雨成果是合理的。

c.与暴雨频率分析成果比较

根据三花间的实测暴雨资料,统计历年不同时段的面平均雨量。对面平均雨量系列进行频率分析,计算不同频率的面平均雨量。经计算,三花间万年一遇5日面平均雨量为355 mm,与可能最大5日面雨量接近。

③结论

通过以上各方面的合理性分析,可以得出如下结论:

一是在目前资料条件和认识水平下,推算的可能最大暴雨成果是合理的。

二是可能最大暴雨成果具备了可能性和极大性。

3.三花间可能最大洪水计算

采用新安江(三水源)产汇流模型。将三花间分为11大块、116个单元块。每个单元块300~500 km^2,单元块的面雨量以点雨量代替。利用黄河“58・7”“82・8”典型实测暴雨洪水资料,率定模型参数,对各种方法计算的可能最大暴雨进行产汇流计算。各种方法计算的PMP(Probable Maximum Flood,可能最大洪水)成果见表2-23。从表中可知,各种方法计算的PMF,洪峰流量为31 100~43 100 m^3/s,5日洪量为80亿~104亿m^3,12天洪量为102亿~139亿m^3。

表2-23　三花间可能最大洪峰流量、洪量成果

方案	可能最大暴雨(mm)			可能最大洪水		
	1日	5日	12日	Q_m(m^3/s)	W_5(亿m^3)	W_{12}(亿m^3)
黄河“58・7”	154	365	565	41 700	100	139
黄河“82・8”	132	389.6		31 100	79.9	101.8
移置淮河“75・8”	169.7	389	498	43 100	104	

4.三花间可能最大洪水成果的分析比较

在1975年和1976年计算时,对可能最大暴雨的分析,考虑了当地“58・7”、当地组合(“54・8”+“58・7”)、移置海河“63・8”和移置淮河“75・8”四种模式。求得三花间的可能最大暴雨的面平均雨深,最大1日为130~150 mm,最大5日为350~400 mm。经过产流、汇流计算,得出三花间的可能最大洪水,洪峰流量为43 000~57 000 m^3/s,5日洪量为85亿~111亿m^3,12日洪量为134亿~136亿m^3。

1977~1978年,曾对移置淮河“75・8”等方案进行过补充修改。

初步设计阶段又增加了当地“82・8”模式和移置“82・8”模式(即将当地“82・8”模

式的雨图略做平移),所得三花间可能最大暴雨,两种模式几乎一致。在产汇流方面,考虑了 1982 年大水的新情况,补充了当地“82・8”模式、当地“58・7”模式、移置“82・8”模式及移置“75・8”模式可能最大暴雨的产汇流计算。经过产汇流计算,求得三花间可能最大洪水,当地模式洪峰流量为 31 100~41 700 m^3/s,5 日洪量为 79.9 亿~100 亿 m^3,移置模式洪峰流量为 36 700~43 100 m^3/s,5 日洪量为 75.1 亿~104 亿 m^3。

经过小浪底水库初步设计阶段的复核,三花间的可能最大洪水成果与以往相比普遍偏小,历次计算成果见表 2-24。

表 2-24　三花间可能最大暴雨和可能最大洪水历次成果

计算年份	方案	可能最大暴雨(mm)			可能最大洪水		
		1 日	5 日	12 日	Q_m (m^3/s)	W_5 (亿 m^3)	W_{12} (亿 m^3)
1976	当地“58・7”	155	359	559	52 000	102	136
	当地组合(“54・8”+“58・7”)	133	405	500	47 700	95.5	134
	移置海河“63・8”	140	472	500	57 000	111	
	移置淮河“75・8”	157	360		43 000	85	
1978	当地“58・7”	154	365	565	49 500	103	139
	当地组合(“54・8”+“58・7”)	132.6	404.6	506	47 000	95.7	134
	移置海河“63・8”	135	472	539	56 000	110	
	移置淮河“75・8”	169.7	389	498	57 500	108	135
	综合推荐	130~150	350~400	500~550	50 000	100	135
1985	当地“82・8”	132	389.6		31 100	79.9	102
	移置“82・8”	132	386.5		36 700	75.1	96.0
	当地“58・7”	154	365	565	41 700	100	139
	移置淮河“75・8”	169.7	389	498	43 100	104	

5.可能最大洪水成果的选定

黄河下游的可能最大洪水成果,经水电部 1975 年 12 月组织审查,选定的成果见表 2-25。成果选定的原则是,洪峰偏重于考虑频率分析的成果,洪量偏重于考虑水文气象的成果。1976 年 8 月和 1980 年 5 月水电部又进行过审查,结论仍维持 1976 年审定成果,其主要理由是综观历史洪水加成法、频率分析法和水文气象法 3 种方法,1985 年的分析成果虽均较 1976 年的成果小,但是应考虑以下因素:

表 2-25　采用的可能最大洪水成果

站区名	Q_m(m^3/s)	W_5(亿 m^3)	W_{12}(亿 m^3)	W_{56}(亿 m^3)
三门峡	52 300	104	168	360
花园口	55 000	125	200	420
三花间	45 000	95	120	
无控制区	30 000	65		

（1）历史洪水加成法，受历史洪水本身的误差和加成数的选取影响较大，一般只能作为参考。

（2）频率分析法，无控制区小得较多一些（洪峰流量小 14%，5 日洪量小 17%），但其基本资料精确度较差。其余各站，洪峰流量小 10%～12%，洪量小 2%～8%，在水文测验误差范围之内。

（3）水文气象法，当地“82・8”模式三花间可能最大暴雨在以往成果取值范围之内，但三花间可能最大洪水的洪峰流量、洪量均偏小，这主要是当地“82・8”模式暴雨的时面分布比较分散，由于人类活动的影响，产流、汇流条件也有所改变。但从三花间的暴雨洪水特性来看，“82・8”模式对三花间可能最大暴雨的代表性，不如当地“58・7”模式的代表性强。

因此，认为黄河下游的可能最大洪水成果，仍可采用 1976 年水电部审定的成果。

2.2.3.4　设计洪水过程线拟定

1.洪水来源的地区组成

根据黄河中下游洪水特性分析，花园口较大洪水的地区组成主要有两种类型：一是以三门峡以上来水为主所组成的洪水，即“上大洪水”；二是以三花间来水为主组成的洪水，即“下大洪水”。不同类型的洪水，其设计洪水的地区组成不同，具体如下所述。

1）“上大洪水”的地区组成

对“上大洪水”，花园口的设计洪水采用三门峡与花园口同频率、三花间相应的地区组成。三花间内部各分区的洪水，按典型洪水来水比分配。

2）“下大洪水”的地区组成

对“下大洪水”，花园口设计洪水采用三花间与花园口同频率、三门峡相应的地区组成。三花间内部各分区的洪水，是根据工程任务的目的和要求而定的。举例如下：

（1）确定小浪底水库的设计指标时，采用三小间、三花间与花园口为同频率洪水，小花间为相应洪水的地区组成。小花间各分区按典型洪水的来水比分配。

（2）确定干支流水库的防洪作用时，采用三花间内部各分区按典型洪水来水比分配的地区组成。

（3）确定干支流水库联合防洪后黄河下游的防洪措施和对策时，采用小陆故花间、小花间与三花间同频率，陆浑、故县以上和三小间相应的地区组成。小陆故花间内部按典型洪水来水比分配。

2.典型洪水的选择

根据花园口站洪水的来源及特性，“上大洪水”选 1933 年 8 月洪水作为典型，“下大洪水”选 1954 年 8 月、1958 年 7 月、1982 年 8 月洪水作为典型。各典型洪水分析如下。

1）1933 年典型洪水

1933 年洪水发生在 8 月中旬，是三门峡站实测的最大洪水。三门峡实测洪峰流量 19 060 m^3/s，推算的花园口洪峰流量 20 400 m^3/s。洪水的洪峰流量、洪量组成见表 2-26。该次洪水为多峰型洪水过程，主峰历时 7 天，连续洪水历时达 1 个月之久。该次洪水主要来自三门峡以上的河龙间和龙三间，三花间来水较小，是“上大洪水”的典型代表。

表 2-26　1933 年洪水花园口断面洪峰流量、洪量组成

站、区间名称	洪峰流量		5 日洪量		12 日洪量	
	流量(m^3/s)	占花园口(%)	洪量(亿 m^3)	占花园口(%)	洪量(亿 m^3)	占花园口(%)
花园口	20 400	100	56.69	100	100.3	100
三门峡	19 060	93.4	51.46	90.8	91.63	91.4
龙门	7 990	39.2	37.70	66.5	53.64	53.5
龙三间	11 070	54.26	27.76	49.0	37.99	37.9
三花间	1 340	6.57	5.23	9.23	8.66	8.63

2)1954 年典型洪水

1954 年洪水发生在 8 月上旬,是花园口有实测资料以来的第三大洪水。该次洪水花园口实测洪峰流量 15 000 m^3/s,推算的三花间洪峰流量 10 540 m^3/s。洪水组成见表 2-27,从表中可以看出,该次洪水三花间的洪峰流量主要由伊洛河上中游地区与沁河洪峰遭遇而成,三小间洪水的洪峰发生在三花间洪峰之前。洪水历时达 12 日,为多峰型洪水过程。小陆故花间无控制区洪水洪峰流量占三花间的 60%以上,洪量占三花间的近 50%。

表 2-27　1954 年洪水花园口断面洪峰流量、洪量组成

站、区间名称	洪峰流量		5 日洪量		12 日洪量	
	流量(m^3/s)	占花园口(%)	洪量(亿 m^3)	占花园口(%)	洪量(亿 m^3)	占花园口(%)
花园口	15 000	100	38.5	100	76.98	100
三门峡	4 460	29.7	14.1	36.6	36.12	46.9
三花间	10 540	70.3	24.4	63.4	40.86	53.1
陆浑	1 220	8.13	2.96	7.69	5.27	6.85
故县	1 810	12.1	4.43	11.5	7.89	10.2
三小间	750	5.00	5.03	13.06	7.77	10.1
黑石关	6 800	45.3	12.16	31.6	19.34	25.1
小董	2 490	16.6	4.70	12.2	10.02	13.0
小花干	500	3.33	2.51	6.52	3.73	4.85
小陆故花间	6 760	45.1	11.98	31.1	19.93	25.9

3)1958 年典型洪水

1958 年洪水发生在 7 月中旬,是花园口站有实测资料以来的最大洪水。该次洪水的洪峰流量、洪量组成见表 2-28。从表中可知,该次洪水花园口、三花间洪峰流量分别为 22 300 m^3/s、15 780 m^3/s。三花间的洪峰流量主要由伊洛河中下游地区和三小间洪峰遭遇而成,沁河来水较小。洪水主要集中在 5 日之内,为单峰型洪水过程。小陆故花间无控

制区的洪水占三花间的40%以上。

表2-28　1958年洪水花园口断面洪峰流量、洪量组成

站、区间名称	洪峰流量		5日洪量		12日洪量	
	流量(m^3/s)	占花园口(%)	洪量(亿 m^3)	占花园口(%)	洪量(亿 m^3)	占花园口(%)
花园口	22 300	100	57.02	100	88.85	100
三门峡	6 520	29.2	25.68	45.0	50.79	57.2
三花间	15 780	70.8	31.34	55.0	38.06	42.8
陆浑	920	4.13	4.44	7.79	5.63	6.34
故县	1 800	8.07	5.84	10.24	7.52	8.46
三小间	5 060	22.7	7.76	13.6	8.88	10.0
黑石关	9 730	43.6	18.54	32.5	22.62	25.5
小董	990	4.44	2.41	4.23	3.51	3.95
小花干	0	0	2.63	4.61	3.05	3.43
小陆故花间	8 000	35.9	13.3	23.3	16.03	18.0

4)1982年典型洪水

1982年洪水发生在8月上旬,是花园口站有库测资料以来的第二大洪水,该次洪水花园口洪峰流量15 300 m^3/s。由于受到陆浑水库调蓄和伊洛河夹滩地区决堤分滞洪的影响,三花间洪峰流量仅10 590 m^3/s。对上述影响因素进行还原后,三花间洪峰流量可达14 550 m^3/s。三花间的洪峰流量主要由伊洛河中下游地区与沁河洪水遭遇所形成,三小间和小花干流区间洪水也占有相当比重。该次洪水主要来自小陆故花间,小陆故花间洪水占三花间的近60%。洪水组成见表2-29。

表2-29　1982年洪水花园口断面洪峰流量、洪量组成

站、区间名称	洪峰流量		5日洪量		12日洪量	
	流量(m^3/s)	占花园口(%)	洪量(亿 m^3)	占花园口(%)	洪量(亿 m^3)	占花园口(%)
花园口	15 300	100	41.1	100	65.25	100
三门峡	4 710	30.8	13.58	33.0	28.01	42.9
三花间	10 590	69.2	27.52	67.0	37.24	57.1
陆浑	850	5.56	2.70	6.57	3.96	6.07
故县	1 360	8.89	2.22	5.40	3.06	4.69
三小间	3 250	21.2	6.74	16.4	8.98	13.8
黑石关	3 410	22.3	11.25	27.4	15.13	23.2
小董	3 010	19.7	4.93	12.0	6.76	10.4

续表 2-29

站、区间名称	洪峰流量		5日洪量		12日洪量	
	流量(m^3/s)	占花园口(%)	洪量(亿 m^3)	占花园口(%)	洪量(亿 m^3)	占花园口(%)
小花干	920	6.01	4.60	11.2	6.37	9.76
小陆故花间	5 130	33.5	15.86	38.6	21.24	32.6

上述三个典型洪水，代表了“下大洪水”不同的地区来源及组成，是“下大洪水”的典型代表，且小陆故花间来水比例较大，对下游防洪威胁较大。

各典型年的实测洪水过程如图 2-1～图 2-6 所示。

3.区域洪水过程线的平衡

根据工程的任务和要求，按照上述设计洪水的洪峰流量、洪量和设计洪水的地区组成，采用洪峰流量、洪量同频率控制方法，放大典型洪水过程，进行控制断面设计洪水过程线的平衡计算，即可求得三花间、三门峡、花园口的天然设计洪水过程线。设计洪水过程线平衡是在考虑河道洪水演进的基础上，使控制断面的洪峰流量、洪量值等于设计值。对“下大洪水”，首先平衡三花间的设计洪水过程，再平衡花园口的设计洪水过程，最后确定三门峡的相应洪水过程。对“上大洪水”，首先平衡三门峡的设计洪水过程，再平衡花园口的设计洪水过程，最后确定三花间的相应洪水过程。

不同频率、不同组成各典型年的设计洪水过程如图 2-7～图 2-18 所示。

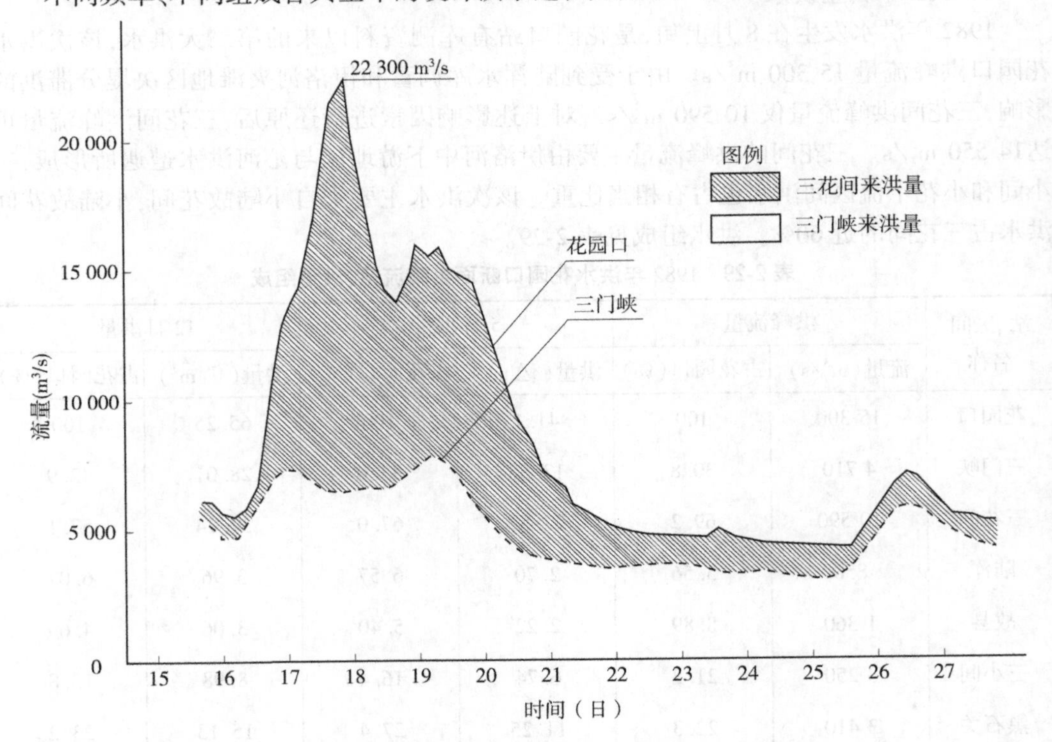

图 2-1　1958 年 7 月花园口洪水组成

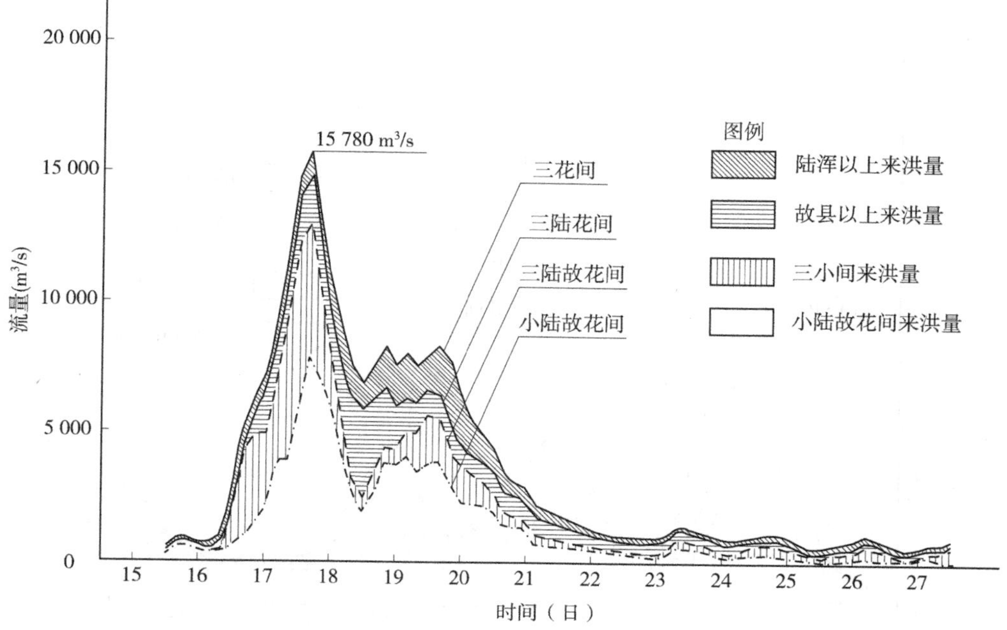

图 2-2　1958 年 7 月三花间洪水组成

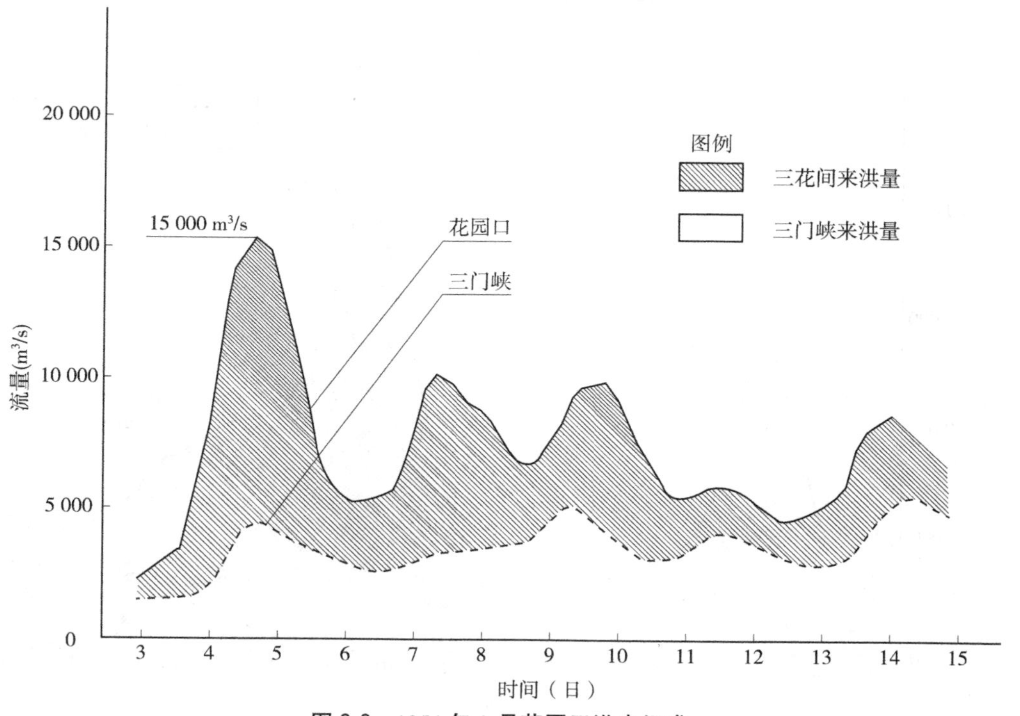

图 2-3　1954 年 8 月花园口洪水组成

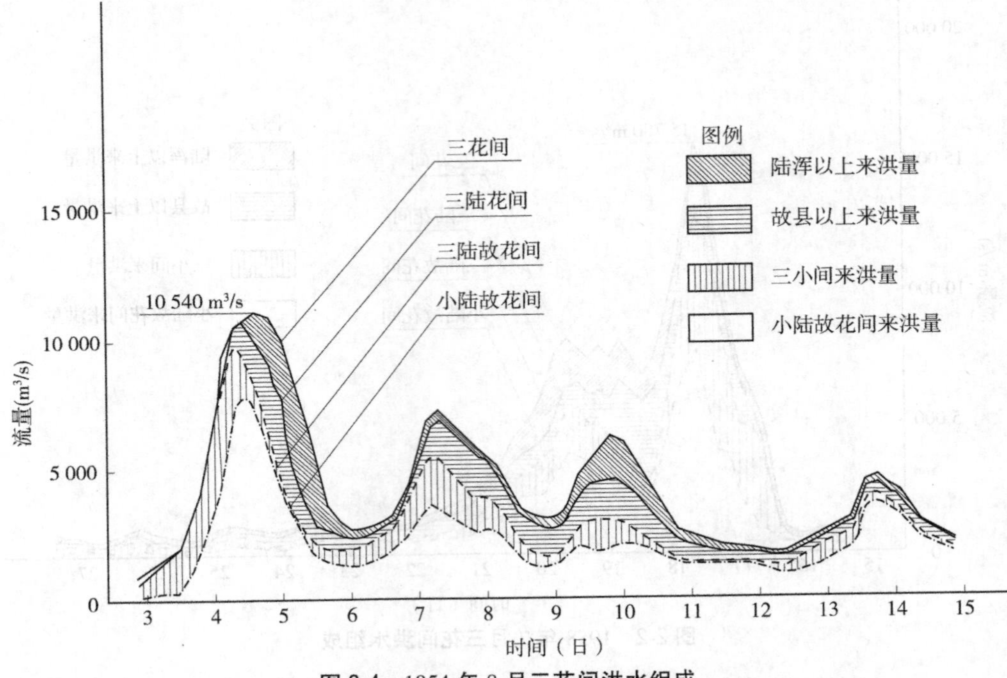

图 2-4　1954 年 8 月三花间洪水组成

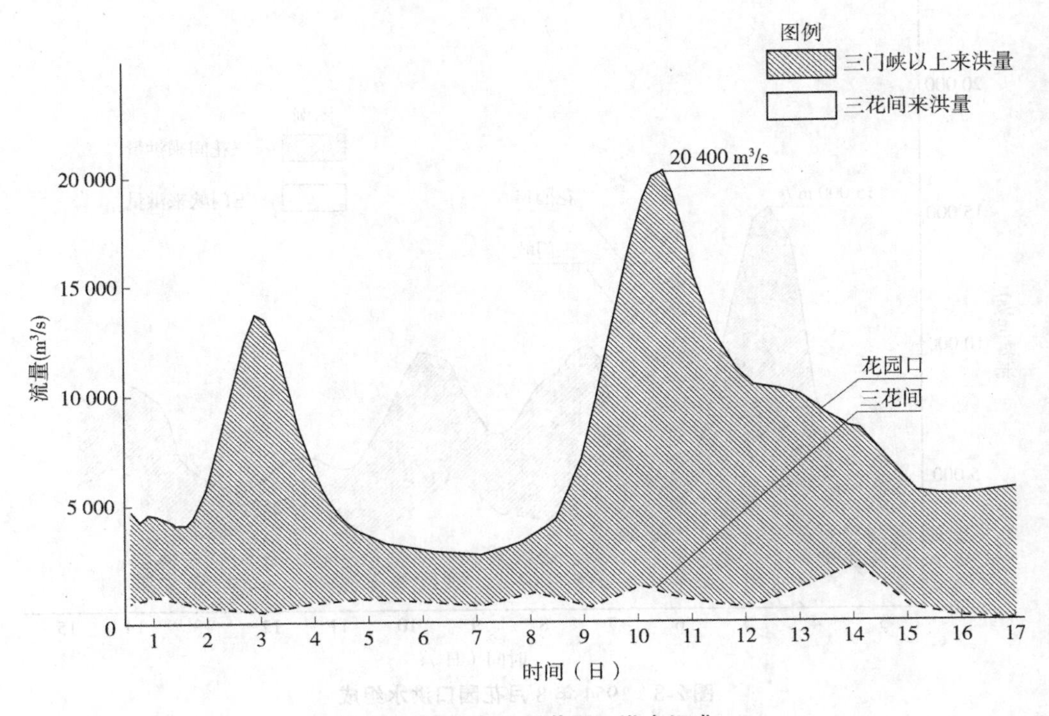

图 2-5　1933 年 8 月花园口洪水组成

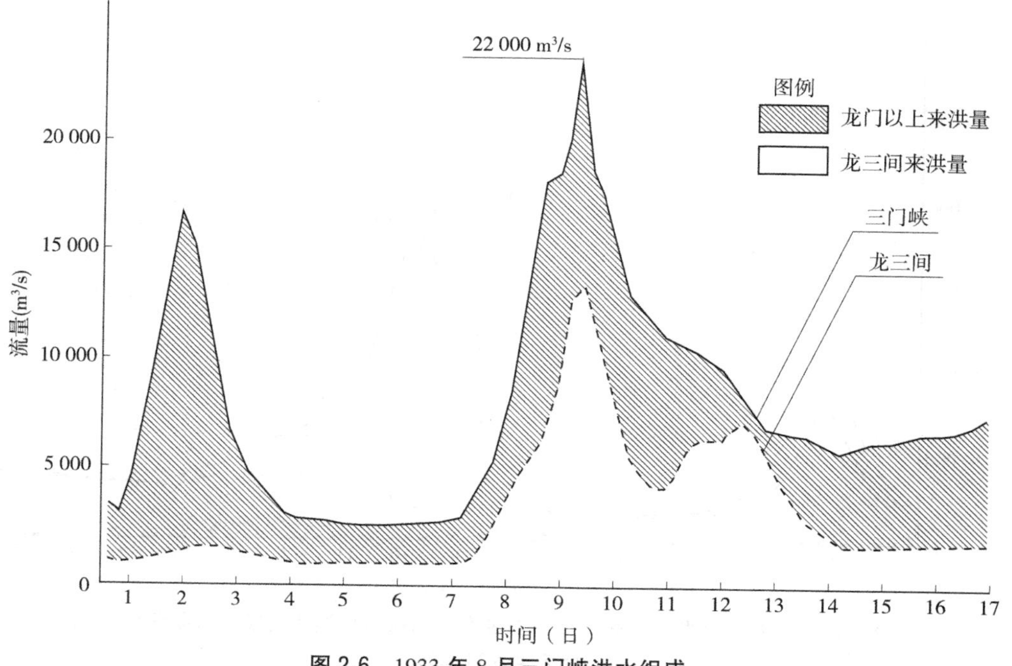

图 2-6　1933 年 8 月三门峡洪水组成

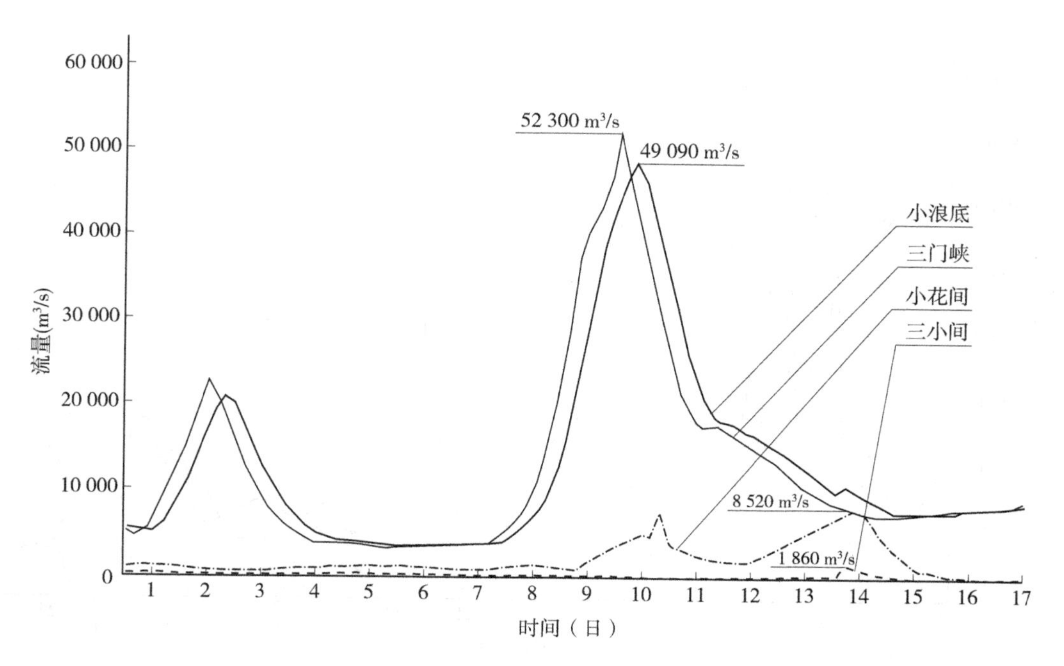

图 2-7　1933 年 8 月小浪底同频率各断面(区间)相应洪水过程线

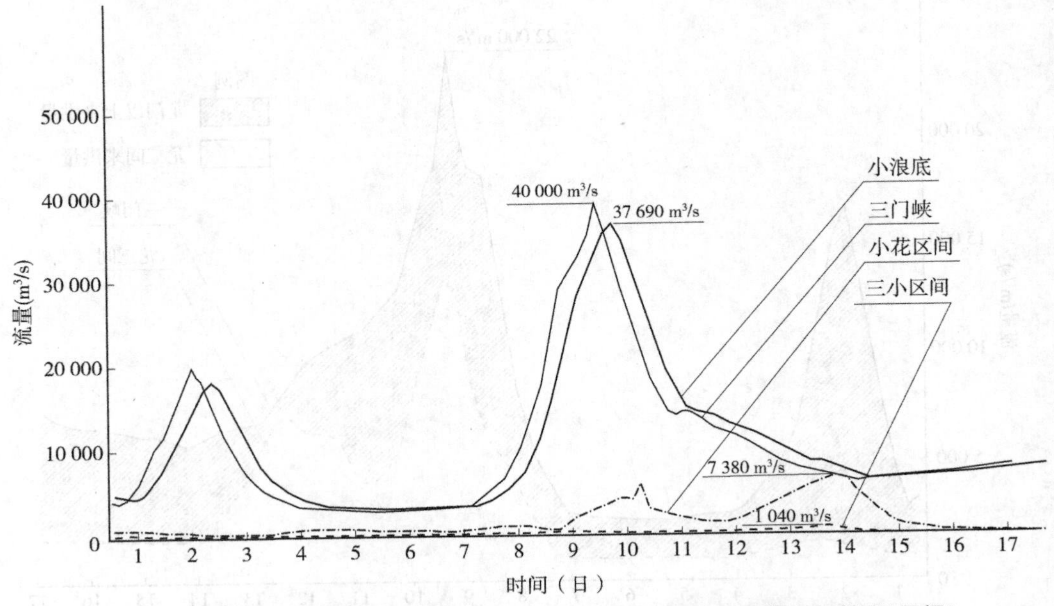

图 2-8　1933 年(8 月)型小浪底千年一遇洪水三门峡与小浪底同频率各断面(区间)相应洪水过程线

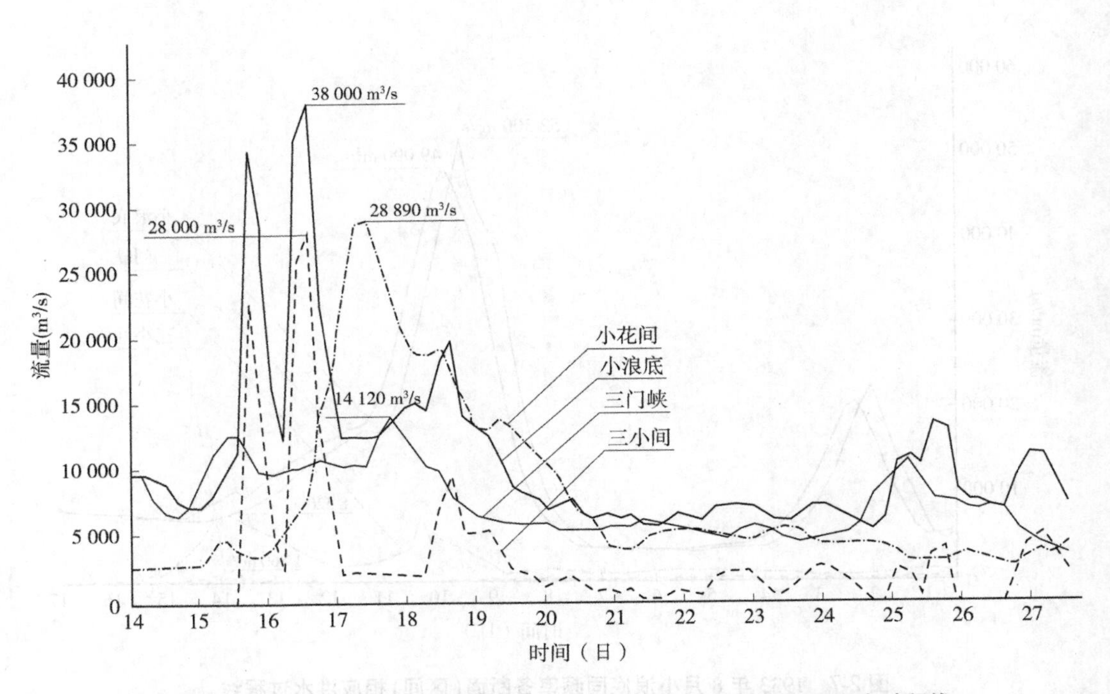

图 2-9　花园口 1958 年(7 月)型万年一遇洪水各断面(区间)相应洪水过程线

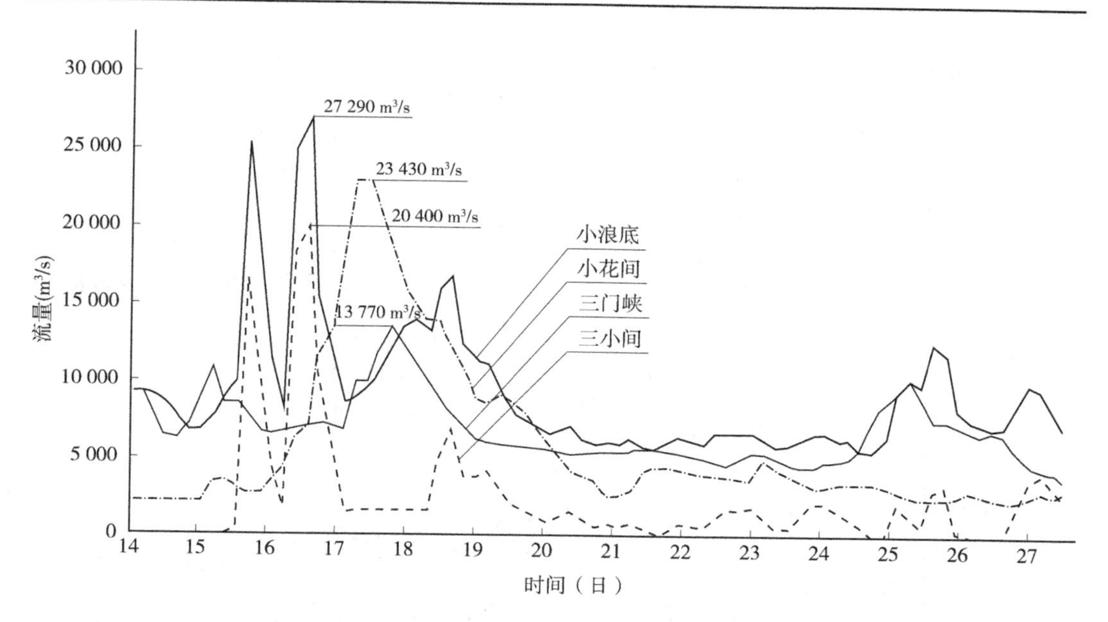

图 2-10　花园口 1958 年(7 月)型千年一遇洪水各断面(区间)相应洪水过程线

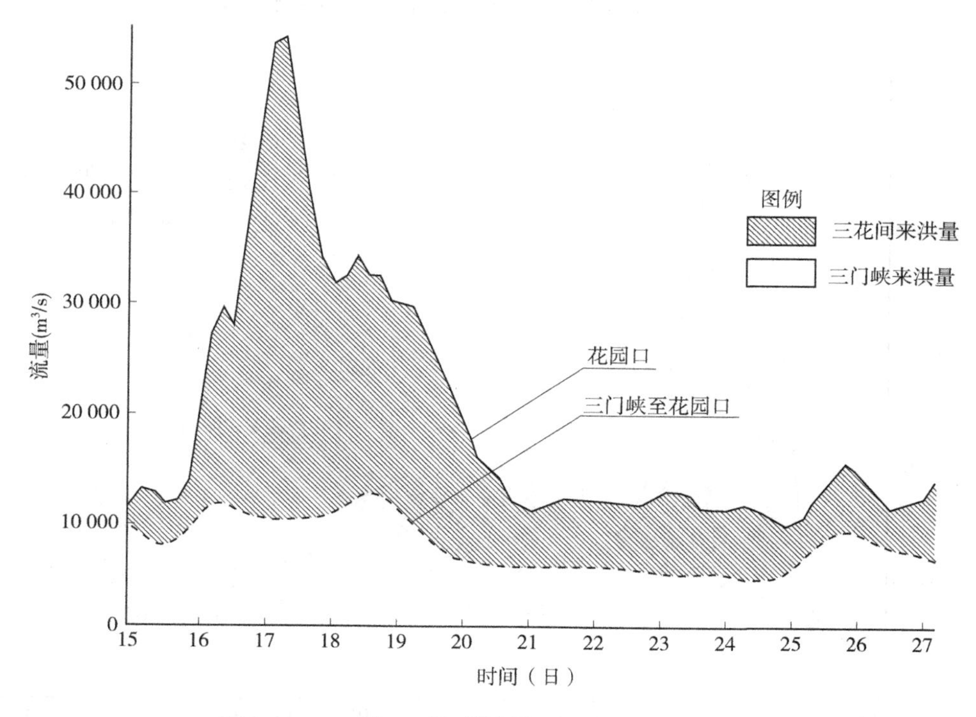

图 2-11　1958 年(7 月)型花园口万年一遇洪水组成

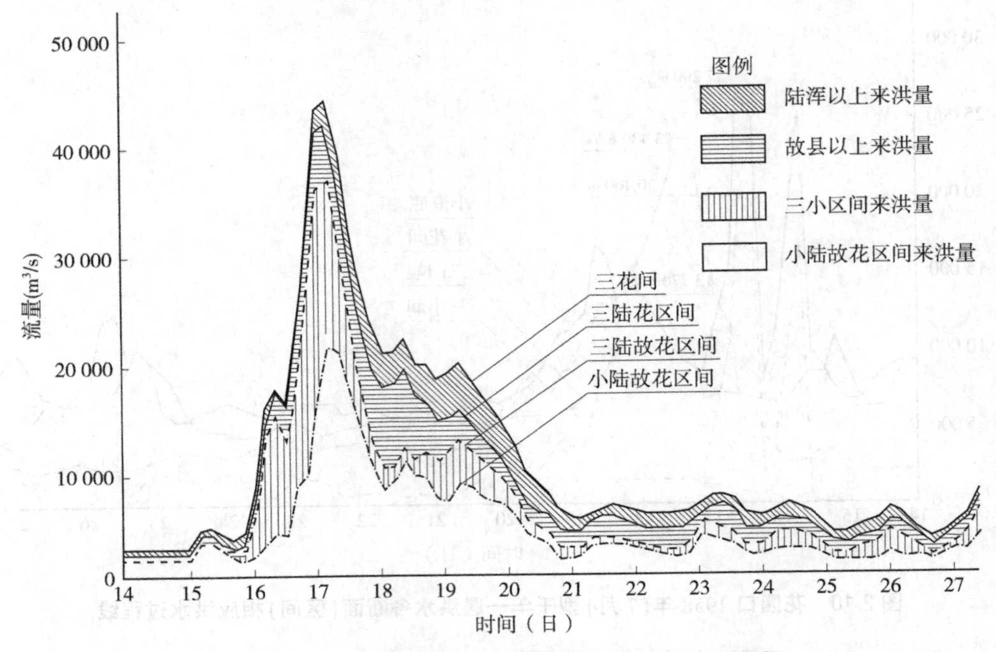

图 2-12　1958 年(7 月)型三花区间万年一遇洪水组成

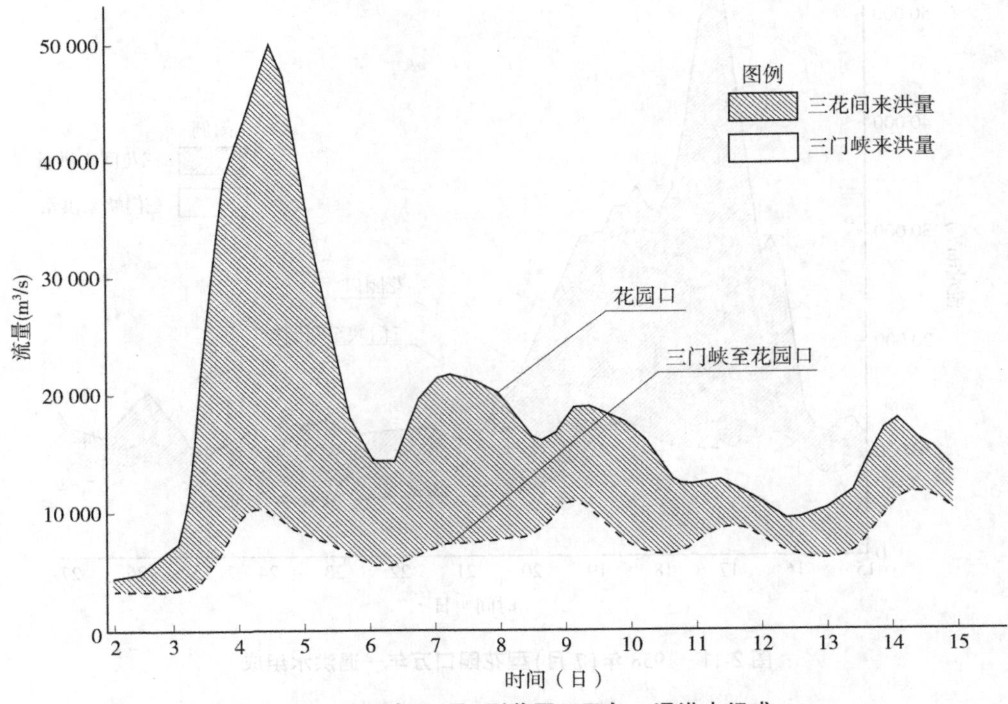

图 2-13　1954 年(8 月)型花园口万年一遇洪水组成

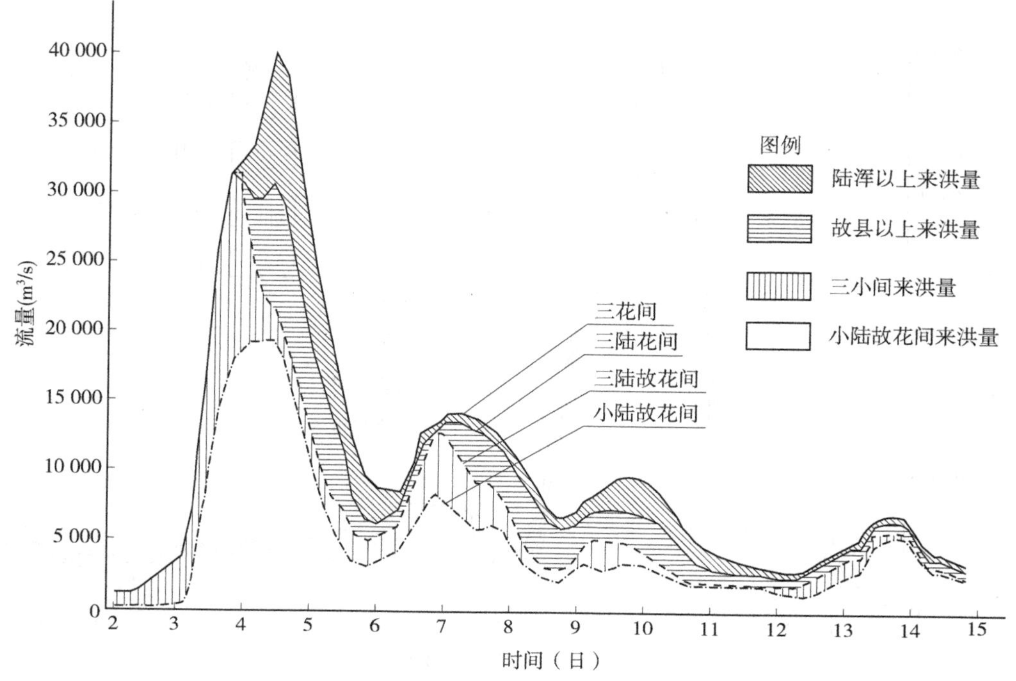

图 2-14　1954 年(8 月)型三花区间万年一遇洪水组成

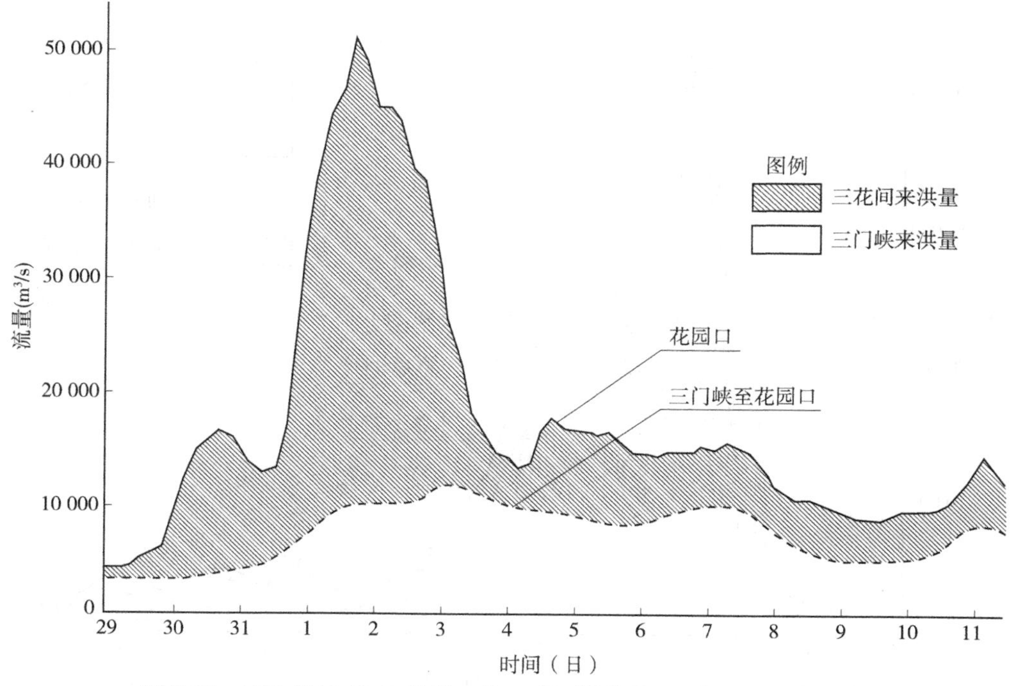

图 2-15　1982 年(7 月 30 日至 8 月 11 日)型花园口万年一遇洪水组成

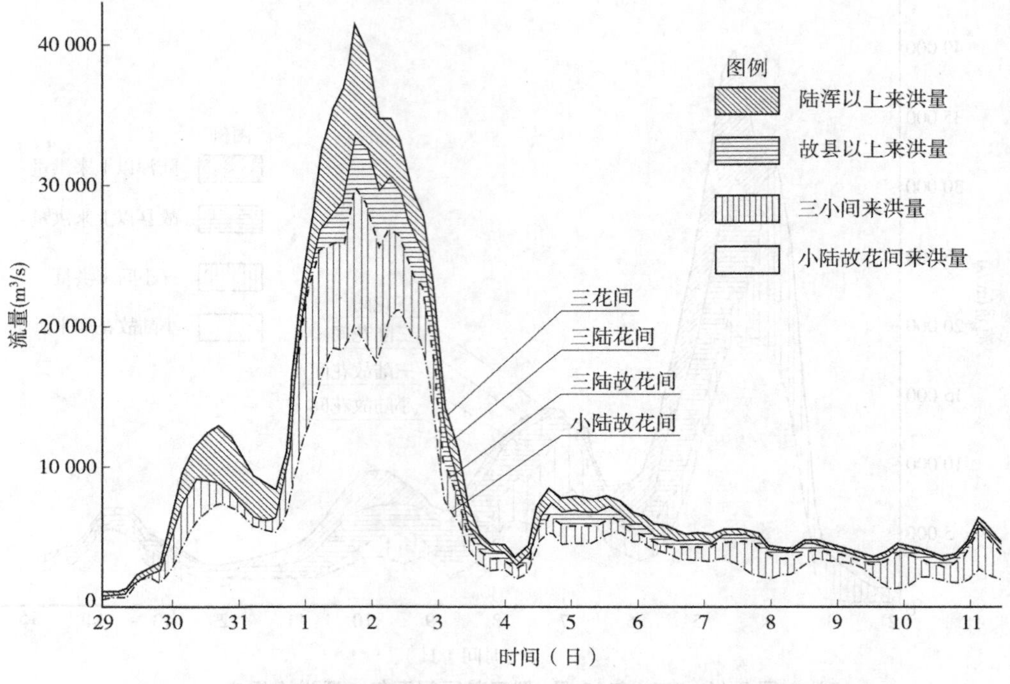

图 2-16　1982 年(7 月 30 日至 8 月 11 日)型三花区间万年一遇洪水组成

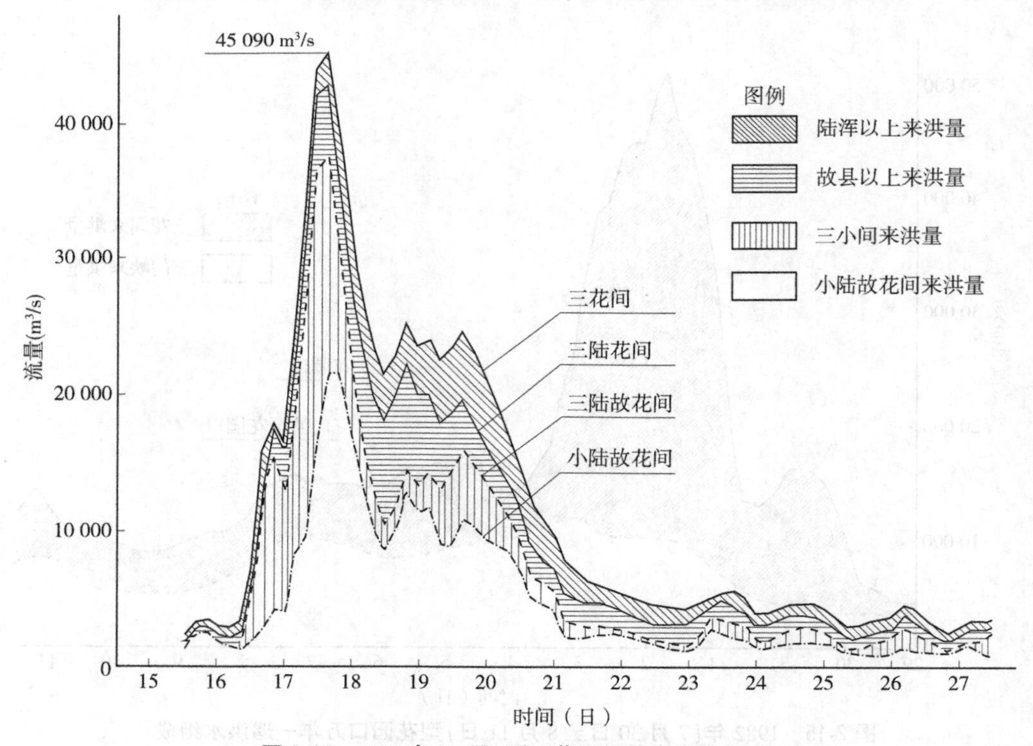

图 2-17　1958 年(7 月)型三花区间特大洪水组成

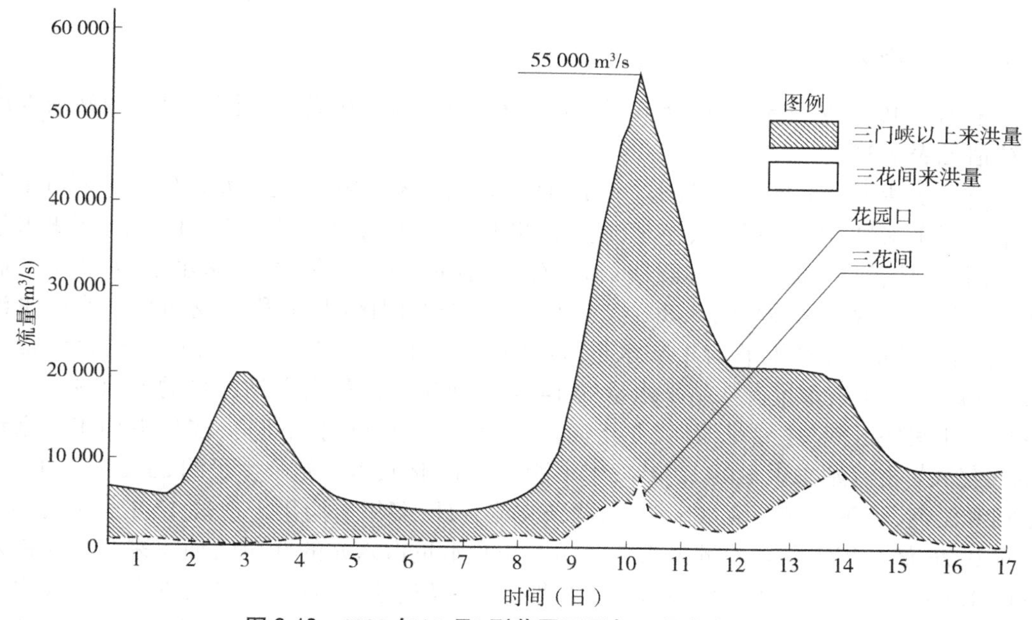

图 2-18　1933 年(8 月)型花园口万年一遇洪水组成

2.3　流域泥沙特性分析

黄河是世界上输沙量最大且含沙量又高的一条大河,因此泥沙问题是治黄的症结。小浪底水利枢纽工程位于黄河中游最后一个峡谷河段,控制黄河流域 98%以上的泥沙来量,泥沙问题的解决直接影响着枢纽工程安全和效益的发挥,同时也是小浪底水利枢纽工程的关键问题之一。水库的运用方式和工程布置要能够适应黄河的泥沙特点,水库泥沙和减淤效益的分析研究要考虑黄河的水沙变化,由此需要分析黄河泥沙特性,并对水库运用后来水来沙条件进行预测。

2.3.1　水少沙多、水流含沙量高

在我国的大江大河中,黄河的流域面积仅次于长江而居第二位,但由于大部分地区处于干旱和半干旱地带,径流量贫乏,流域面积占全国国土面积的 8.3%,而年径流量只占全国的 2%(见表 2-30)。由于黄河流经的黄土高原地区土壤结构疏松,抗冲、抗蚀能力差,气候干旱,植被稀少,坡陡沟深,暴雨集中,加上人类活动影响,水土流失极为严重,是我国乃至世界上水土流失面积最广、强度最大的地区,造成了黄河较大的来沙量。根据 1919~1959 年实测资料(可代表天然情况)统计,三门峡水文站水量 426.3 亿 m^3,沙量 16 亿 t,含沙量 37.5 kg/m^3。黄河水量不及长江的 1/20,沙量却是长江的 3 倍,与世界多泥沙河流相比,沙量之多、含沙量之高,是世界大江大河中绝无仅有的。

2.3.2 水沙异源

根据1919年7月至1997年6月实测资料统计，黄河中游干支流主要控制站的水沙特征值见表2-31。

黄河水沙主要来自4个区间。一是河口镇以上，来水多来沙少，水流较清。河口镇多年平均年来水量241.6亿m^3，年来沙量1.28亿t，年平均含沙量为5.3 kg/m^3，年来水量占龙门、华县、河津、洑头（简称四站）和黑石关、小董六站（简称六站）来水量的54.4%，而年来沙量仅占六站来沙量的8.8%。二是河口镇至龙门区间（简称河龙间），来水少来沙多，水流含沙量高，多年平均年来水量63.7亿m^3，年来沙量8.0亿t，年平均含沙量为125.6 kg/m^3，年来水量占六站来水量的14.4%，而年来沙量占六站沙量的54.8%。三是龙门至小浪底区间（主要是渭河、北洛河及汾河，简称龙小间，下同），多年平均年来水量99.3亿m^3，占六站来水量的22.4%，年来沙量4.12亿t，占六站来沙量的28.2%。四是伊洛河和沁河，为黄河又一清水来源区，两条支流合计，多年平均年来水量42.1亿m^3，年来沙量0.26亿t，年平均含沙量为6.2 kg/m^3，年来水量占六站的9.5%，而年来沙量仅占六站的1.8%。龙门至潼关及汇流区是堆积性河道，经过这一河段调整后，进入小浪底水文站的多年平均沙量为13.4亿t，进入黄河下游（以小浪底、黑石关、小董之和，简称小黑小）的沙量为13.66亿t。表明黄河的水量大部分来自河口镇以上，沙量则主要来自河口镇以下的河龙间和龙小间。这样就形成了常说的黄河水沙异源的特点。

表2-30 国内外一些河流的水量和沙量

国名	河名	流域面积（km^2）	站名	水量：年平均流量（m^3/s）	水量：年平均水量（亿m^3）	沙量：年平均含沙量（kg/m^3）	沙量：年平均沙量（亿t）	沙量：输沙模数[t/（km^2·a）]	说明
孟加拉国	布拉马普特拉河	666 000	河口	12 190	3 840	1.89	7.26	1 090	
孟加拉国	恒河	955 000	河口	11 750	3 710	3.92	14.51	1 525	
印度	科西河	62 200	楚特拉	1 810	570	3.02	1.72	2 770	恒河支流
巴基斯坦	印度河	969 000	科特里	5 500	1 750	2.49	4.35	450	
缅甸	伊洛瓦底江	430 000	普朗姆	13 550	4 270	0.70	2.99	693	
越南	红河	119 000	河内	3 900	1 230	1.06	1.30	1 090	
美国	密西西比河	3 220 000	河口	17 820	5 610	0.56	3.12	97	
美国	科罗拉多河	637 000	大峡谷	155	49	27.5	1.35	212	
巴西	亚马逊河	5 770 000	河口	181 000	57 100	0.06	3.63	63	
埃及	尼罗河	2 978 000	格弗拉	2 830	892	1.25	1.1	37	

续表 2-30

国名	河名	流域面积（km²）	站名	水量		沙量			说明
				年平均流量（m³/s）	年平均水量（亿 m³）	年平均含沙量（kg/m³）	年平均沙量（亿 t）	输沙模数[t/(km²·a)]	
中国	黄河	688 384	陕县	1 352	426.3	37.5	16.0	2 320	1919~1959 年
中国	泾河	43 195	张家山	49.2	15.5	172	2.67	6 180	黄河支流
中国	窟野河	8 645	温家川	24.7	7.8	169	1.32	15 300	黄河支流
中国	长江	1 700 000	大通	29 200	9 211	0.52	4.78	280	
中国	永定河	49 000	三家店	45	14.2	44.2	0.82	1 673	
中国	珠江	329 725	梧州	7 210	2 270	0.34	0.718	218	珠江干流西口

表 2-31　黄河中游干支流主要控制站水沙特征值

站名	水量(亿 m³)			沙量(亿 t)			含沙量(kg/m³)		
	7~10 月	11 月至翌年 6 月	7 月至翌年 6 月	7~10 月	11 月至翌年 6 月	7 月至翌年 6 月	7~10 月	11 月至翌年 6 月	7 月至翌年 6 月
河口镇	141.0	100.6	241.6	1.03	0.25	1.28	7.3	2.5	5.3
龙门	175.4	129.9	305.3	8.14	1.14	9.28	46.4	8.8	30.4
河龙间	34.4	29.3	63.7	7.11	0.89	8.00	206.7	30.4	125.6
渭洛汾河	59.6	36.8	96.4	4.64	0.43	5.07	77.9	11.7	52.6
四站	235.0	166.7	401.7	12.78	1.56	14.34	54.4	9.4	35.7
三门峡	230.4	167.7	398.1	11.56	1.95	13.51	50.2	11.6	33.9
小浪底	234.6	170.0	404.6	11.57	1.84	13.41	49.3	10.8	33.1
伊洛沁河	26.8	15.3	42.1	0.23	0.03	0.26	8.6	2.0	6.2
小黑小	261.4	185.3	446.7	11.80	1.87	13.67	45.1	10.1	30.6
六站	261.8	182.0	443.8	13.01	1.59	14.60	49.7	8.7	32.9
利津	221.3	136.7	358.0	7.74	1.36	9.10	35.0	10.0	25.4

2.3.3 水沙在时间分布上不均衡

沙量年际间分布不均。小浪底水文站最大年来沙量为37.04亿t(按水文年,下同),为最小年来沙量2.02亿t(1961年)的18.3倍。

沙量年内分布不均。小浪底站来沙量主要集中于汛期7~9月,7月、8月尤为突出。小浪底水文站多年平均来沙量为13.37亿t,其中汛期来沙量为11.53亿t,占全年来沙量的86.2%。8月来沙量最大,为5.1亿t,占汛期来沙量的44.2%。7月来沙量次之,为3.13亿t,占汛期来沙量的27.1%。由于三门峡水库蓄清排浑运用,1974年以来汛期来沙量所占比例明显增加,见表2-32。

表2-32 小浪底水文站不同时期的水沙量

时间(年·月)	来沙量(亿t)			含沙量(kg/m³)		
	汛期	非汛期	年	汛期	非汛期	年
1919.7~1950.6	12.96	2.44	15.40	49.4	14.4	35.7
1950.7~1960.6	15.15	2.42	17.57	57.7	14.5	40.9
1960.7~1974.6	9.71	2.60	12.31	42.5	13.6	29.3
1974.7~1987.6	9.89	0.31	10.20	43.8	1.9	26.4
1987.7~1997.6	8.15	0.44	8.59	63.4	3.3	32.8
1919.7~1997.6	11.53	1.84	13.37	49.5	11.0	33.4

三门峡水库于1960年9月15日正式投入运用,1964年后又进行了两次工程改建以增大泄流排沙能力,1973年12月开始实行蓄清排浑运用,发挥效益。1968年10月刘家峡水库开始蓄水,1986年10月龙羊峡水库下闸蓄水,加之20世纪60年代以来黄河中游水土保持的减水减沙作用和黄河上中游工农业用水的增加,这些因素使不同时期的泥沙特征有一定的变化。来沙量自20世纪50年代以来逐渐减小。20世纪50年代年来沙量及平均含沙量最大;20世纪60年代由于三门峡水库的拦沙作用,来沙量和含沙量有所减小;20世纪70年代以来,由于中游水土保持的减沙作用,来沙量减小,同时由于三门峡水库的蓄清排浑运用及龙羊峡水库的调节作用,汛期基本上排泄全年泥沙,使汛期水少沙多、含沙量高的矛盾更加突出。

2.3.4 黄河水沙的组合特点、形成条件和机遇分析

钱宁等在20世纪80年代就黄河中游多沙粗沙来源区对下游河道的影响进行分析时,将黄河流域的洪水来源分成以下4个区域。

Ⅰ区:河口镇以上,来沙较少,属于少沙来源区。

Ⅱ区:河龙间、马莲河、北洛河,属于多沙粗沙来源区。

Ⅲ区:除去马莲河的泾河干支流、渭河上游、汾河,属于多沙细沙来源区。渭河南山支流则为少沙来源区。

Ⅳ区：伊洛河、沁河，属于少沙来源区。

同时，还根据洪水来源区的分布情况，将进入黄河下游的洪水水沙分为以下6种组合：①各地区普遍有雨，强度不大；②多沙粗沙来源区有较大洪水，少沙区未发生洪水或洪水较小；③多沙粗沙来源区有中等洪水，少沙区也有补给；④多沙粗沙、多沙细沙来源区洪水与少沙区较大洪水相遇；⑤洪水主要来自少沙区，多沙粗沙来源区雨量不大；⑥洪水主要来自多沙细沙来源区。

将1952～1960年和1969～1978年两个系列中103次洪水的情况进行统计，得到表2-33，从表中可以看出：

（1）这6种水沙组合，以第二种组合来沙系数最大，平均达0.051 6 kg·s/m^6。多沙粗沙来源区洪水多系暴雨产生，洪峰尖瘦，汇入干流后，因受槽蓄作用，洪峰调平，至下游一般处于不漫滩或小漫滩的情况，下游河道淤积严重。

（2）第三种组合洪水虽仍来自多沙粗沙来源区，但因得到少沙区的一定补给，下泄洪水的平均来沙系数降低到0.036 0 kg·s/m^6。这种组合的洪水出现次数最多，在统计的19年中，共出现了22次，占洪峰总数的21.4%，下游淤积量占全部洪峰淤积总量的13.6%。

（3）第一种组合各地区普遍降雨，但降雨强度小。花园口平均洪峰流量为3 680 m^3/s，来沙系数为0.021 6 kg·s/m^6，下泄沙量小，下游主槽的淤积强度为341.3万t/d。这种组合出现的概率较小，仅为6.8%，下游淤积量仅占全部洪峰淤积量的4%。

（4）第四种组合花园口的洪峰最大流量的平均值为11 742 m^3/s，水流多漫滩。因此，虽然平均来沙系数仅为0.013 1 kg·s/m^6，下游河道的淤积强度仍达1 898万t/d，仅次于第二种组合。

（5）第五种组合洪水主要来自少沙区。花园口来沙系数为0.007 4～0.011 9 kg·s/m^6，黄河下游出现冲刷，而且一直可以发展到山东河段。分析的19年系列中，出现这种组合的概率达45.6%。

（6）第六种组合洪水主要来自多沙细沙来源区，出现的概率为3.9%，就洪峰流量和下游河道淤积强度等方面来说，仅次于第二种、第四种两种组合。说明细泥沙来源区的沙量来得多时，下游河道也是要淤积的。

2.3.5　黄河高含沙洪水的水沙特点、形成条件和机遇分析

黄土高原地区一些支流的来沙占小浪底库区来沙的绝大部分。每年主汛期暴雨季节，库区经常出现高含沙洪水，高含沙洪水对水库、黄河下游河道的淤积以及水电站的运行造成很大影响，应引起重视。

2.3.5.1　小浪底水库的高含沙洪水水沙特点和形成条件

小浪底水文站的高含沙洪水具有下列特点：

（1）高含沙洪水输沙量大，一次或数次高含沙洪水的来沙量往往占全年输沙量的很大一部分。表2-34列出了小浪底水文站1977年的两场高含沙洪水输沙资料，可以看出高含沙洪水的巨大输沙作用，历时7天的两场高含沙洪水输沙量可占全年输沙量的60%，日均输沙量达到1.7亿t。

表 2-33　1952~1960 年及 1969~1978 年期间洪水来源的几种主要组合及其对下游河道冲淤的影响

洪水来源组合	各种组合洪峰次数	各种组合出现的百分率(%)	花园口洪峰特征		各地区来水占三黑小来水量百分比(%)				各地区来沙占三黑小来沙量百分比(%)				下游河道冲淤强度(万 t/d)
			Q_m (m^3/s)	S/Q ($kg \cdot s/m^6$)	Ⅰ区	Ⅱ区	Ⅲ区	Ⅳ区	Ⅰ区	Ⅱ区	Ⅲ区	Ⅳ区	
1. 各地区普遍有雨,强度不大	7	6.8	3 680	0.021 6	29.9	22.3	26.8	17.1	3.7	59.6	34.2	5.6	341.3
2. 多沙粗沙来源区有较大洪水,少沙区未发生洪水或洪水较小	13	12.6	6 830	0.051 6	26.6	60.8	18.1	6.3	1.2	122.5	15.9	0.3	3 100
3. 多沙粗沙来源区有中等洪水,少沙区也有补给	22	21.4	4 280	0.036 0	46.0	33.3	14.8	8.5	5.6	97.0	17.7	0.9	545
4. 多沙粗沙、多沙细沙来源区洪水与少沙区较大洪水相遇	10	9.7	11 742	0.013 1	23.7	24.2	26.1	22.8	3.0	72.2	30.2	5.2	1 898
5. 洪水主要来自少沙区,多沙粗沙来源区雨量不大	47	45.6											
三个少沙区同时来水	6	5.8	4 750	0.011 0	56.8	9.9	21.6	11.3	10.2	40.0	23.2	1.6	-166.6
两个少沙区同时来水：河口镇以上与渭河南山支流同时来水	4	3.9	4 620	0.009 3	64.6	10.8	26.7	4.5	13.1	52.5	42.4	2.8	75.1
两个少沙区同时来水：河口镇以上与伊洛河同时来水	3	2.9	3 520	0.009 4	57.2	4.6	18.6	15.0	15.9	35.4	14.1	3.4	-59.7
两个少沙区同时来水：渭河南山支流与伊洛河同时来水	15	14.6	5 150	0.010 2	30.1	10.2	40.7	17.2	8.1	26.0	44.4	6.1	-179.7
一个少沙区来水：河口镇以上来水	13	12.6	3 830	0.011 3	75.8	9.9	10.2	3.5	19.2	56.0	8.3	0.3	2.1
一个少沙区来水：渭河南山支流来水	1	1.0	4 920	0.007 4	41.7	1.3	63.5	5.8	7.0	9.4	39.2	0.2	2.0
一个少沙区来水：伊洛河来水	5	4.9	5 400	0.011 9	33.5	11.2	7.8	38.5	7.3	49.0	9.2	15.5	-232.7
6. 洪水主要来自多沙细沙来源区	4	3.9	5 730	0.021 0	34.0	8.8	46.0	9.0	4.6	21.5	72.3	1.0	932.0
平均			5 500	0.022 6	42.3	23.4	22.6	12.5	7.7	66.8	25.6	3.1	705.6

注:三黑小为三门峡+黑石关+小董。

表 2-34　小浪底水文站 1977 年高含沙洪水的输沙量

洪峰时段（年·月·日）	总历时(d)	洪峰流量(m^3/s)	最大含沙量(kg/m^3)	洪峰时段输沙量指标		
				沙量(亿 t)	占该月输沙量百分比(%)	占年输沙量百分比(%)
1977. 7. 8~1977. 7. 10	3	8 100	535	5. 60	68. 1	28. 0
1977. 8. 7~1977. 8. 10	4	10 100	941	6. 39	61. 2	32. 0

(2)高含沙洪水悬移质泥沙颗粒粗。据渭河南河川、无定河丁家沟泥流测验资料分析,悬沙中值粒径与含沙量存在很好的正比关系。很多支流汇合后的小浪底水文站的这种关系稍微复杂一些,但含沙量愈大悬移质泥沙颗粒愈粗的总趋势是明显的。

(3)河龙间来高含沙量洪水,或渭河来高含沙洪水,或三门峡水库泄空冲刷时,小浪底水库可能形成高含沙量洪水。小浪底入库的高含沙洪水按其地区来源不同可分为四种类型。第一种是河龙间来的高含沙洪水,含沙量较高,泥沙粒径粗。如 1966 年 7 月中旬小浪底的高含沙量洪水,小浪底水文站最大含沙量为 549 kg/m^3,相应龙门最大含沙量为 933 kg/m^3。第二种是河龙间和渭河共同来高含沙水流形成的小浪底水文站的高含沙洪水,这种高含沙洪水含沙量高,高含沙历时相对较长。如 1977 年的两场高含沙洪水。第三种是渭河来的高含沙洪水,这种洪水的洪峰流量一般较小,含沙量也较高。如 1978 年 7 月中旬的高含沙量洪水,最大含沙量为 464 kg/m^3,相应流量为 2 100 m^3/s。第四种为三门峡水库冲刷形成的高含沙洪水,这种洪水高含沙量历时一般较短,如 1986 年 9 月下旬的高含沙量洪水。

(4)高含沙量洪水的含沙量沿垂线、河宽分布特别均匀。表 2-35 为渭河南河川水文站的一次实测资料,可以看出含沙量沿垂线、河宽分布相当均匀。

表 2-35　渭河南河川水文站含沙量分布(1963 年 8 月)

含沙量沿垂线分布				含沙量沿河宽分布	
起点距为 290 m		起点距为 310 m		起点距(m)	含沙量(kg/m^3)
相对水深(m)	含沙量(kg/m^3)	相对水深(m)	含沙量(kg/m^3)		
0. 2	300	0. 17	311	280	293. 0
0. 4	301	0. 2	311	290	301. 6
0. 6	303	0. 6	323	300	304. 8
0. 8	303	0. 8	312	310	313. 6
0. 95	301	0. 95	311	320	301. 0

2. 3. 5. 2　高含沙洪水的机遇分析

小浪底水文站最大含沙量大于 300 kg/m^3 洪水资料统计见表 2-36。扣除三门峡水库蓄水和滞洪运用下泄相对清水的 1960~1964 年,在所统计的 43 年资料中,出现含沙量大于 300 kg/m^3 的高含沙量洪水的年份有 24 年,占 51%。其中在人类活动影响较小的 20 世纪 50 年代有 5 年出现高含沙量洪水,占 50%;80 年代高含沙量洪水出现概率较小,有 1986 年、1987 年、1988 年三年,占 30%;90 年代前 8 年有 7 年出现了高含沙量洪水,占 88%,概率较大。

表 2-36 小浪底水文站年最大含沙量大于 300 kg/m³ 的洪水资料统计

（单位：kg/m³）

年份	1950	1953	1954	1956	1959	1966	1969	1970	1971	1973	1974	1977
最大含沙量	369	412	590	462	379	549	448	602	783	512	385	941
年份	1978	1980	1986	1987	1988	1991	1992	1993	1994	1995	1996	1997
最大含沙量	464	300	323	426	365	336	525	376	460	514	537	539

2.3.6 黄河泥沙级配特点和下游河道淤积物组成分析

2.3.6.1 黄河泥沙级配特点分析

黄河泥沙主要来源于中游黄土高原地区，上游泥沙来量少、颗粒细。中游地区新黄土分布十分广泛，其粒径组成的地理分布具有从西北向东南逐渐变细的特点，表现在主要控制站上，见表 2-37。按 1974～1995 年沙量加权统计结果，河口镇、龙门、河津、华县、洑头、三门峡、小浪底、花园口等水文站的中值粒径分别为 0.017 mm、0.027 mm、0.012 mm、0.017 mm、0.026 mm、0.024 mm、0.024 mm、0.021 mm，粒径大于 0.05 mm 的泥沙分别占 18.4%、24.9%、9.6%、11.3%、18.7%、20.4%、21.3%、19.5%。粗颗粒泥沙主要来自河龙间。

2.3.6.2 黄河下游河道淤积物组成分析

为了便于分析黄河下游河道不同粒径组泥沙的冲淤规律，把黄河泥沙按粒径分为 3 组：$d<0.025$ mm，为细颗粒泥沙；$0.025\ \text{mm}\leqslant d\leqslant 0.05$ mm，为中颗粒泥沙；$d>0.05$ mm，为粗颗粒泥沙。黄河下游河道中的河床泥沙淤积物主要为粗颗粒泥沙。

表 2-37 主要控制站泥沙颗粒级配统计

站名	时段（年）	平均小于某粒径(mm)的沙重百分数(%)								d_{50} (mm)
		0.005	0.01	0.025	0.05	0.1	0.25	0.5	1	
河口镇	1962～1973	28.9	38.0	60.2	83.3	97.3	99.8	100	100	0.017
	1974～1995	30.8	39.3	60.1	81.6	95.0	99.8	100		0.017
龙门	1962～1973	21.2	26.4	42.8	69.8	90.7	97.0	99.2	100	0.031
	1974～1995	22.3	28.9	48.3	75.1	93.6	98.8	99.9	100	0.027
河津	1962～1973	25.4	35.3	59.4	83.2	97.3	99.8	100		0.018
	1974～1995	36.7	46.4	71.3	90.4	98.9	99.9	100		0.012
华县	1962～1973	26.1	36.8	64.0	89.6	97.6	99.1	99.8	100	0.017
	1974～1995	27.5	36.9	62.9	88.7	97.9	99.3	99.9	100	0.017
洑头	1963～1973	15.6	31.5	61.7	88.0	98.4	99.9	100		0.019
	1974～1995	19.4	26.7	48.8	81.3	98.1	99.7	99.9	100	0.026

续表 2-37

站名	时段（年）	平均小于某粒径(mm)的沙重百分数(%)								d_{50} (mm)
		0.005	0.01	0.025	0.05	0.1	0.25	0.5	1	
三门峡	1960～1973	26.1	34.6	55.3	79.2	95.4	99.7	100		0.021
	1974～1995	23.6	30.6	52.4	79.6	96.1	99.6	100		0.024
小浪底	1962～1973	26.2	34.6	56.8	81.8	90.3	96.2	99.9	100	0.019
	1974～1995	23.4	29.6	51.6	78.7	93.0	98.1	99.8	100	0.024
花园口	1962～1973	27.9	37.2	59.7	83.5	91.9	97.7	100		0.018
	1974～1995	26.2	33.0	55.4	80.5	94.0	98.4	99.9	100	0.021

表 2-38 列出了 1960 年 7 月至 1996 年 6 月按输沙率法统计的黄河下游各个河段粗沙、中沙、细沙淤积量。由表中可以看出，在 36 年的统计资料里，下游淤积物中中沙所占比例为 25.1%，粗沙所占比例为 76.1%，在花园口以上河段和艾山以下河段细沙则有冲刷，在花园口至艾山河段细沙则有淤积。粗泥沙是淤积物的主体，而细泥沙很少参与河床造床作用，但参与滩地淤积。

表 2-38 黄河下游各个河段分组沙淤积量

河段	分组沙淤积量(亿 t)			全沙淤积量（亿 t）
	d<0.025 mm	0.025 mm≤d≤0.05 mm	d>0.05 mm	
三门峡—花园口	-13.72	8.28	4.16	-1.28
花园口—高村	10.47	-0.72	10.82	20.57
高村—艾山	7.3	1.91	3.32	12.53
艾山—利津	-4.52	0.27	11.22	6.97
全下游	-0.47	9.74	29.52	38.79

2.3.7 泥沙分析

2.3.7.1 黄河中游水沙条件计算方法

黄河中游水沙条件计算方法分河口镇以上、河龙间、渭河（华县）、汾河（河津）、北洛河（洑头）、四站至潼关、三小间、伊洛沁河等 8 个分区计算。潼关至三门峡库区则按三门峡水库运用计算。各年龙门、华县、河津、洑头、黑石关、小浪底日输沙率过程，是根据各年各月输沙率与实测各年各月输沙率的比值，对各年各月实测日输沙率进行同倍比缩放求得的（无实测日过程的年份，选择典型年日过程代替）。

1.河口镇站

河口镇水文站位于黄河上游的最下端，是进入黄河中游的控制站，其水沙关系与上游干、支流来水来沙及上游水库调度密切相关。河口镇的水量主要来自唐乃亥以上，沙量则来自兰州以下,呈现显著的水沙异源。黄河上游自1958年以来三盛公、青铜峡、盐锅峡、刘家峡、龙羊峡等工程先后建成并投入运用,对进入宁蒙河段的水沙状况有一定的改变,但点绘河口镇沙量与流量关系表明,水沙关系无显著变化。因此,河口镇设计水平来沙量可采用反映工程影响后实测资料建立的水沙经验关系式计算:

$$W_s = kQ^A \tag{2-4}$$

式中 W_s——沙量,亿t;

Q——流量,m^3/s;

k、A——依据实测资料求得的系数、指数。

2.龙门站

水利水保工程对河龙间减沙有一定的作用,但由于黄土高原的自然地理特性,水土保持的减沙作用是缓慢的。为安全计,并留有余地,考虑设计水平、维持3亿t左右减沙水平,以1970年以来的流域条件作为估算河龙间沙量的基础。龙门沙量月计算公式为

$$W_s = W_{s河} + k\Delta W_{s河龙} \tag{2-5}$$

式中 W_s——龙门站设计水平年沙量,亿t;

$W_{s河}$——河口镇设计水平年沙量,亿t;

$\Delta W_{s河龙}$——河龙间实测沙量,亿t;

k——考虑水利水保工程减沙及引水引沙作用的减沙系数。

3.华县站

渭河华县站的来水来沙主要由咸阳以上干流和泾河组成,南山支流来水来沙亦有一定影响。渭河咸阳以上及南山支流水多沙少,含沙量低(咸阳站多年平均含沙量31 kg/m^3);泾河水少沙多,含沙量高(多年平均含沙量达143 kg/m^3)。华县的水沙关系受泾河来水比例影响较大,计算设计水平年沙量时,考虑了泾河来水所占比例对华县沙量的影响。计算公式为

7~10月:

$$W_s = k\frac{W^\alpha}{B^\beta} \tag{2-6}$$

11月至翌年6月:

$$W_s = kW^\alpha \tag{2-7}$$

式中 W_s——华县站设计水平年月沙量,亿t;

W——华县站设计水平年月水量,亿m^3;

B——$B=(W_{华}-W_{张})/W_{华}$,其中$W_{华}$、$W_{张}$分别为华县、张家山月水量,亿m^3;

k、α、β——系数、指数,依据实测资料确定。

4.河津站

采用下列经验关系式计算:

$$W_s = kW^\alpha \tag{2-8}$$

式中 W_s——河津站设计水平年月沙量,亿t;

W——河津站设计水平年月水量,亿m^3;

k、α——系数、指数，依据实测资料确定。

5.洑头站

根据实测资料分析，北洛河洑头站的历年含沙量没有趋势性的增大或减少。假定今后减水与减沙继续保持同步，即含沙量不变，洑头站设计水平年沙量按设计水平年水量乘以实测含沙量计算。

6.龙门、华县、河津、洑头分组泥沙输沙率关系

龙门、华县、河津、洑头分组泥沙输沙率汛期按日计算、非汛期按月计算。

汛期计算公式为

$$Q_{s分组} = kQ_{s全}^{m} \tag{2-9}$$

式中　$Q_{s分组}$——日分组泥沙输沙率，t/s；

$Q_{s全}$——日全沙输沙率，t/s；

k、m——系数、指数，据实测资料确定。

非汛期计算公式为

$$Q_{s分组} = kQ_{s全} \tag{2-10}$$

式中　$Q_{s分组}$——月分组泥沙输沙率，t/s；

$Q_{s全}$——月全沙输沙率，t/s；

k——系数，据实测资料确定。

按公式计算中、细沙输沙率，粗沙输沙率按全沙输沙率减去中、细沙输沙率而得。

7.龙门、华县、河津、洑头至潼关输沙关系

黄河龙门至潼关的小北干流河段、渭河华县以下河段以及北洛河洑头以下河段分别进行输沙至潼关断面的计算，合计得潼关断面总来沙量。计算公式采用 1974 年以来实测资料建立的经验关系式，汛期逐日计算，非汛期逐月计算。

龙门至潼关的干流河段分粗、中、细三组泥沙计算由干流进入潼关的输沙率。渭河下游、北洛河下游则首先根据相关关系求出华阴、朝邑的全沙输沙率，再按华县站的方法计算华阴分组输沙率，按洑头的方法计算朝邑分组输沙率。潼关的分组输沙率等于相应北干流输沙率、华阴输沙率、朝邑输沙率之和。计算公式如下。

龙门—潼关干流关系式：

$$汛期：Q_{s干} = kQ_{龙+河}^{m}\rho_{龙+河}^{n} \qquad 非汛期：Q_{s干} = kQ_{龙+河}^{m} \tag{2-11}$$

渭河华县—华阴关系式：

$$汛期：Q_{s华阴} = k_1 Q_{s华县}^{m_1} \qquad 非汛期：Q_{s华阴} = Q_{s华县} \tag{2-12}$$

北洛河洑头—朝邑关系式：

$$汛期：Q_{s朝邑} = k_2 Q_{s洑头}^{m_2} \qquad 非汛期：Q_{s朝邑} = Q_{s洑头} \tag{2-13}$$

式中　$Q_{s干}$——由干流至潼关的分组泥沙输沙率，t/s；

$Q_{s华县}$——华县输沙率，t/s；

$Q_{s洑头}$——洑头输沙率，t/s；

$Q_{s华阴}$——华阴输沙量，t/s；

$Q_{s朝邑}$——朝邑输沙量，t/s；

$Q_{龙+河}$——龙门、河津两站流量之和，m^3/s；

k、k_1、k_2——系数；

n、m、m_1、m_2——指数，据实测资料确定。

2.3.7.2 设计水沙条件分析

1.河口镇、龙门、华县、河津、洑头站设计水沙条件

根据上述方法计算，河口镇1919年7月至1989年6月设计水平年平均水量、沙量分别为194.1亿m^3、0.98亿t，与实测系列相比，水量减少54亿m^3，沙量减少0.39亿t。小浪底水库设计采用的设计水平1919年7月至1975年6月56年系列河口镇年平均水量、沙量分别为182亿m^3、0.95亿t，接近于长系列1919年7月至1989年6月的年平均水量、沙量，见表2-39。

表2-39 河口镇设计水平年水沙量与实测水沙量对比

系列(年·月)	设计水平年			实测		
	水量(亿m^3)	沙量(亿t)	含沙量(kg/m^3)	水量(亿m^3)	沙量(亿t)	含沙量(kg/m^3)
1919.7~1975.6	182.0	0.95	5.2	247.9	1.44	5.8
1975.7~1989.6	242.7	1.12	4.6	248.9	1.13	4.5
1919.7~1989.6	194.1	0.98	5.1	248.1	1.37	5.5

设计水平河口镇最大年水沙量均出现在1967年，年水量为418.7亿m^3，年沙量为4.52亿t；最小年水沙量出现在1941年，水量为100.9亿t，沙量为0.16亿t。

设计水平(1919年7月至1989年6月)龙门、华县、河津、洑头水沙特征见表2-40，与实测相比具有以下特点：

表2-40 龙门、华县、河津、洑头设计水平年与实测水沙量对比(1919年7月至1989年6月)

站名		水量(亿m^3)			沙量(亿t)		
		汛期	非汛期	年	汛期	非汛期	年
龙门	设计水平	119.7	117.8	237.5	7.21	1.04	8.25
	实测	184.2	129.8	314.0	8.52	1.15	9.67
华县	设计水平	39.1	18.9	58.0	3.68	0.17	3.85
	实测	50.6	30.6	81.2	3.72	0.37	4.09
河津	设计水平	5.6	4.1	9.7	0.26	0.06	0.32
	实测	8.9	5.2	14.1	0.37	0.03	0.40
洑头	设计水平	3.4	2.3	5.7	0.61	0.04	0.65
	实测	4.3	2.9	7.2	0.77	0.05	0.82
合计	设计水平	167.8	143.1	310.9	11.75	1.31	13.06
	实测	248.0	168.5	416.5	13.38	1.60	14.98

(1)龙门、华县、河津、洑头四站年平均水量减少 105.6 亿 m^3,年平均沙量减少 1.92 亿 t,年平均含沙量提高 6 kg/m^3。

(2)由于龙羊峡、刘家峡水库调节运用的影响,设计水平汛期水量占全年水量的 54%,比实测的 59.6%有所减少。

设计水平 1919 年 7 月至 1975 年 6 月系列龙门、华县、河津、洑头四站水沙量见表 2-41,从表中可以看出,与设计水平长系列 1919 年 7 月至 1989 年 6 月相比,四站水量略少(少 8.7 亿 m^3)、沙量略大(大 0.85 亿 t),作为设计条件是偏安全的。

表 2-41　设计水平龙门、华县、河津、洑头水沙量(1919 年 7 月至 1975 年 6 月)

站名	水量(亿 m^3)			沙量(亿 t)		
	汛期	非汛期	年	汛期	非汛期	年
龙门	118.8	111.0	229.8	7.78	1.07	8.85
华县	38.4	18.8	57.2	3.87	0.19	4.06
河津	5.9	4.0	9.9	0.27	0.07	0.34
洑头	3.2	2.1	5.2	0.63	0.03	0.66
合计	166.3	135.9	302.2	12.55	1.36	13.91

设计水平龙门、华县、河津、洑头四站最大年水量出现在 1967 年,为 618.7 亿 m^3,最小年水量出现在 1928 年,为 133.5 亿 m^3,最大年水量与最小年水量的比值为 4.6。设计水平年四站最大年沙量出现在 1933 年,为 32.57 亿 t,最小年沙量出现在 1928 年,为 2.92 亿 t,最大年沙量与最小年沙量的比值为 11.2。水沙量年际变化大。

2.三门峡至小浪底区间水沙条件

三小间年平均水量 5.6 亿 m^3,区间用水 1 亿 m^3,坝上引水 1.45 亿 m^3,水库蒸发、渗漏耗水量 1.6 亿 m^3,区间净增水量仅 1.55 亿 m^3,可略而不计;区间较大支流 15 条,年平均输沙量约 0.037 亿 t,其余汇流面积来沙量约 0.01 亿 t,合计 0.047 亿 t,也略而不计。1954 年和 1958 年,三门峡至小浪底区间洪水较大,1954 年洪水期区间增水 5.6 亿 m^3,1958 年洪水期区间增水 17.8 亿 m^3,见表 2-42。

表 2-42　1954 年和 1958 年洪水期三门峡至小浪底区间流量

时间	1954 年 8 月			1958 年 7 月							
日期(日)	4	5	6	16	17	18	19	20	21	22	23
加入流量(m^3/s)	2 339	2 199	1 918	2 800	6 230	1 140	3 910	2 535	1 605	1 233	1 093

2.3.7.3 小浪底水库设计水沙条件

1.设计代表系列选择

采用南水北调生效前的2000年设计水平年的水沙条件,小浪底初步设计选择1950~1975年翻番系列作为代表系列,这个系列包含丰水时段、平水时段和枯水时段,年平均水量和沙量接近于长系列的年平均水量和沙量,具有一定的代表性。但缺点是1950~1975年系列出现两次,水沙过程代表性不足。不同系列水沙组合不同,对水库的淤积过程、坝前水位抬高过程、库容变化过程、下游的减淤过程等都会产生影响,且多系列计算可以对水库的效益指标进行敏感性分析。因此,招标设计阶段采用1919年7月至1975年6月56年系列作为长系列水沙条件,从中选择不同的代表系列进行计算,进行水库和下游河道泥沙冲淤的敏感性检验,以确定水库的平均淤积过程和黄河下游的平均减淤效益。

代表系列选择的主要依据是水库初期拦沙运用(约28年)的来水来沙条件。考虑小浪底水库运用以不同丰水、平水、枯水时段在前,对龙门、华县、河津、洑头四站1919~1975年56年系列,分析选定了以下6个系列:

(1)1919年7月至1969年6月;

(2)1933年7月至1975年6月+1919年7月至1927年6月;

(3)1941年7月至1975年6月+1919年7月至1935年6月;

(4)1950年7月至1975年6月+1919年7月至1944年6月;

(5)1958年+1977年+1960年7月至1975年6月+1919年7月至1952年6月;

(6)1950年7月至1975年6月+1950年7月至1975年6月。

2.代表系列龙门、华县、河津、洑头四站的水沙特点

小浪底水库的入库水沙条件受龙门、华县、河津、洑头至潼关河段及三门峡水库的冲淤调整影响,其水沙条件应从龙门、华县、河津、洑头四站算起。设计水平6个50年代表系列龙门、华县、河津、洑头四站水沙量(见表2-43)有以下特点:

表2-43 设计水平各代表系列龙门、华县、河津、洑头四站水沙量特征

系列年	水量(亿 m^3)			沙量(亿 t)		
	汛期	非汛期	年	汛期	非汛期	年
1919~1969	172.4	136.9	309.3	12.72	1.40	14.12
1933~1975+1919~1927	177.3	141.3	318.6	12.99	1.43	14.42
1941~1975+1919~1935	158.6	135.6	294.2	12.47	1.34	13.81
1950~1975+1919~1944	161.9	134.5	296.4	12.46	1.36	13.82
1958+1977+1960~1975+1919~1952	162.4	132.4	294.8	12.44	1.31	13.75
1950~1975+1950~1975	181.5	154.0	335.5	13.23	1.53	14.76
1919~1975	166.3	135.9	302.2	12.55	1.36	13.90

(1)1919年7月至1969年6月为枯水时段在前的系列,从第4年至第14年是一个连续的11年枯水段。系列前25年的年平均水量、沙量分别为257.2亿 m^3、12.9亿 t,为

56年平均值的0.85倍、0.93倍,尤其连续11年枯水时段在水库初期拦沙运用时出现,对水库拦沙、淤积和下游冲淤过程的影响大;其50年的年平均水沙量接近于1919年7月至1975年6月56年系列的年平均值。

(2)1933年7月至1975年6月+1919年7月至1927年6月是由大沙年起算的系列,来水来沙量较丰。起算的第1年1933年是特丰大沙年,四站年平均水沙量分别为297.7亿m^3、32.6亿t,含沙量为109.5 kg/m^3,其年沙量为长系列最大年沙量。系列前25年四站年平均水量和沙量分别为327.3亿m^3、14.51亿t,为56年系列平均值的1.09倍、1.05倍。50年系列年平均水沙量稍大于56年系列年平均水沙量,两者比值为1.05、1.04。

(3)1941年7月至1975年6月+1919年7月至1935年6月是平水时段在前的系列,50年年平均水量和沙量分别为294.2亿m^3、13.81亿t,略小于56年系列的年平均值。前25年系列年平均水量略大于56年系列的年平均值,为56年系列年平均值的1.11倍,年平均沙量则与56年系列年平均值相当。

(4)1950年7月至1975年6月+1919年7月至1944年6月系列为枯水、平水、丰水年交替出现在前的系列,其前25年系列的年平均水沙量在6个系列中最大,丰水丰沙年较多,年平均水沙量与56年系列年平均水沙量的比值分别为1.11、1.06。50年系列年平均水沙量稍小于56年系列的年平均值,与56年系列年平均水沙量的比值分别为0.98、0.99。

(5)1958+1977+1960年7月至1975年6月+1919年7月至1952年6月系列是由连续两个大沙年起算的系列。第1年1958年四站水沙量分别为431.5亿m^3、27.6亿t,含沙量为64 kg/m^3;第2年1977年四站水沙量分别为264.9亿m^3、20.6亿t,含沙量为77.8 kg/m^3。系列前25年的年平均水沙量稍大,与56年系列年平均水沙量的比值分别为1.03、1.03。50年系列的年平均水沙量略小于56年系列的年平均水沙量,与56年年平均水量和沙量的比值分别为0.98、0.99。

(6)1950年7月至1975年6月+1950年7月至1975年6月为小浪底水库初步设计阶段采用的系列,为相对丰水丰沙系列,在前25年和后25年两次出现1954年、1958年、1964年、1967年丰水丰沙年,其50年年平均水沙量在6个系列中最大,与56年系列年平均水沙量的比值分别为1.11、1.06。

(7)6个50年代表系列中,均含有枯水时段、丰水时段和平水时段,其中,还有5个50年代表系列均含有1922年7月至1933年6月的11年枯水时段,而这11年枯水时段机遇稀少(约200年一遇),所以参与代表系列组合的机遇偏多,加上代表系列中还有其他枯水时段,显得50年系列中枯水时段年数偏多,因此水库对下游减淤效益的计算偏小,留有余地。

3.代表系列小浪底入库水沙条件

来自黄河上中游地区的水沙,经过龙门、华县、河津、洑头四站至潼关河道的冲淤调整及三门峡水库的调节运用后,进入小浪底库区。6个50年代表系列小浪底入库水沙量见表2-44。

表 2-44 设计水平各代表系列小浪底入库水沙量

系列年	水量(亿 m^3)			沙量(亿 t)		
	汛期	非汛期	年	汛期	非汛期	年
1919~1969	165.4	123.9	289.3	12.30	0.54	12.84
1933~1975+1919~1927	170.3	128.3	298.6	12.57	0.50	13.07
1941~1975+1919~1935	151.6	122.5	274.1	11.81	0.49	12.30
1950~1975+1919~1944	155.0	121.5	276.5	11.81	0.51	12.32
1958+1977+1960~1975+1919~1952	157.1	124.5	281.6	12.32	0.23	12.55
1950~1975+1950~1975	174.5	140.5	315.0	12.76	0.59	13.35
平均	162.3	126.9	289.2	12.26	0.48	12.74

6 个 50 年代表系列平均年入库水量为 289.2 亿 m^3,沙量为 12.74 亿 t,年平均入库含沙量为 44 kg/m^3。其中汛期水量为 162.3 亿 m^3,占全年水量的 56.1%;汛期沙量为 12.26 亿 t,占全年沙量的 96.2%。由于 6 个 50 年代表系列中有 5 个代表系列都含有 1922 年 7 月至 1933 年 6 月的 11 年枯水时段,这 11 年枯水时段年平均入库水量 156.6 亿 m^3,年平均入库沙量 7.75 亿 t,其中汛期平均入库量 73.6 亿 m^3、平均入库沙量 7.31 亿 t,非汛期平均入库水量 83 亿 m^3、平均入库沙量 0.44 亿 t,出现汛期水少沙多、含沙量高的情形。但是 1986 年 7 月至 1996 年 6 月实测水沙系列,年平均水沙量分别为 300.2 亿 m^3 和 8.02 亿 t,1996 年汛前下游平滩流量为 2 800~3 400 m^3/s,均为 1982 年、1958 年汛前的 50%,该枯水时段的水沙量与实测水沙量相比,情况更为不利,对水库运用和下游影响很大,值得注意。

从小浪底入库情况看,6 个 50 年代表系列的水沙特点与龙门、华县、河津、洑头四站基本相同,仍以 1950~1975+1950~1975 年系列水沙量大,水沙量均最小的系列为1941~1975+1919~1935 年系列,年平均水量和沙量分别为 274.1 亿 m^3、12.3 亿 t。但与龙门、华县、河津、洑头四站相比,6 个 50 年代表系列平均,小浪底年平均入库水量减少 13 亿 m^3,其中汛期水量减少 4 亿 m^3,非汛期水量减少 9 亿 m^3,这是由龙门、华县、河津、洑头四站至三门峡区间引用黄河水量所致;小浪底年平均入库沙量减少 1.17 亿 t,其中汛期沙量减少 0.29 亿 t,非汛期沙量减少 0.88 亿 t,这是四站至三门峡区间泥沙淤积所致。三门峡水库非汛期潼关以下是蓄水淤积的,潼关以上是冲刷的;在汛期,潼关以下是冲刷的,潼关以上是淤积的。从全年讲,潼关以上是淤积的,潼关以下则基本冲淤平衡。因此,小浪底水库非汛期来沙量显著减少,而汛期来沙量相对增多,即三门峡水库的蓄清排浑运用,一年的沙量几乎集中于汛期排入小浪底库区,导致汛期水少沙多,非迅期水多沙少。

2.3.7.4 伊洛河和沁河水沙条件

1.计算方法

小浪底下游有伊洛河(黑石关站)和沁河(小董站或武陟站)支流汇入,为黄河下游的清水来源区,与小浪底出库水沙组成进入下游的水浊条件。黑石关、小董设计水平年沙量依据实测资料分别建立汛期和非汛期的月平均水沙关系式计算,公式为

$$W_s = kW^m \tag{2-14}$$

式中　W_s——沙量,亿 t;

W——径流量,亿 m^3;

k、m——系数、指数。

2.设计水沙条件

黑石关、小董两站合计 1919 年 7 月至 1975 年 6 月长系列设计水平年年平均水量为 32.8 亿 m^3,年平均沙量为 0.23 亿 t,年平均含沙量为 7 kg/m^3。与实测相比,设计水平年两站年平均水量减少了 14.3 亿 m^3,年平均沙量减少了 0.09 亿 t,年平均含沙量接近。黑石关、小董设计水平年水沙量见表 2-45。

表 2-45　设计水平年 1919 年 7 月至 1975 年 6 月长系列黑石关、小董水沙量

站名	水量(亿 m^3)			沙量(亿 t)		
	汛期	非汛期	年	汛期	非汛期	年
黑石关	14.3	7.6	21.9	0.13	0.01	0.14
小董	8.5	2.4	10.9	0.09	0	0.09
合计	22.8	10.0	32.8	0.22	0.01	0.23

3.代表系列水沙条件

黄河下游的来水来沙条件为小浪底出库水沙量加伊洛河和沁河汇入黄河的水沙量。关于设计水平各代表系列伊洛河和沁河的水沙条件见表 2-46。可以看出,6 个系列平均设计水平伊洛河和沁河合计汇入黄河的年水量为 33.2 亿 m^3,年沙量为 0.24 亿 t,年平均含沙量为 7.2 kg/m^3,各代表系列水沙量相近,为黄河下游的清水来源区。伊洛河和沁河虽然年水量小,但有暴雨洪水,洪峰流量大,年际间水量变化幅度比较大,这是值得注意的一个水情特点。

表 2-46　设计水平各代表系列伊洛河、沁河水沙量特征

系列年	水量(亿 m^3)			沙量(亿 t)		
	汛期	非汛期	年	汛期	非汛期	年
1919~1969	24.3	10.4	34.7	0.24	0.01	0.25
1933~1975+1919~1927	24.3	10.4	34.7	0.24	0.01	0.25
1941~1975+1919~1935	20.7	10.1	30.8	0.19	0.01	0.20
1950~1975+1919~1944	23.1	9.9	33.0	0.23	0.01	0.24
1958+1977+1960~1975+1919~1952	21.8	9.9	31.7	0.20	0.01	0.21
1950~1975+1950~1975	22.5	11.7	34.2	0.24	0.02	0.26
平均	22.8	10.4	33.2	0.22	0.02	0.24

2.3.7.5　黄河近期输沙量变化分析

1950 年 7 月至 1997 年 6 月黄河中游干支流主要控制站实测沙量见表 2-47,可以看

出，河口镇20世纪60年代以来的沙量是逐年代减少的，20世纪90年代前7年年平均沙量减少到0.4亿t；四站（龙门、华县、河津、洑头）、三门峡、小浪底等站的沙量以20世纪80年代最小，各个站分别为7.97亿t、8.54亿t、8.18亿t，进入黄河下游的沙量也以20世纪80年代最小，为8.29亿t。四站的设计沙量比20世纪80年代、90年代分别大74.4%、43.4%，与20世纪70年代相当；小浪底入库的设计值比20世纪80年代、90年代分别大49.2%、48.1%，比20世纪70年代略小。设计沙量留有余地。

表2-47　20世纪黄河中游主要控制站实测沙量统计

时间	河口镇	四站					三门峡	小浪底	黑石关	小董
		龙门	华县	河津	洑头	合计				
20世纪50年代	1.5	11.9	4.3	0.7	0.9	17.80	17.4	17.6	0.4	0.1
20世纪60年代	1.80	11.38	4.39	0.34	0.99	17.10	11.47	11.31	0.18	0.07
20世纪70年代	1.13	8.66	3.81	0.18	0.80	13.45	13.74	13.52	0.07	0.04
20世纪80年代	0.99	4.70	2.76	0.04	0.47	7.97	8.54	8.18	0.08	0.03
20世纪90年代	0.42	5.83	3.09	0.04	0.73	9.69	8.60	8.53	0.01	0.01
设计(56年)	1.44	8.86	4.05	0.34	0.65	13.9	12.74*		0.14	0.09

注：*表示三门峡（小浪底入库）的设计值为6个系列平均值。

2.4　水资源利用情况

2.4.1　黄河水资源利用现状分析

新中国成立以来，黄河流域修建了大量的蓄水、引水、提水工程，为水资源的开发利用创造了条件。截至1993年底，全流域共建成大、中、小型水库及塘堰坝等蓄水工程10 077座，总库容606亿m^3；引水工程9 858处，提水工程23 597处，机电井工程37.8万眼。此外，在黄河下游还兴建了向海河、淮河平原地区供水的引黄涵闸65座、虹吸10处、提水站25座。

小浪底坝址以上已建的大中型水库共159座，总库容474亿m^3，占全流域总库容的78%；万亩以上灌区453处，设计灌溉面积5 142万亩，实际灌溉面积3 035万亩，占全流域（含下游引黄灌区）的46.3%。

1993年，黄河流域及下游引黄灌区各类工程总供水量505亿m^3，其中小浪底坝址以上333.1亿m^3，占全河的66%；河川径流供水量378.8亿m^3，其中小浪底坝址以上248.6亿m^3，亦占全河的66%。

现状耗用的河川径流量为294.3亿m^3，其中农林牧业灌溉耗水量为258.1亿m^3，占全河的87.7%。河川径流耗水量主要集中在兰州至河口镇和花园口以下两个河段，分别占全河总耗水量的43.5%和40.3%。小浪底坝址以上耗用的河川径流量为168.2亿m^3，占全河的57.2%。目前，黄河河川水资源利用率已达51%。

由于黄河水资源不足，20世纪70年代以来，随着中上游地区工农业用水量的不断增长，进入下游的水量明显减少。以三门峡站为例，年平均实测径流量 1950~1979 年为 437 亿 m^3，1970~1989 年为 361 亿 m^3，1990~1995 年由于流域内降水量偏少，年平均径流量只有 277 亿 m^3。

2.4.2　黄河水资源开发利用预测

为使黄河水资源最大限度地满足沿黄地区社会经济持续发展的要求，开发利用水资源的主要原则是：坚持节约用水，上、中、下游统筹，兴利与除害兼顾，优先保证国家重点发展的城镇、工矿企业和能源基地用水及人畜饮水，控制农田灌溉用水的增长，干流沿程应保持必要的水量，以保护环境和输沙入海。

黄河是一条多泥沙河流，在水资源开发利用规划中，必须考虑输沙入海的用水。黄河河川水资源量扣除要求的输沙入海水量，即为可供水量。

为了不加重黄河下游河道淤积，应控制下游河道年平均淤积量不超过 4 亿 t（相当于 1950~1959 年平均淤积量）。根据泥沙分析计算成果，当下游年用水量为 116 亿 m^3 时，下游年来水量 342.4 亿 m^3、来沙量 13.73 亿 t，在无小浪底水库时的三门峡水库现状工程条件下，汛期水量输送全年沙量 13.73 亿 t，下游汛期淤积 5 亿 t，排沙入海量为 8.73 亿 t，相应汛期所需入海水量为 210 亿 m^3；非汛期来水量为清水，下游冲刷 1 亿 t，基本上用于工农业用水，入海水量很少。因此，相当于平均每年下游淤积 4 亿 t，应保证汛期入海水量最少为 200 亿 m^3，加上非汛期要有一定的入海水量，年入海水量要大于 200 亿 m^3，为 210 亿~240 亿 m^3。考虑到今后平均年来水来沙量会比上述计算采用值减少，因此黄河天然年径流量 580 亿 m^3，入海水量 200 亿~240 亿 m^3，维持下游河道淤积 3.8 亿 t（20 世纪 50 年代淤积水平），可供工农业和城镇人民生活耗用的河川径流量 340 亿~380 亿 m^3。小浪底水库拦沙和调水调沙运用，在水库拦沙运用期 20 年拦沙 100 亿 t，年平均约有 8 亿 t 泥沙进入下游，下游减淤 78 亿 t，有 20 年不淤积，为保持此减淤效益，也是按此入海水量要求进行输沙减淤的。

为了协调黄河供水范围各省（区）、各部门的用水要求，加强宏观调控、做到计划用水、节约用水，根据统筹兼顾、全面安排的原则，国家计委与有关省（区）和部门协商拟订了南水北调生效以前多年平均情况下的黄河可供水量分配方案，见表 2-48。经国务院原则同意并以国办发〔1987〕61 号文通知各省（区、市）和有关部门，以黄河可供水量分配方案为依据，制订各自的用水规划。

表 2-48　南水北调工程生效前黄河可供水量分配方案

地区	青海	四川	甘肃	宁夏	内蒙古	陕西	山西	河南	山东	外调河北、天津	合计
年耗水量（亿 m^3）	14.1	0.4	30.4	40.0	58.6	38.0	43.1	55.4	70.0	20.0	370

根据黄河可供水量分配方案及黄河水资源开发利用原则，在综合研究各省区提出的城乡生活及工业用水要求，引黄灌溉规划，以及输沙、发电、航运、水产、水质等项用水的情况下，结合工程投资的可能性及经济合理性，对设计水平年（南水北调工程生效前）黄河

水资源开发利用的预测如下。

2.4.2.1 城镇生活、农村人畜及工业用水

按照国家制定的经济和社会发展规划，近期黄河流域城镇及工业建设将有较大发展。在坚持节水要求的前提下，预计设计水平年城镇、工业及农村人畜耗用河川径流量78.4亿m^3，比1990年将增加55.7亿m^3。工业用水重复利用率要求平均达到76%，工业万元产值取水量平均为332 m^3。上述用水预测包括能源基地供水及向流域外城市调水，主要项目如下：

(1)能源基地用水。包括流域内山西太原，内蒙古准格尔、东胜，陕西神木、府谷，以及流域外山西境内的平鲁、朔州、大同等地，共计引用黄河水15.8亿m^3。

(2)"引黄济青(岛)"工程。近期年引水量按5亿m^3考虑。

(3)"引黄入卫"及"引黄入淀"工程。为了缓解河北省部分地区严重缺水矛盾，除已建引黄入卫工程年引水量6.2亿m^3外，还计划建设引黄入白洋淀工程，年引水量13.8亿m^3。

2.4.2.2 农田灌溉用水

1990年，黄河流域及下游沿黄平原地区有效灌溉面积为716.23万hm^2，约占总耕地面积的45%，其中用河川径流灌溉面积456.94万hm^2，占有效灌溉面积的64%。根据黄河灌溉发展规划，以搞好现有灌区的续建配套及更新改造为主，充分发挥现有工程效益。到21世纪初，黄河干、支流供水(河川径流，不含地下水)的有效灌溉面积将达到573.92万hm^2。农业灌溉用水，要求采取节水措施，平均耗水定额由现状5 625 m^3/hm^2下降到5 115 m^3/hm^2，农业灌溉年耗水量由1990年的255.6亿m^3增加到291.7亿m^3。

2.4.2.3 各河段需耗水量

根据上述工农业用水预测情况，汇总各河段设计水平年需耗水量，见表2-49。由表可知，设计水平年三门峡以上地区工农业需耗水量222.3亿m^3，占三门峡断面天然年径流量498.4亿m^3的44.6%。

表2-49 黄河不同水平年工农业需耗水量 (单位：亿m^3)

河段	1980年		1990年		设计水平年(南水北调工程生效前)	
	耗水量	其中：灌溉	耗水量	其中：灌溉	耗水量	其中：灌溉
兰州以上	17.4	14.7	18.82	15.05	28.7	22.9
河口镇以上	108.1	104.8	126.68	119.44	127.1	118.8
三门峡以上	160.2	156.6	164.56	152.86	222.3	189.5
花园口以上	172.8	168.0	174.44	161.82	248.6	210.7
利津以上	270.6	260.0	278.3	255.61	370	291.7

2.4.3 花园口以上地区工农业耗水量变化趋势分析

新中国成立以来，随着流域内国民经济的发展和人口的增长，工农业耗水量不断增长。据统计调查，花园口以上地区1949~1989年耗水量(地表水，下同)平均每年增长约

2 亿 m^3；20 世纪 60 年代比 50 年代耗水量增加约 38 亿 m^3，年平均增加 3.8 亿 m^3；70 年代比 60 年代耗水量增加 20 亿 m^3，年平均增加 2 亿 m^3；1980～1989 年平均耗水量为 191.8 亿 m^3，20 世纪 80 年代比 70 年代耗水量增加 21 亿 m^3，年平均增加 2.1 亿 m^3。根据《黄河水资源统计公报》，1990～1995 年花园口以上地区年平均耗水量为 179.9 亿 m^3，比 20 世纪 80 年代平均减少 11.9 亿 m^3，其中中游地区减少 11.7 亿 m^3。造成中游地区 1990～1995 年平均耗水量减少的主要原因：一是国家用于灌区建设的投资减少，加之城乡建设占地导致灌溉面积增长缓慢；二是部分地区实行节约用水，降低了灌溉定额；三是由于来水偏枯，部分地区引水困难；四是 20 世纪 90 年代《黄河水资源统计公报》统计数字可能偏小。

据对资料较详细的 1993 年和 1997 年流域各地区耗水量分析，花园口以上流域耗水量分别为 201.9 亿 m^3 和 198.9 亿 m^3，说明 20 世纪 90 年代花园口以上流域耗水量统计数字偏小 10 亿～20 亿 m^3。初步分析，现状水平（20 世纪 90 年代平均）花园口以上地区年耗水量约为 196.2 亿 m^3。

根据目前各省（区）灌溉工程、供水工程的建设情况，今后黄河上、中游地区的工农业耗水量将有一定的增长，但发展不均衡。宁蒙平原引黄灌区目前耗用黄河的水量已经接近或超过分水指标，今后增加用水将受到一定的限制，发展新的灌区只有依靠节约用水；青海、甘肃两省需要发展新的灌溉面积，但待建的工程十分艰巨，加之资金短缺，制约了耗水量的增长；中游地区随着万家寨水利枢纽、西安市黑河水库、山西汾河玄泉寺水库的兴建以及在黄河小北干流沿岸续建太里湾、禹门口、尊村、北赵等抽黄灌溉工程，将发展部分新的灌溉面积，增加城市供水量，耗水量将有一定的增长。根据 20 世纪 80 年代以来黄河上、中游地区耗水量增长速度，考虑建设的供水、灌溉工程，2000～2010 年花园口以上新增耗水量 52.36 亿 m^3，其中三门峡以上新增耗水量 44.71 亿 m^3，三花区间新增耗水量 7.65 亿 m^3。2010 年，花园口以上地区耗水量达到国务院分配控制的水量 248.6 亿 m^3；2010 年之后，因受国务院分水指标控制，各省区工农业进一步发展需要增加的耗水量要依靠节水和南水北调西线工程。

第3章 水土保持监测与防治

黄河流域水土保持监测可以追溯到20世纪40年代,50年代以后开始在不同类型区设站布点,观测不同地类、不同水土保持措施条件下的水土流失情况。到20世纪80年代中期,开始利用“3S”技术开展水土保持措施调查和水土流失普查。20世纪90年代以来,相继开展了黄土高原水土保持世界银行贷款项目的监测评价、黄土高原水土流失动态监测、黄河流域水土保持遥感普查项目、黄土高原淤地坝监测、黄河流域重点支流水土保持遥感监测等监测项目,取得了一系列重要成果,并在生产中得到应用。通过全国水土保持监测网络和信息系统工程以及黄河流域水土保持监测系统一期工程建设,已初步建成了以黄河水土保持生态环境监测中心、黄河流域省区水土保持监测总站、水土流失重点区监测分站和县级监测站点组成的黄河流域水土保持监测网络系统。

3.1 黄河流域水土保持监测概况

20世纪40年代初,我国第一个水土保持科学试验站在甘肃天水建立。此后,黄河流域相继建立了黄委西峰水土保持科学试验站、绥德水土保持科学试验站、中国科学院西北水保所、兰州水保站、山西水保所、延安水保所等一批水土保持试验机构,针对黄土高原不同土壤侵蚀类型,开展了长期的水土流失观测试验。取得了不同地类、地形、耕作方式上较为系统的降水、径流、输沙资料,以及不同水保措施和标准小区相关径流泥沙资料。其中,黄委天水水保站重点针对黄土丘陵沟壑区第三副区、西峰水保站主要针对黄土高原沟壑区、绥德水保站主要针对黄土丘陵沟壑区第一副区开展观测。截至2005年,天水水保站积累标准小区径流泥沙资料343个区年,小流域径流泥沙资料89个站年,雨量资料516个站年;西峰水保站50年来已取得220站年的资料、368场年的资料,另外还积累了降水资料1 000多个站年;绥德水保站的韭园沟流域,1954年设站,1970年中断,1974年恢复,现已有40多年的降水、径流泥沙整编资料。宁夏水保站已有285个站年的小区径流泥沙测验资料。其他试验站也都积累了相当多的资料。

多年来的连续观测积累了丰富的资料,研究探索了水土流失规律、土壤侵蚀模型、不同类型区治理模式、综合治理效益观测等关键技术,为水土流失治理提供了技术和经验,为水土保持监测提供了方法。

随着“3S”技术的发展和应用,水利部、黄委先后于20世纪80年代初和90年代末,利用遥感技术对黄河流域水土保持进行了两次普查,不仅基本查清了当时水土流失的情况,而且探讨了遥感技术在开展大范围水土保持调查方面的技术和方法。

20世纪90年代以来,黄土高原水土保持世行贷款项目开展了监测评价工作,为水土保持生态项目的监测积累了经验。

1998~2003年,由黄河上中游管理局组织实施的水利部“948”项目(黄土高原严重水土流失区生态农业动态监测技术引进项目)，引进了国外先进的监测技术和设备，大大地提高了水土流失动态监测的自动化水平。

2003 年以来，总结历史上水土保持观测、动态监测和“3S”技术应用的经验，初步建成了黄河流域水土保持监测网络系统。

2005 年开始，监测系统一期工程初步建成，开始应用于实际生产中。组织实施了重点支流水土保持监测、黄土高原淤地坝水土保持监测、大型开发建设项目水土保持监测、监测技术研究(国家支撑课题、水利部公益课题)等项目。

3.1.1　黄河流域水土保持监测的目的和意义

3.1.1.1　开展黄河流域水土流失动态监测与公告的需要

《中华人民共和国水土保持法》第四十条规定：国务院水行政主管部门应当完善全国水土保持监测网络，对全国水土流失进行动态监测。《中华人民共和国水土保持法实施条例》第二十三条中规定：国务院水行政主管部门和省、自治区、直辖市人民政府水行政主管部门应当定期公告水土保持监测情况。公告应当包括下列事项：(一)水土流失的面积、分布状况和流失程度；(二)水土流失造成的危害及其发展趋势；(三)水土流失防治情况及其效益。

《水土保持生态环境监测网络管理办法》和《全国水土保持预防监督纲要》，明确要求定期公告水土流失动态。要求每年对重点项目水土流失动态进行公告，每五年对重点地区进行一次公告，每十年公告一次全国水土流失状况。

开展流域水土流失动态监测，并予以公告是水土保持法律法规赋予流域机构的重要职责。为了满足全社会对水土保持的知情权，及时、全面、准确地向社会公告，必须利用现代信息化技术手段，建立一套先进、实用、规范的水土保持生态环境监测系统，才能快速、准确、连续地获取水土流失现状及水土流失动态监测数据，从而定期向社会公告。

为了贯彻水土保持法及其实施条例，全面履行水行政主管部门的职责，面对黄河流域水土保持生态环境监测地域广阔、类型多样的现状，必须充分利用遥感、地理信息系统、全球定位系统和计算机技术，依托现代空间信息技术和水土保持科学技术，加强信息采集手段、提高信息提取效率、完善监测网络、扩充数据存储能力，掌握黄河流域土壤侵蚀状况和动态变化趋势，向社会公告。

根据目前监测工作现状，为满足公告要求，必须加大遥感监测工作力度，定期开展黄河流域遥感监测，获取宏观水土保持监测数据；加强遥感信息提取手段，在现有人工遥感解译方式的基础上，提高信息自动提取能力、加强土壤侵蚀模型应用，提高信息提取效率，降低人为因素对监测成果的影响。

定期对黄河流域进行遥感监测将产生海量的监测成果，这些成果不仅是公告的数据基础，同时也是进行水土流失趋势研究和预测预报的数据基础，因此存储和备份这些数据将是完成公告的必要保证。

黄河流域面积大、地形复杂、涉及区域广。要加强监测管理，提高监测工作的决策效率必须在监测系统内部建立决策会商系统，网络建设和会商系统建设是提高会商能力的必要条件。

3.1.1.2　**黄河水土流失监测预报模型建设的需要**

长序列监测数据是“模型黄土高原”和水土流失预测预报模型研究必要的基础。监测数据的准确性、系列性、全面性,将直接影响模型建立的准确性和适应性。为达到原型观测数据采集的及时性、准确性、科学性、连续性必须在现有原型观测设备的基础上改善数据采集和传输手段,降低人为因素对观测数据的影响,提高水土流失因子数据的系列性,更好地为建立预测预报模型提供数据基础。

为了探索水土流失规律,开展水土保持措施综合配置和治理效益等方面的研究,黄委自20世纪50年代初,就已建立了天水、西峰、绥德水土保持科学试验站,按照“纵向对比、平行对比,以及大流域套小流域、综合套单项”的指导思想,布设了一系列的典型小流域、坡面径流泥沙测验场,进行降水、径流和泥沙等项目的水土流失试验分析。半个多世纪以来,这项长周期基础性试验研究取得了丰富的观测资料,在水土流失规律研究方面取得了一定成果。

近年来,随着社会经济的持续发展、黄河治理的客观需求及水土保持科学研究的不断深入,都对水土保持定位观测工作提出了新的更高的要求。为全面提升水土流失试验分析能力和水平,满足黄河流域水土保持生态建设的技术需求,现已对部分水土流失监测基础设施和仪器设备进行更新和改造。为了能进一步提高定位观测数据采集精度、数据采集密度、观测站网趋于合理,必须在现有设备基础上加大自动化观测程度,实现测站与监测分中心的无线数据传输,使定位观测由单一的、原始、人工观测复合为综合、多元化、记录传输自动化为一体的现代化小流域定位观测,以适应新形势下水土流失规律研究工作的要求,为水土流失预测预报服务。

3.1.1.3　**黄河调水调沙技术设计与试验的需要**

调水调沙是治理黄河的重大举措,科学的设计方案离不开准确的基础数据支持。及时了解掌握黄河中游河龙区间的河道水沙观测、重点支流的拦沙工程建设、水土保持生态工程效益的发挥等情况,并科学预测是制订调水调沙设计方案的重要基础。

为了探索黄河中游多沙粗沙区水土流失及水土保持治理对黄河泥沙的影响,构建黄河水沙调控体系模型和实施方案,指导多沙粗沙区水土保持治理,为水土保持效益分析提供依据,从2002年黄委陆续在黄河中游多沙粗沙区开展水土保持监测工作,目前已开展了皇甫川、孤山川的监测工作,通过开展监测工作,将及时获取重点支流水土流失状况、水土流失治理效果和人为水土流失等相关信息,掌握区域水土保持现状和变化情况,为水土保持科学研究提供基础数据,为制订水土流失防治方案、评价防治效果提供科学依据,为调水调沙工程提供及时可靠的相关信息服务支持。

3.1.1.4　**国家重点水土保持工程效果评价的需要**

目前正在实施的黄河上中游水土保持重点防治工程、黄土高原地区淤地坝工程、晋陕蒙砒砂岩区沙棘等生态工程,属全国立项实施的国家重点水土保持生态建设工程。此外,国家在多沙粗沙区实施了黄河水土保持生态工程、黄土高原水土保持世界银行贷款项目、国家水土保持重点治理工程(八片)、生态建设重点县项目、砒砂岩区沙棘生态建设和淤地坝建设等水土保持工程,使多沙粗沙区的水土流失治理取得了较显著的成效。虽然20世纪90年代末期水利部和黄委陆续开展了该区域的土壤侵蚀遥感调查工作,从宏观上获得了该区域的植被覆盖、土壤侵蚀数据，但该区域水土保持措施数量一直依靠人工统计上报的方式获得，不仅不能给水土流失治理提供急需的水土保持措施空间分布信息，而且所统计上报的数据准确性也得不到保证。因此，为水土保持效益分析提供依据，评价水土保持工程实施效果，必须建立先进、实用、规范的水土保持生态环境监测系统，提高水土保持监测工作效率，及时掌握水土流失状况及其防治措施数量、质量和防治效果监测。

3.1.1.5　开发建设项目水土保持监督管理

黄河流域晋陕蒙接壤煤炭开发监督区、陕甘宁蒙接壤石油天然气开发监督区、豫陕晋接壤有色金属开发监督区是国家级水土流失重点监督区，近年来开发建设规模空前，开发建设项目剧增，对当地生态环境扰动极大。随着《水土保持法》的逐步落实和水土保持监督管理的深入开展，开发建设项目的水土保持监测工作逐步加强。开展重点监督区水土保持监测，掌握开发建设区水土保持生态环境变化动向，评价、预测开发建设项目造成的水土流失危害，是重点监督区水土保持宏观决策的重要依据，也是水土保持监督管理部门执法取证的需要。

3.1.2　水土保持监测内容

3.1.2.1　监测内容分类

水土保持监测的内容通常包括以下四类：

(1)影响水土流失及其防治的主要因子。包括降水、地貌、地面组成物质、植被类型与覆盖度、水土保持设施和质量等。

(2)水土流失。包括水土流失类型、面积、强度和流失量等。

(3)水土流失危害。包括河道泥沙淤积、洪涝灾害、植被及生态环境变化，对项目区及周边地区经济、社会发展的影响。

(4)水土保持防治效果。包括对实施的各类防治工程效果、控制水土流失、改善生态环境的作用等。

按照监测对象属性分为：①自然环境监测；②社会经济状况监测；③水土流失监测；④水土保持措施监测；⑤水土保持效益监测。

具体项目的监测内容应根据项目类型、水土保持工程建设阶段等内容确定。

3.1.2.2　监测内容

1. 自然环境监测

自然环境主要包括地质地貌、气象、水文、土壤、植被等自然要素。

地质地貌监测的内容包括地质构造、地貌类型、海拔、坡度、沟壑密度、主沟道纵比降、沟谷长度等。

气象要素监测的内容包括气候类型、年均气温、≥10 ℃积温、降水量、蒸发量、无霜期、大风日数、气候干燥指数、太阳辐射、日照时数、寒害、旱害等。

水文监测的内容包括地下水水位、河流径流量、输沙量、径流模数、输沙模数、地下水埋深、矿化度等。

土壤监测的内容包括土壤类型、土壤质地与组成、有效土层厚度、土壤有机质含量、土壤养分含量(N、P、K)、pH 值、土壤阳离子交换量、入渗率、土壤含水量、土壤密度、土壤团粒含量等。

植被监测的内容包括植被类型与植物种类组成、郁闭度、覆盖度、植被覆盖率等。

2.社会经济状况监测

社会经济状况监测主要包括土地面积、人口、人口密度、人口增长率、农村总人口、农村常住人口、农业劳动力、外出打工劳动力、基本农田面积、人均耕地面积、国民生产总值、农民人均产值、农业产值、粮食总产量、粮食单产量、土地资源利用状况、矿产资源开发状况、水资源利用状况、交通发展状态、农村产业结构等。

3.水土流失监测

水土流失监测包括水力侵蚀监测、风力侵蚀监测、重力侵蚀监测、冻融侵蚀监测等,黄土高原以水力侵蚀为主。

水力侵蚀监测的主要内容包括水土流失面积、土壤侵蚀强度、侵蚀性降雨强度、侵蚀性降雨量、产流量、土壤侵蚀量、泥沙输移比、悬移质含量、土壤渗透系数、土壤抗冲性、土壤抗蚀性、径流量、径流模数、输沙量、泥沙颗粒组成、输沙模数、水体污染(生物、化学、物理性污染)等。

4.水土保持措施监测

水土保持措施监测按照其措施的不同分为梯田监测、淤地坝监测、林草监测、沟头防护工程监测、谷坊监测、小型引排水工程监测、耕作措施监测等。

梯田监测梯田面积和工程量。

淤地坝监测淤地坝数量、工程量、坝控面积、库容、淤地面积等。

林草监测乔木林面积、灌木林面积、林木密度、树高、胸径、树龄、生物量、草地面积等。

沟头防护工程监测沟头防护工程数量以及工程量。

谷坊监测谷坊数量、工程量、拦蓄泥沙量和淤地面积。

小型引排水工程监测截水沟数量、截水沟容积、排水沟数量、沉沙池数量、沉沙池容积、蓄水池数量、蓄水池容积、节水灌溉面积等。

耕作措施监测等高耕作种植面积、水平沟种植面积、间作套种面积、草田轮作面积、种植绿肥面积等。

5.水土保持效益监测

水土保持效益主要监测水土保持的基础效益,包括治理程度、达标治理面积、造林存活率、造林保存率等。

根据不同监测需要,有些小流域还监测生态修复、生物多样性、贫困与生计等内容。

3.2 水土保持重点监测项目与系统建设

3.2.1 黄河流域第一次土壤侵蚀遥感调查

1983 年 12 月,水利部在天津举办遥感培训班,安排布置遥感普查工作。这是新中国成立以来第一次利用遥感技术调查水土流失情况。1984 年,黄河流域由黄委原科技处、水保处组织成立遥感组,承担了黄河流域土壤侵蚀调查任务。1990 年通过成果验收。这次普查主要信息源是美国陆地资源卫星 MSS 照片。通过计算机数据统计,以目视解译结合野外调查样方测量等手段,完成了全流域和分省(区)土壤侵蚀面积统计。

遥感调查成果中的水力侵蚀和风力侵蚀面积经国务院 1992 年 12 月 14 日发布,在全国使用。黄河流域及各省(区)的不同侵蚀类型土壤侵蚀强度分级面积统计见表 3-1 和表 3-2。

表 3-1　黄河流域不同侵蚀类型土壤侵蚀强度分级面积统计表　(单位:km²)

项目	总面积	水土流失面积	微度	轻度	中度	强度	极强度	剧烈
水力侵蚀	545 163.6	347 117.9	198 045.7	111 146.2	88 697.4	61 836.4	48 740.5	36 697.2
风力侵蚀	127 440.3	117 861.4	9 578.8	41 913.6	31 392.1	16 942.2	15 070.4	12 543.0
冻融侵蚀	11 7691.4	60 455.9	57 235.5	60 455.9	0	0	0	0
合计	790 295.4	525 435.3	264 860.0	213 515.7	120 089.6	78 778.7	63 810.9	49 240.2

表 3-2　黄河流域各省(区)土壤侵蚀强度分级面积统计表　(单位:km²)

省区	境内流域面积	微度侵蚀	轻度侵蚀	中度侵蚀	强度侵蚀	极强度侵蚀	剧烈侵蚀
青海	147 622.7	72 223.5	62 365.2	9 476.0	25 296	1 028.3	
四川	14 996.5	10 980.7	4 015.8				
甘肃	143 112.9	51 568.4	31 437.7	19 144.3	21 451.3	19 511.1	
宁夏	51 379.6	12 926.9	13 457.7	14 381.6	7 923.5	2 398.8	291.3
内蒙古	151 305.5	26 181.3	48 632.3	28 377.3	18 582.5	16 078.1	13 453.9
陕西	133 251.2	44 871.7	20 679.6	18 022.3	5 360.7	18 418.4	25 898.3
山西	97 503.0	21 648.0	23 813.3	20 706.9	16 542.9	5 195.1	9 596.5
河南	35 596.8	16 030.7	5 260.0	7 956.5	5 500.4	848.8	
山东	15 527.1	8 428.5	3 854.4	2 024.3	887.6	332.0	
总计	790 295.7	264 860.0	213 516.2	120 089.6	78 778.7	63 810.9	49 240.2

3.2.2　黄河流域第二次水土保持遥感普查项目

黄河流域第二次水土保持遥感普查于 1998 年立项,1999 年实施,2002 年 7 月通过验收。项目涉及青海、四川、甘肃、宁夏、内蒙古、陕西、山西、河南、山东 9 省(区)的 65 个地区 356 个县。普查的主要目的是查清 20 世纪 90 年代末黄河流域土壤侵蚀现状。在技术上主要利用 1998 年夏态 TM 卫星影像,在外业调查的基础上,建立图像解译标志库,采用人机交互判读的形式进行图像解译。主要成果包括黄河流域各省(区)、市、县、九大类型区、76 条大于 1 000 km² 一级支流的 6 级土壤侵蚀强度、6 级植被盖度、6 级坡度数据。同时开展了土壤侵蚀模型研究,开发了黄河一级支流地理信息系统等软件系统。

该项目于 1999 年立项并成立项目领导组和项目办公室。通过招标,外业调查及分片解译工作由黄委设计院、黄科院、黄委信息中心以及黄河上中游管理局的规划设计院、天水、西峰、绥德水保试验站承担。

该次外业调查共布设了127个样区,样区涵盖了各种土壤侵蚀类型和地貌类型。采用人机交互解译方式,共解译图斑50.9万个。通过面积量算、平差、数据集成和野外验证等一系列工作,取得了全流域土壤侵蚀、坡度组成、植被等系列成果,建立了黄河流域水土保持本底数据库。

遥感普查结果,黄河流域总面积797 281.2 km²(比上次遥感调查增加6 985.8 km²),其中水力侵蚀面积573 661.7 km²,风力侵蚀面积129 817.6 km²,冻融侵蚀面积93 801.8 km²,分别占总面积的71.95%、16.28%和11.77%(见表3-3和表3-4)。

表3-3 黄河流域土壤侵蚀面积汇总表 (单位:面积,km²;比例,%)

侵蚀类型		总面积	轻度以上	微度	轻度	中度	强度	极强度	剧烈
水力侵蚀	面积	573 661.7	315 155.8	258 505.9	103 924.9	90 633.7	72 479.2	35 004.7	13 113.1
	比例	100.0	54.9	45.0	18.1	15.8	12.6	6.1	2.2
风力侵蚀	面积	129 817.6	111 392.1	18 425.5	31 178.8	33 148.5	19 271.2	11 483.3	16 310.1
	比例	100.0	85.8	14.1	24.0	25.5	14.8	8.8	12.5
冻融侵蚀	面积	93 801.8	46 770.2	47 031.5	34 796.3	11 973.9	0.0	0.0	0.0
	比例	100.0	49.8	50.1	37.1	12.7	0.0	0.0	0.0
合计	面积	797 281.2	473 318.2	323 963.0	169 900.2	135 756.1	91 750.4	46 488.1	29 423.3
	比例	100.0	59.3	40.6	21.3	17.0	11.5	5.8	3.6

表3-4 黄河流域分省区土壤侵蚀面积汇总表 (单位:km²)

省区	总面积	流失面积	微度	轻度	中度	强度	极强度	剧烈
青海	152 575.27	70 842.82	81 732.45	40 989.46	19 894.39	7 232.80	2 726.17	0.00
四川	17 163.59	8 374.53	8 789.06	8 178.00	196.53	0.00	0.00	0.00
甘肃	143 035.60	99 564.55	43 471.05	26 497.98	27 326.86	30 927.55	14 204.27	607.89
宁夏	51 357.86	35 416.28	15 941.58	15 221.46	12 513.03	6 045.68	1 394.49	241.62
内蒙古	151 739.02	114 036.55	37 702.47	33 758.78	34 905.43	21 753.89	10 144.53	13 473.92
陕西	132 873.30	83 806.36	49 066.94	17 426.31	17 101.32	19 549.52	17 181.31	12 547.90
山西	97 076.86	53 740.16	43 336.69	16 407.77	20 352.69	9 550.89	4 050.92	3 377.89
河南	36 280.59	11 412.97	24 867.62	6 641.05	3 888.78	882.08	1.06	0.00
山东	14 681.59	4 476.49	10 205.10	3 575.81	900.68	0.00	0.00	0.00
总计	796 783.68	481 670.71	315 112.97	168 696.62	137 079.71	95 942.41	49 702.75	30 249.22

据普查,黄河流域总的坡度组成情况是:<5°的面积为302 921.84 km²,占总面积的37.99%;5°~8°的面积为69 014.65 km²,占总面积的8.66%;8°~15°的面积为123 239.37 km²,占总面积的15.46%;15°~25°的面积为182 282.12 km²,占总面积的22.86%;25°~35°的面积为104 942.93 km²,占总面积的13.16%;>35°的面积为14 880.32 km²,占总面积的1.87%。

黄河流域九大水土保持类型区中,>25°陡坡地面积较大的类型区是山西、陕西、甘肃和青海,占本省流域面积的比例分别为 22.67%、22.33%、19.03%和 17.61%。>25°陡坡地面积较大的类型区依次为土石山区、黄土高原沟壑区、黄土丘陵沟壑区和林区,其面积占本类型区总面积的比例分别是 33.13%、27.72%、18.67%和 16.03%。

根据遥感解译结果,黄河流域植被高覆盖和中高覆盖面积占全流域的 12.96%,包括子午岭、吕梁山、六盘山和秦岭;中覆盖和中低覆盖占全流域的 30.64%,主要在高地草原区;农地主要在冲积平原区。

3.2.3　黄土高原严重水土流失区生态农业动态监测研究

该项目于 1998 年 2 月申请,10 月立项,由水利部国科司、"948"项目办公室负责,黄委承担,黄河上中游管理局具体实施,历经 4 年,于 2002 年 8 月结束,2003 年 9 月水利部国际合作与科技司组织验收鉴定。

该项目针对黄土高原严重水土流失的现状,引进国际先进的遥感(RS)、地理信息系统(GIS)及全球定位系统(GPS)技术和设备,开展技术创新与应用研究,完成了不同尺度土壤侵蚀、水土保持生态农业措施及开发建设项目的动态监测,建立了黄土高原严重水土流失区生态环境动态监测系统;开发了不同尺度的三维地理信息系统、立体浏览系统、黄河流域一级支流水土保持动态监测系统、黄土丘陵区土壤侵蚀评价模型等应用系统。为水土保持管理与决策提供快速、高效、系统、准确的动态信息,大大提高规划、管理、决策的即时反应能力。

应用该项目建立的技术平台,开展了黄河流域水土保持遥感普查项目,范围涉及黄河流域 9 省(区),面积 70 多万 km^2,主要普查内容包括土壤侵蚀的强度、分布以及地面坡度、植被的状况及治理措施分布和人为新增水土流失情况。建立了数据总量超过 1 000 GB 的黄河流域水土保持数据库,具体包括图像库、图形库、属性库、成果数据库,数据可靠,精度高,比较真实地反映了黄河全流域土壤侵蚀及生态环境状况,并培养了一批科技实用型人才,为今后水土保持生态环境监测、水土保持规划、管理和工程建设等工作奠定了基础。

2003 年通过水利部国科司组织的验收与鉴定,项目成果获得了陕西省科学技术一等奖。

3.2.4　黄河重点支流黄甫川流域水土保持动态监测

2005 年 9 月经黄委立项,以两期数码航摄数据为主要信息源,开展 2006~2010 年黄河重点支流黄甫川流域水土保持动态监测,这是全国首次使用数码航摄技术开展水土保持监测。

主要监测 2006 年和 2010 年各类水土保持措施的数量、面积和分布情况。水土保持措施主要包括梯田、乔木林、灌木林、果园、天然草地、人工种草、淤地坝(包括坝地)和水库等;监测两个年度土壤侵蚀强度等级的面积及其分布动态;监测两个年度开发建设项目造成的人为水土流失位置和破坏面积动态情况。

同时,在黄甫川流域尔架麻沟、特拉沟、西五色浪沟 3 条小流域建设了把口站、径流场、雨量站等观测设施,进行了 2007 年、2008 年小流域水土流失观测。包括输沙量监测、拦沙量监测、沟道工程监测和坡面治理监测。

3.2.5 黄土高原12条小流域示范坝系水土保持监测

黄委于2006年启动黄土高原小流域示范坝系水土保持监测项目。根据不同小流域坝系的特点，选择青海省大通县景阳沟，甘肃省安定区称钩河、环县城西川，宁夏回族自治区西吉县聂家河，内蒙古自治区准格尔旗西黑岱、清水河县范四窑，陕西省横山县元坪、宝塔区麻庄、米脂县榆林沟，山西省河曲县树儿梁、永和县岔口，河南省济源市砚瓦河等12条小流域，同坝系所在省区监测总站合作开展了坝系工程建设动态监测、拦沙蓄水监测、坝地利用及增产效益监测、坝系工程安全监测等内容，开发了小流域坝系监测信息查询系统。

12条小流域坝系示范工程主要分布在黄土高原水土流失严重的多沙粗沙区内，行政区划涉及黄土高原7个省(区)的12个县(旗、市)；按类型区划分主要分布在黄土丘陵沟壑区和土石山区，其中陕西省米脂县榆林沟、横山县元坪流域，内蒙古自治区清水河县范四窑、准格尔旗西黑岱流域，山西省河曲县树儿梁流域属于黄土丘陵沟壑区第一副区；陕西省宝塔区麻庄流域，山西省永和县岔口流域属于黄土丘陵沟壑区第二副区；宁夏回族自治区西吉县聂家河流域属于黄土丘陵沟壑区第三副区；青海省大通县景阳沟流域属于黄土丘陵沟壑区第四副区；甘肃省安定区称钩河、环县城西川流域属于黄土丘陵沟壑区第五副区；河南省济源市砚瓦河流域属于土石山区；从小流域所属重点支流情况看，涉及湟水河、渭河、皇甫川、无定河、延河、三川河及部分直接入黄支流，12条小流域坝系示范工程总面积970.3 km^2，水土流失面积914.3 km^2。

3.2.6 黄土高原水土保持世行贷款项目监测

20世纪90年代以来，随着世行贷款项目区建设，对一期项目区开展了监测评价工作，为水土保持生态项目的监测积累了经验。监测的内容主要包括治理进度与质量、经济效益、社会效益、生态效益及保水保土效益等五个方面。同时在山西项目区(河保偏片)利用航空遥感技术对监测结果进行了校验。

一期项目区各级共设置监测机构204个，包括中央项目监测中心1个，省级监测分中心4个，地区级监测总站7个，县级监测站22个，乡级监测分站170个，建立了五级完整的监测网络，配备了监测技术人员，提出了监测评价方法和主要指标体系，并编制了《监测评价技术规程》。根据监测内容，项目区设立了治理进度与效益监测点、经济效益与社会效益监测农户、生态效益监测点、水土保持效益监测站、径流小区等。

从1995年开始，通过8年连续监测，取得了一期项目的执行进度、措施质量、林草成活状况、典型农户、水沙变化、土壤、气象、环境等大量的系统监测资料，完成了项目后评价报告，为准确掌握项目执行情况以及全面评价项目成效提供了可靠的基础资料及科学的评价指标。

3.2.7 国家级重点防治区水土保持动态监测

根据水利部《2007年度全国水土流失动态监测与公告项目实施方案》，基于卫星遥感技术，由黄河水土保持生态环境监测中心主持，西峰监测分中心具体实施完成了子午岭预防保护区、神府东胜矿区水土保持动态监测项目，对上述区域的植被覆盖、土壤侵蚀、水土保持治理、人为水土流失等情况进行了监测。该项目是“全国水土流失动态监测与公告”项目的一个子项目，对国家宏观掌控被监测区的水土流失动态和预防保护状况具有重要的意义。

子午岭预防保护区位于黄土高原中部，为泾、洛河两水系的分水岭，它东界洛河，西接马莲河，南至铜川、咸阳北部，北至志丹、安塞，横跨陕、甘两省。在 2006 年 5 月水利部公布的“三区”公告中，包含陕西省的甘泉、富县、黄陵、宜君、印台、王益、耀州、旬邑、淳化和甘肃省的正宁、宁县、合水、华池等 13 个县(区)。针对子午岭预防保护区实际情况，以 2006 年 5 月的 32 m 分辨率卫星影像及相关资料为信息源，应用“3S”技术，采用人机交互解译的方法，先后监测了水土流失主要影响因子及预防保护措施，完成了“子午岭预防保护区水土流失监测报告”，编制了 1:10 万子午岭预防保护区林缘线图、土地利用图、植被覆盖度图等专题图件。本次监测结果发现，在陕西的志丹、白水县已发现部分林区，预防保护区面积约 1.31 万 km^2，充分说明了该区的生态开始明显好转。

神府东胜矿区(简称神东矿区)地处黄河中游多沙粗沙区的黄河一级支流窟野河流域中上游(乌兰木伦河)，涉及陕西省榆林市的神木县和府谷县以及内蒙古自治区鄂尔多斯市的东胜区、伊金霍洛旗、准格尔旗，是我国大型能源重化工开发基地，矿区面积 3 837.21 km^2。煤田自 1984 年正式开工建设以来，已建成大柳塔、补连塔、上湾、乌兰木伦、马家塔、哈拉沟、榆家梁、石圪台等 8 个大型煤矿，为国家开采了大量的优质煤炭资源。根据神东矿区监测需要，以 2006 年 9 月的 TM 影像与 3 m 分辨率卫星影像融合的数据为信息源，通过野外实地调查，应用“3S”技术对神东矿区的水土流失基础要素及矿区开发建设项目造成的水土流失状况、预防保护措施及其效果等进行了监测。建立了神东矿区土地利用类型及植被覆盖度影像解译标志，完成了“神东矿区水土流失监测报告”，编制了 1:5万神东矿区土地利用、土壤侵蚀、植被覆盖度、地面坡度、开发建设项目分布等专题图件。这些监测项目的顺利完成，将对该区水土流失及开发保护状况预报和公告起到积极的促进作用。

子午岭预防保护区和神府东胜矿区都是国家级水土流失重点防治区，也是黄河流域水土保持预防保护和预防监督的重点，开展该区域监测，对探索区域水土保持的政策和机制，及时掌握预防保护区植被情况以及煤田开发区水土流失动态及其发展趋势，分析评价水土保持措施实施效果等，具有重要意义。

3.2.8　黄河源区土壤侵蚀遥感监测

黄河水土保持生态环境监测中心以 1998 年 TM 卫星影像为信息源，以“3S”技术为依托，获得了 1998 年黄河源区土壤侵蚀数据。2002～2004 年，黄河水土保持生态环境监测中心与水利部水土保持监测中心合作，完成了“黄河源头区水土保持生态建设重点区水土流失背景调查”项目。该项目利用遥感和地理信息系统从遥感影像上提取专题信息，获得了黄河源区 1995 年和 2000 年的土壤侵蚀和土地利用数据。同时，利用数字高程模型和 2.5 m 高分辨率卫星影像(SPOT)获取了典型流域的土地利用、地形坡度、坡向、植被盖度、土壤侵蚀及其空间分布等资料。建立了黄河源区土壤侵蚀和土地利用动态监测数据库，为今后开展源区生态修复和保护等工作奠定了基础。

3.2.9 水土保持监测系统建设

黄河流域水土保持监测系统的主要功能包括：对全流域、多沙粗沙区、重点支流等宏观区域的水土流失总量、来源、变化趋势等情况，能够进行连续、全面、准确地监测、分析与预测；对流域水土保持生态工程建设和预防监督工作进行有效、规范地跟踪监管；对水土保持防治效果和生态环境质量进行客观评价；对流域水土保持信息进行便捷查询、演示和汇总上报；通过互联网及时向社会发布流域水土保持信息，定期发布黄河水土保持公报。

3.2.9.1 监测系统设计框架

黄河流域水土保持监测系统是"数字黄河"工程的七大应用系统之一，设计中统筹考虑黄河流域水土保持信息化、黄河水土保持数据分中心及电子政务建设等工程，整个系统由信息采集、信息传输、数据存储、信息服务平台和应用系统等五部分组成。

3.2.9.2 信息采集体系建设

通过全国水土保持监测系统（一期）工程和黄河流域水土保持监测系统（一期）工程建设，初步建成了黄河水土保持生态环境监测中心、黄委郑州终端站、3个直属分中心（天水、西峰、榆林）、10个省级监测总站（含新疆）、55个国家级重点防治区监测分站。基本形成了流域机构、省（区）、重点区、县（旗）比较完整的水土保持监测站网体系。

信息采集系统建设以地面观测和遥感监测为主。黄河水土保持生态环境监测中心拥有航测扫描仪、数字摄影测量工作站、全站仪、GPS、地理信息系统和遥感处理系统等软、硬件环境。天水、西峰、绥德水土保持试验站，针对黄土高原不同土壤侵蚀类型区，开展了长系列水土流失观测试验，建立了小流域和径流小区水文泥沙数据自动化采集与传输系统，在西峰站初步建成了人工模拟降雨装置系统。在罗玉沟、南小河沟、桥沟等7条小流域及其支沟布设了16个水沙监测站，总控制面积555.75 km^2，布设雨量站90个，建设气象园3处，各种径流小区73个，重力侵蚀观测场3处。

基于各级信息采集体系，获取了黄河流域不同时间和空间尺度水土流失环境背景、土壤侵蚀观测、水土流失治理等相关数据。

3.2.9.3 信息传输系统建设

通过租用2×2 M光纤，建立了黄河监测中心与黄委郑州终端站的网络链接；通过VPN（虚拟专用网）技术，建立了黄河监测中心与直属分中心（天水、西峰、榆林）以及黄河流域各省区水土保持监测总站之间的广域网链接；构建了数据业务的统一网络传输平台。

3.2.9.4 数据库及数据存储系统建设

1.数据库建设

水土保持数据库建设是黄河流域水土保持监测系统的重要内容，也是"数字黄河"工程中水土保持数据分中心的建设内容，监测系统一期工程建设完成了数据库系统运行所必需的软、硬件配置和数据库设计。2003年，黄委列专项经费，开展了"黄河流域水土保持本底数据库系统建设"。数据库划分为基础信息、自然环境、社会经济、水土流失、预防监督、综合治理、效益评价、水政水资源、法规、科技、空间地理等11个主题域。目前，已录入黄河流域1:100万、1:25万及典型区域1:5万基础信息数据,不同分辨率卫星影像、航片数据,水土保持综合治理示范区、典型小流域数据,黄土高原淤地坝数据,黄河流域生产建设项目数据,黄河流域遥感普查数据等,数据量达到2 TB。

2.基层站历史监测数据的整理入库

黄委天水、西峰、绥德水土保持科学试验站已经积累了长期的观测资料,拥有我国建成时间最长、观测数据连续、参数全面的监测资料。天水站拥有小区径流泥沙资料434个区年,小流域径流泥沙资料89个站年,雨量资料516个站年。但这些资料的存储形式大多都是以传统的纸质形式保存着,给数据的保存、检索和利用都带来了很大的不便。2006~2008年,黄河水土保持生态环境监测中心参考《水文资料整编规范》等技术标准,建立了水土保持小流域水沙观测数据库,把三个水保站历史数据进行了整编入库,开发了天水、西峰、榆林分中心原型观测数据管理系统。该系统建立了统一的数据结构、统一的公共空间参照系、编码标准、数据采集和传输方式等,实现了对水土保持基础信息和小流域水沙监测原始记录的录入和管理,实现了对水沙资料的自动化整编,为数据共享和信息服务创造了有利条件。该系统的建成标志着小流域水土保持水沙监测及其数据进入了规范化管理的新时代。

3.数据存储

建设了郑州、西安水土保持数据中心,西峰和榆林及天水数据分中心分布式存储系统,包括数据库服务器、备份服务器、磁盘阵列和磁带库等设备。利用ArcGIS、ARC/SDE搭建了基于网络存储技术的数据存储与管理平台框架;利用高性能的数据库服务器整合了有关数据库管理系统的资源,包括黄河流域不同时间、空间尺度的水土保持基础数据库和水土流失、水土保持生态工程、预防监督等专业数据库,重点地区不同时间大比例尺的土壤侵蚀、土地利用及DEM数据及卫星影像和航片数据,皇甫川流域数码航摄数据,并在数据中心的数据库管理系统中进行建库,初步实现数据资源的集中存储和管理。

3.2.9.5 信息服务平台

信息服务平台主要包括应用服务器软件、中间件及其管理环境、基础地理信息平台、系统管理平台等。水土保持模型库则主要为水土保持业务应用提供各种模型应用支持。

按照全国水土保持生态环境监测系统一期工程建设和“数字黄河”工程规划,以及上中游管理局“三位一体”(监测中心、数据分中心、电子政务合为一体)的建设要求,于2003年底完成西安监测中心、郑州终端站的系统平台建设。其中西安中心建成了由2台IBMP650数据库服务器集群、IBMT700磁盘阵列和Oracle9i数据库管理软件组成的数据系统;由IBMP630应用服务器和地理信息软件(ArcGIS)等组成的应用系统。实现了与黄委的广域网链接,西安监测中心与郑州终端站实现了视频链接。同时开发了水土保持数据管理系统和信息服务系统,基本建成了黄河流域水土保持数据库,初步实现了数据资源共享。

3.2.9.6 监测应用系统建设

根据流域水土保持工作需要,以监测系统水土保持应用服务平台为依托,采用统一标准、统一数据库表结构、统一数据分发和数据应用机制,利用GIS系统分析、模型耦合、三维模拟等技术,重点对水土保持数据管理、水土保持防治管理和水土保持信息服务应用系统进行了建设,开发了"黄河中游多沙粗沙区电子地图系统""黄土高原淤地坝信息管理系统""生产建设项目水土保持预防监督信息管理系统""小流域可持续发展能力评价系统"等应用系统。

1.黄河流域水土保持本底数据库管理系统

对黄河流域水土保持遥感普查和"948"动态监测的基础数据和成果数据进行系统管理,包括不同比例尺图形数据库、不同精度图像数据库、不同专题属性数据库等,利用Oracle8i进行存储、ArcMAP 进行浏览、ArcSDE 作为数据库引擎、ArcSMS 进行发布,具有多种导航途径的信息查询统计、图形图像浏览、数据更新及信息发布等功能,为流域规划、设计、管理和决策服务。

2.黄河中游多沙粗沙区电子地图系统

该系统采用 C/S(客户端和服务器结构)+B/S(浏览器和服务器结构)构架模式,C/S结构实现数据库管理,构成了空间信息基础设施体系,为黄土高原水土保持各业务部门服务,用来查询、编辑、导出区域自然概况、社会经济、水土流失、水文气象、综合治理等数据和空间图形信息。B/S 结构实现信息共享与服务,数据以专题图或表的形式发布在 Web服务器上,用户通过网络访问 Web 服务器,对区域基础数据、水土流失的相关数据和图形及属性以不同分区(行政区、支流、项目区)进行浏览、查询、统计和打印。发布的内容主要包括行政区划图、植被覆盖图、土壤侵蚀图、水文站点分布图、大型开发建设项目分布图等 30 多种专题图。

3.黄土高原淤地坝信息管理系统

该系统为黄土高原淤地坝管理服务,主要功能包括数据录入、查询、编辑、更新、统计分析及系统管理等。目前该系统已录入审批的 3 043 座骨干坝、3 028 座中型坝和 4 042 座小型坝的可行性研究、初步设计、计划下达、施工、竣工验收和运行等各阶段基本信息,对其涉及的 267 条小流域坝系基本信息进行管理,建立了淤地坝和坝系的专题数据库,实现数据共享,为规划和决策部门提供数据支持。

4.生产建设项目水土保持预防监督信息管理系统

该系统为黄土高原预防监督工作服务,用于对生产建设项目和水土保持方案进行动态管理,实现数据的共享,提高管理水平。主要功能包括查询、统计汇总、上报、发布和法律法规的宣传、专题数据和成果的输入输出。利用该系统完成了黄河流域"三区"划分数据入库,完成了 20 世纪 90 年代中期以来 600 余个国家级大型开发建设项目水土保持"三同时"制度执行情况年度督查信息入库,建立了预防监督专题数据库。同时,对已审项目、在建项目和上报项目不同阶段的实施状况进行管理。

5.小流域可持续发展能力评价系统

结合英国赠款项目,开展了小流域综合评价方法和评价模型研究。研究了综合运用单指标评价法、综合评分法和层次分析法三种评价方法。提出了适用于黄河流域小流域综合评价的指标体系、方法和工具模型。基于黄河流域实际情况,推荐"基于层次分析法的小流域综合治理效益评价"。在评价模型的基础上,开发了"小流域可持续发展能力评价系统",包括模型管理、项目评估、数据维护、系统配置等四个模块,实现了监测数据的输入、存储,评价数据的关联和计算,评价模型的数据输入和输出,评估结果数据的存储和转发等。

3.2.10　监测能力建设

为了提高黄河流域治理及生态环境建设工作的管理水平,英国国际发展部于 2003 年与中国水利部达成协议,提供赠款在中国实施小流域治理管理项目。黄河水土保持生态环境监测评价能力建设是该项目的重要组成部分,主要由英国赠款小流域治理管理项目执行办公室和黄河水土保持生态环境监测中心组织实施,通过几年的实施取得了初步成果。

3.2.10.1　建设目标

黄河流域水土保持监测评价能力建设目的是提高现有监测评价系统的整体能力,包括监测数据的采集、分析、评价以及技术手段和方法的完善,建立相应的标准规范等。主要目标包括:初步建立流域内水土保持业务及相关部门间的数据共享和交流机制;加强流域监测数据的分析和整合能力,规范监测数据收集和分析评价的标准、方法、手段;探讨建立信息共享、多部门协作机制,为流域、地方和国家级决策者制订防治水土流失决策、促进社会经济发展的政策和规划提供参考依据。

3.2.10.2　整体思路

(1)通过与各相关部门的交流协作,探讨建立多源数据交换与共享机制,形成可靠的数据获取和更新保障机制。

(2)通过对现有水土保持监测评价数据标准、分析评价方法的收集、分析和评估,建立和完善小流域监测评价的数据标准规范和元数据管理机制,提高系统的数据质量和利用潜力;探索小流域监测与综合评价方法,提高综合数据分析和利用水平。

(3)通过构筑数据采集、管理和综合分析与评价平台,提高数据使用效率和分析能力。

(4)通过开展相关监测评价方法、技术标准、规范和评价软件应用的培训,提高监测人员素质,增强水土保持生态监测和评价的综合能力。

3.2.10.3　主要任务

1.建立小流域监测评价数据交换与共享机制

通过疏通纵横各部门的数据交换和共享渠道,在小流域层面建立有效的数据共享和利用机制,具体包括小流域监测评价数据资源的调查与评价、共享机制研究和探索小流域监测评价数据资源共享平台建设和小流域监测评价元数据库建设。

2.小流域监测评价方法和指南研究

主要内容是探讨、研究适用于小流域监测与评价的技术标准和方法,形成可操作的规范、模型,包括流域监测与评价相关标准和规范的调查与评价、小流域监测评价规范和数据采集规范编写和小流域综合评价方法和模型建设研究。

3.小流域监测评价系统建设

主要是为前面所列各专题的完成提供基础支持,为实现数据整合、分析和评价以及数据信息共享平台的建设进行必要的软硬件支持和系统开发、数据支撑,包括小流域综合评价系统建设、小流域基础地理信息产品入库、补充评估所需数据、完善黄河流域小流域监测评价信息平台基础设施建设和建立基于广域网的社会公众信息发布机制。

4.技术培训和研讨

培训研讨与项目有关的成果,提高黄河流域监测评价综合能力及与相关流域、机构的交流,包括小流域监测评价方法培训和研讨与小流域数据采集和监测评价方法培训。

3.3 水土保持防治技术在监测中的应用

3.3.1 各种水土保持防治技术措施

水土保持防治技术措施主要针对沟壑、坡耕地、荒地的不同情况,采取相应的措施。在沟道主要在沟头采取沟头防护工程;在沟底主要修筑谷坊和淤地坝;在坡面主要是修筑梯田、蓄水工程;在荒山、荒坡、荒沟、荒滩、荒沙开展造林种草;同时在坡耕地采取水土保持耕作措施,即每年结合农事耕作,采取各类改变微地形、增加地面植物被覆、增加土壤入渗措施,又称保水保土耕作法。这些措施都能有效地治理各类土地上不同类型的水土流失,并为改变黄土高原面貌、促进群众脱贫致富创造了有利条件。

黄土高原有大小沟壑27万多条,各类沟壑以沟头前进、沟底下切、沟岸扩张三种形式,不断向长、深、宽三个方向发展,危害十分严重。千百年来,黄土高原地区的群众,采取从沟头、沟坡到沟底,从支毛沟到干沟一系列的配套工程,同时在集水面上修梯田、造林、种草等综合措施,收到了减轻和制止沟蚀、充分利用水土资源的效果。

3.3.1.1 沟头防护

黄河流域修沟头防护工程有300多年的历史。山西省太谷县上安村于清顺治十一年(1654年)修建的沟头防护及所立碑石至今犹存。甘肃省西峰市方家沟圈沟头防护工程,建于1915年。20世纪50年代初,群众把沟头防护作为制止沟头前进,保护塬面和坡面的重要水土保持措施,开始有计划地修建。到20世纪70年代,群众把修沟头防护和大面积平田整地结合起来,收到更好的效果。甘肃省东部和陕西省渭北高塬区及阶地区,群众把沟头防护围埂向两侧沟边延伸成为沟边埂,拦蓄雨水,制止沟岸扩张,并在埂外种植灌木或牧草,固结沟岸,充分利用土地。陕西省渭北塬区沟边总长约5万km,将沟边埂作为水土保持重要措施,仅1986~1989年就完成了1万多km。

凡修建沟头防护工程的沟头,只要工程合乎标准,质量达到要求,而且管护较好,沟头都停止了发展。山西省太谷县上安村修建沟头防护后,350多年来沟头没再前进,保护了村庄道路和86.67 hm^2塬地的安全。甘肃省西峰市方家沟圈沟头以上塬面面积0.64 km^2,自1915年修建沟头防护工程后,70多年来沟头再未前进。路家水沟沟头在未修建防护工程前,沟头平均每年前进2 m,1955年修建沟头防护工程后,到1990年已35年,沟头不再前进。马家拐沟20世纪50年代在上游胡同中节节修筑蓄水坎,沟头修筑防护埂,分散拦蓄上游来水,制止了沟头前进。

3.3.1.2 谷坊

早在1944年,国民政府农林部天水水土保持实验区,在甘肃省天水市大柳树沟进行试验,这条沟流域面积0.49 km^2,主沟长1.35 km,平均比降17.8%,有支毛沟2条,在沟中共修柳谷坊 85 座。由于坡面未进行治理,洪水流量大,加上工程质量差,当年就被大部冲毁。1948 年改在这条沟中修建砌石谷坊 12 座。1955～1957 年,黄委天水水保站又在大柳树沟修建土谷坊 19 座、柳谷坊 39 座、木石谷坊 3 座、枝梢谷坊 2 座,经过洪水考验,全部保存完好。该站 1953～1960 年又在天水吕二沟修建柳谷坊 383 座,土谷坊 324 座,比较系统地在一条小流域内全面推广。西峰水保站 1951 年在南小河沟进行谷坊试验,修建柳谷坊 25 座,所插柳桩成活率 99%,生长良好。1952～1953 年,在甘肃省董志塬南部沟道推广修建柳谷坊 7 888 座;同时,还在南小河沟修建了大量土谷坊。此后,随着水土保持工作的广泛开展,各地先后因地制宜地修建各种形式的谷坊。

由于谷坊工程小,开始时许多地方对技术重视不够,缺乏必要的规划设计,尤其在 20 世纪 50 年代后期"大跃进"中显得更为突出,很多谷坊标准低,设施不配套,工程质量差,在暴雨洪水中易遭冲毁。同时许多地方对工程管理养护不够,也是保存率低的重要原因。如董志塬南部的柳谷坊由于无人管护,在 1960～1962 年期间大部分被毁坏。

各地水保部门在实践中不断总结经验,对谷坊的修建技术提出改进办法和明确要求,促进了谷坊的进一步推广。20 世纪 80 年代,各地在开展小流域综合治理中,一般采取支毛沟上游修谷坊工程,与其下游的淤地坝、小水库等结合,形成完整的坝系。

3.3.1.3　淤地坝

在沟道中筑坝淤地,变荒沟为良田,是巩固并抬高侵蚀基点,减轻沟蚀,充分利用水土资源的一项有效措施,也是建设高产稳产基本农田的一项重要内容。淤地坝在黄河中游的陕北、晋西等地有 300 多年历史。中华人民共和国成立以后,调查、研究和实践大量增多,人们的认识进一步提高,淤地坝得到很大发展。

黄河流域最早的淤地坝,不是人工修筑的,而是天然塌方形成的。明隆庆三年(1569 年),陕西省子洲县裴家湾乡王家圪洞(黄土呱)由于山坡滑塌,堵塞沟道,形成"天然聚湫",坝高 62 m,淤地 53.33 hm^2,集水面积 2.72 km^2,坝地年年丰收,亩产 250 kg 左右。人工修筑淤地坝,有文献可考的,最早是在明万历年间(1573～1619 年)。山西省《汾西县志》记载,"涧河沟渠下湿处,淤漫成地易于收获高产","向有勤民修筑"。当时的知县毛炯曾布告鼓励农民筑坝淤地,提出"以能相度砌棱成地者为良民,不入升合租粮,给以印帖为永业","三载间给过各里砌修成地者三百余家"。从此,筑坝淤地在汾西县得到发展。到 1949 年,该县已建成坝地数千亩。清乾隆八年(1743 年),陕西道监察御史胡定给乾隆上的《河防事宜条奏》中写道:"黄河之沙多出自三门峡以上及山西中条山一带破涧中,请令地方官于涧口筑坝堰,水发,沙滞涧中,渐为平壤,可种秋麦。"清代中叶,筑坝淤地在山西省西部和陕西省北部一些地方也有发展。山西省洪洞县娄村一带在清光绪以前就已沟沟有坝,坝坝成田;山西省离石县佐主村回千沟的四级淤地坝和骆驼咀华家塌沟的五级淤地坝都筑于清嘉庆以前。陕西省清涧县高杰村乡辛关村在嘉庆以前就有筑坝淤地的经验;佳县仁家村的淤地坝有 160 年的历史;子洲县岔巴沟、米脂县马家铺有 80 年以前的坝地。光绪年间,山西省离石县郝家山村农民在娘娘庙沟筑坝 13 座,淤地 5.4 hm^2。咸丰三年(1853 年),柳林县贾家塬村贾本淳的祖父在该村盐土沟雇人修了四道坝,3～4 年就淤成 1.3 hm^2 坝地,以后逐年扩大到 4.7 hm^2,坝地小麦亩产 190 kg,谷子亩产 200 kg。光绪三年(1877 年)大旱,附近坡地颗粒未收,而贾家的坝地小麦仍亩产 140 kg,坝地丰产的事实曾轰动一时。1922年,当地有钱人家雇人修大坝,没钱人家采取以工换工修小坝,淤地坝在这一地区逐渐发展起来。

3.3.1.4 梯田

清代以前,黄河流域群众在长期生产实践中,为提高粮食产量,发展农业生产,对坡耕地进行加工改造,创造了梯田。梯田的形成包括两种途径:一是利用坡耕地的沟洫工程,沿等高线分布,开沟取土培埂于沟上或沟下缘,形成沟埂式的坡式梯田。二是山区农民在分户垦殖中,不同农户不同垦次之间,由于垦种能力的差异,自然留下地块塄坎,在岁岁等高耕作中因自上而下翻土、耙耱壅土、培埂淤垫,长此以往便形成台阶分明的梯田。历史上遗留下来的梯田,至民国时期在黄土阶地区的塬面上,丘陵沟壑区第三、第四副区的梁坡上,还有数百万亩。主要分布在陕西省长武、彬县、洛川、富县,甘肃省泾川、平凉、天水、定西,山西省洪洞、赵城、永济、夏县、孝义、汾阳等地。

据1957年黄委水保处调查,山西洪洞赵城一带山丘区保留的老梯田,距今已有500多年以上的历史。民国时期,曾在甘肃天水和陕西西安两个水土保持实验区进行过沟洫梯田小范围内试验和示范。新中国成立以后,修筑梯田已作为坡耕地治理的一项很重要的工程措施,在黄河流域各地得到大面积推广。20世纪50年代前期,黄土高原地区一般是修坡式梯田(沟埂梯田),后逐步修成水平梯田,这一时期主要是示范和号召阶段。至20世纪60年代和70年代,随着农业生产的发展,梯田建设出现了第一次高潮,规划设计和施工技术有许多创新,积累了不少宝贵经验,梯田的修筑质量和利用管护水平都不断提高,涌现了一批像高西沟、后印斗、对岔、大寨、郝家岭、安家坡、堡子沟等先进典型。到20世纪80年代中期和90年代初,随着农村经济体制改革的日趋完善和深入,梯田建设再次掀起了高潮,出现了年修筑3.3万 hm^2 和4.7万 hm^2 的高速度,这时机修梯田的技术已日趋完善,使梯田的标准和施工质量、效益都有了明显的进步。

3.3.1.5 蓄水工程

蓄水工程是通过在坡面修建水窖、涝池,拦蓄降雨所产生的坡面径流。既可防止水土流失,又可解决干旱山区人畜饮水和小型灌溉或微灌用水。经过多年的治理,黄土高原地区修建水窖、涝池等小型蓄水工程176万处。

1.水窖

水窖是黄土高原地区一种常见的集聚雨水、径流的形式,在黄河流域有悠久的历史。据宁夏《平原县志》记载,同心县预旺乡在元代以前就有水窖。据调查,甘肃省境内有明代时期的水窖,距今360多年,新中国成立后水窖发展较快。水窖一般分布在干旱或苦水地区,人畜饮水困难,每年要用大量劳力下沟或到外地运水,这些地区都有"吃水比吃油难"的现象。修建水窖一是可解决人畜饮水,二是可抗旱点浇穴灌,保苗增收,发展庭院经济。

目前,水窖主要分布在山西右玉—陕西定边—宁夏同心—甘肃定西—兰州一线附近的干旱苦水地区,其次为山西乡宁—陕西洛川—甘肃西峰—平凉一线附近地下水较深的黄土高原沟壑区及阶地区。1980年以前,有些地方集体修、集体用,管理不善,损坏严重。1980年农村实行联产承包责任制以后,修建水窖改为户修、户用、户管,发展很快,保存率也高。尤其是20世纪80年代中期,水窖工程在甘肃、宁南等地得到很大发展。甘肃省政府拨出专项资金,提出建设"121"工程的口号,即一户建两个水窖,处理100 m^2集流面积。

据 1985 年统计，黄土高原已建水窖 150 万眼，总容水量达 6 000 万 m^3，对人畜饮水、抗旱保收、保持水土均起到了积极作用。

2.涝池、塘坝

涝池、塘坝在黄河流域起源很早，西汉司马迁著的《史记 · 河渠书》中就有“禹陂九泽”。西周至春秋时期有蓄水的陂塘记载，《诗经 · 陈风 · 泽陂》中有“彼泽之陂，有蒲有荷”。宋代欧阳修著《唐书 · 地理志》中详列陕西关中、山西、河南等地陂塘。今陕西凤翔县城附近有一面积较大的涝池，称凤翔东湖，四周绿树成荫，环境优美，不仅蓄水为用，而且是群众游息场所。中华人民共和国成立后把涝池作为水土保持措施之一，大力推广，在高塬沟壑区和阶地区，还作为防治沟头前进的一项重要措施。甘肃省西峰市什社乡 1958 年涝池容量 2 000 多 m^3，供应 100 多户群众洗涤和建筑用水、200 多头牲畜饮用，天旱时 1~1.5 km 远的牲畜都赶来饮水。肖金乡涝池拦蓄一条 3 km 长的“胡同”道路集水，制止了沟头前进，并常年供应当地群众洗涤及牲畜饮水。1960 年 8 月 1~2 日西峰市南小河沟发生暴雨，塬面 280 个涝池和蓄水堰共蓄水 6.99 万 m^3，占塬面工程总拦蓄量的 78.8%；共拦泥 2 602 t，占塬面冲刷量的 7.4%，占塬面工程总拦泥量的 84.2%，涝池成了塬面蓄水工程的骨干。由于拦蓄了塬面径流，有效地制止了沟头前进，减少了沟谷侵蚀。

3.3.1.6 造林育林

古时，黄河中下游地区曾提出不少护林政策，对森林的合理利用，也建立了一定的制度。1950 年以来，国家和地方主管部门曾多次组织大规模造林育林，其中重大行动有 20 世纪 50 年代西北五省(区)青年造林、60 年代西北林业建设兵团造林、70 年代“三北”防护林建设、80 年代黄河沿岸青年防护林建设等。目前，黄河流域的造林育林工作已得到迅速发展。据各省(区)上报资料统计，截至 2005 年底，黄河流域营造水土保持林 946.13 万 hm^2。

此外，中华人民共和国成立后，黄河流域各省(区)在大力进行造林的同时，还积极开展了封山育林工作，取得了明显的成效，在涵养水源、保持水土、防风固沙，解决燃料，增加经济收入等方面，发挥了重要作用。

3.3.1.7 种草育草

远在 2 000 多年前，黄河流域就有以草养田的“草土之道”。当时种植的主要为苜蓿，一是喂马，二是观赏。而且苜蓿又能当蔬菜，灾荒之年可代粮食，还可肥田，所以很快由长安引种到塞北，遍及黄土高原。南北朝时，苜蓿已介入作物轮作的种植制度作为肥田之本。民国时期，已开始将种草作为水土保持措施，并进行草木樨、红豆草等优良牧草的引种试验和小面积推广。中华人民共和国成立初期，在甘肃天水一带广种草木樨，并改轮歇制为粮草轮作制。1952 年中央农业部委托天水水保站收购草木樨种子，发送黄河流域的陕西、青海、山西、山东、河南、内蒙古等省(区)试种推广，使草木樨的种植遍及全流域。20 世纪 60~70 年代，甘肃、内蒙古等省(区)还先后引进红豆草、沙打旺等优良牧草，在一定范围内推广。同时，还在风沙区和黄土丘陵沟壑区开展飞播种草。20 世纪 80 年代以来，黄河流域的人工种草发展较快，苜蓿、草木樨、沙打旺、红豆草等牧草，在流域各省(区)均有种植。截至 2005 年底，黄河流域累计人工种草 349.38 万 hm^2。

3.3.1.8 水土保持耕作措施

水土保持耕作措施,又称保水保土耕作法,主要是在坡耕地每年结合农事耕作,采取各类改变微地形、增加地面植物被覆、增加土壤入渗措施,提高土壤抗蚀性能,以保水保土、减轻土壤侵蚀、提高作物产量的耕作方法,在黄河流域部分地区有一定的推广面积。

古时,黄河流域的群众为抗旱保墒、肥地增产,先后创造了轮作、复种、深耕等措施,并创造了间作、套种、草田轮作等措施。这些措施分别具有改变微地形、增加地面被覆和改良土壤的功能,客观上起到保水保土的作用。民国时期,经一些专家倡导,开始进行试验和小范围推广。中华人民共和国成立后,黄河流域各地在继承古代传统耕措施的基础上,不断推广、改进,并创造许多新的保土耕作法。常见的有等高耕作、沟垄种植、蓄水聚肥改土耕作法等。

3.3.2 新技术在水土保持监测中的应用

随着项目建设单位对水土保持监测工作的重视,实施水土保持监测的开发建设项目越来越多,监测的技术和方法也越来越成熟,监测的成果质量比以前有很大提高。但是,就目前的一些监测方法而言,监测手段比较落后,工作效率低,监测野外工作量大,周期长,不能满足快速监测的需要,更不能适应水土保持监测自动化的发展趋势,因此很有必要研究总结分析,把一些用于常规测量的先进技术应用于开发建设项目监测,提高项目监测的精度和效率。经过初步试验和探讨,有以下技术可以用于开发建设项目监测:利用遥感技术可以快速监测项目建设前后土地利用动态变化;GPS 除能完成定位外,可以监测弃土弃渣体积、堆弃渣面积;三维激光扫描仪可以精确监测堆弃渣坡面、管线工程边坡的水土流失量;基于普通数码相机的摄影测量技术可以监测弃土弃渣、开挖量等指标。

3.3.2.1 遥感技术在开发建设项目监测中的应用

目前,遥感技术已广泛应用于农业、工业、国防、交通等各个领域,在水土保持上的应用也很广泛。例如,开展水土保持调查、土壤侵蚀普查等工作。随着遥感技术的发展,遥感影像的分辨率从几千米、几十米、几米、几分米到几厘米,形成影像金字塔,能满足不同监测对象需要。同时,遥感影像的价格也在不断降低。因此,利用遥感技术,可以大大提高开发建设项目监测的精度和效率。针对不同的开发建设项目使用的遥感信息源有一定差异,对于线性工程,一般线路较长,可以采用 2.5~5 m 分辨率的卫星影像。对于点状工程,面积较小,采用 1 m 左右分辨率的卫星影像,面积较大的可以采用 2 m 左右的卫星影像。尤其针对已经开展建设的开发建设项目,利用遥感存档数据,采取遥感资料与实地调查相结合的方法,确定项目区施工前原地貌的水土流失形式、水土流失面积、水土流失强度、水土流失分布等。通过项目建设前后影像对比,动态监测项目的水土保持情况。例如,在西霞院水利工程水土保持监测中,利用了分辨率 0.61 m 的 QuickBird 影像,在西安—延安铁路水土保持监测中,利用了 1 m 分辨率的 IKONOS 影像,取得了明显效果。

遥感监测的主要技术路线是:影像购置(尽量使用存档影像),以监测区地形图及区域的 DEM 为基础,利用遥感影像处理软件对影像进行纠正、调色等处理;通过外业调查,建立影像与实地的解译标志;依据解译标志针对影像提取土地利用及植被覆盖度信息,并建立相关矢量图层;利用 DEM 数据根据栅格数据空间分析获得坡度信息,并生成坡度矢量图层;结合土壤侵蚀分级指标,在已有三类信息的基础上,进行矢量图层叠加,并计算各划分单元的土壤侵蚀强度分级,同时统计得到各类土地利用面积。利用同样的方法,对项目实施完成的遥感影像进行处理,得到项目监测期末的各项数据,通过对比分析,计算各类监测指标,得到水土保持动态监测结果。

3.3.2.2 GPS技术在开发建设项目监测中的应用

GPS全球定位技术是目前最理想的空间对地、空间对空间、地对空间的定位技术系统。GPS定位技术已广泛应用于水土保持工程建设、水土流失监测和生态建设项目,取得了明显效果。但是,在开发建设项目监测中的应用尚处于探索阶段,通过挖掘GPS定位技术潜力,可以应用于开发建设项目水土流失面积、弃土弃渣量、水土流失速度等方面的监测。

面积监测:应用GPS中的RTK技术,一台基站架设在某已知点或明显地物点上,该作业点尽量设在作业区的中心位置。用流动站跟踪地类边界线,经室内处理,可得到精度比较高的地类三维现状图,计算面积,定期监测,将得到面积的变化量。一般利用手持GPS也可完成面积测量,而且操作相当方便,只是精度相对较低。

体积监测:将弃土弃渣区按一定网格划分,网格密度视精度要求而定,用GPS精确测量各网格交点的坐标,用计算机编辑生成数字地面模型,就可计算出精度比较高的体积量。

水土流失速度监测:通过监测区域内由于水土流失引起的侵蚀沟的变化监测侵蚀速度。用GPS的RTK实时动态定位技术,把GPS的基站放在已建立控制网的某已知点上,流动站沿侵蚀沟连续采集点的坐标,绘制出三维曲线。定期监测并比较变化情况。若用计算机处理,可以求得比较确切的变化量。

3.3.2.3 三维激光扫描仪在开发建设项目监测中的应用

三维激光扫描系统是利用发射和接收脉冲式激光的原理,以点云(大量高精度三维数据)的方式真实再现所测物体的彩色三维立体景观。在现场使用扫描仪对准欲测目标,内置的摄像机将电视图像发送到与扫描仪相连的笔记本电脑屏幕上,选定测量的范围和扫描分辨率后,按一下“扫描”键即可开始获取数据。扫描仪发出窄束激光脉冲依次扫过被测目标,利用测量每个激光脉冲从发出到碰到被测物表面再返回仪器所经过的时间来计算距离(无需反射镜),同时光学编码器记录每个脉冲的角度,每个点的原始位置就实时的被存储下来,从而形成内容丰富的电子数据库,通过随机后处理软件生成所需要的产品,而且景观中的每个点都有准确的三维坐标。目前,3D激光扫描仪主要是国外产品,主要有OKIO-II-200拍照式三维扫描仪、3rdTech的Deltaphere-3000、Cyra的HDS4500和HDS450、iQsun880、iQvolution、I-SiTEPty.Ltd的I-SiTE4400等。利用三维激光扫描仪可以监测微观监测区域水土流失信息、径流小区土壤侵蚀量快速监测、淤地坝坝址区数字地形图快速测量、开发建设项目弃土弃渣量快速监测等。

为了研究3D激光扫描仪在土壤侵蚀监测方面的应用方法,检验使用精度,在西峰水保站人工降雨基地进行了试验。使用的仪器为法国生产的IQSUN8803D激光扫描仪,利用Geomagic Qualify进行图层分析处理,Geomagic Studio和ArcGIS计算体积。通过扫描降雨前后的径流小区,对比两次数据,生成三维色谱图,色彩不同代表变化程度不同。也可自定义色谱分段,如绿色代表变化在5 mm内。D值表示三维变化值,D_x、D_y、D_z表示投

影到 x、y、z 三个方向上的值。在 ArcGIS 软件中计算体积，在利用 3D 激光扫描仪试验的同时，利用常规径流小区泥沙观测的方法，测量流入集流桶中的泥沙量，进行对比分析，分析结果基本上接近。

通过试验得出，完全可以应用三维激光扫描仪监测坡面土壤侵蚀量，并且当地表垂直方向变化大于 10 mm 时，测量精度最好。

3.3.2.4 红外测距仪监测取、弃土(渣)场

目前，一般的红外测距仪都可以测量所在点到目标物的斜距、水平距、角度和目标物的高度等值，因此可以用于测量开发建设项目中有关的宽度、长度、高度值，可以测量弃土弃渣占地、取土场、料场、施工场地的面积，同时可以监测弃土弃渣量的体积等。

测量宽度、长度、高度时，人站在有效范围内，用测距仪对准目标物直接测量就行。

测量面积时，要把被测物体概化成多边形，用测距仪一次对准各测点，闭合后就可测出面积值。

测量体积时，也要把被测物体概化成多面体，依次测量各点坐标，计算体积值。体积测量的精度相对低一点，但一般均可满足监测的需要。

随着开发建设项目的增多，今后开发建设项目水土保持监测的任务量越来越大，因此，必须研究探索新技术新手段，提高监测工作的效率和精度。通过研发与探讨，认为利用遥感技术、GPS 全球定位技术、三维激光扫描技术、基于普通数码相机的摄影测量技术等一些新技术新手段，完全可以用于开发建设项目水土保持监测，并且野外工作量小，监测精度高，是今后监测工作的发展方向。

第 4 章　水土保持工程建设

4.1　林草工程建设

4.1.1　水土保持生态工程的林草措施体系

4.1.1.1　水土保持生态工程林草措施体系的内容

水土保持林草措施体系,包含于林业生态工程,是水土保持生态工程的重要组成部分,其总体目标是在某一区域(或流域)建造以林草(包括乔木、灌木、草以及与之相关的农作物、经济作物等)植物群落为主体(有时也包括畜、禽、鱼等动物)的优质的、稳定的人工复合生态系统。水土保持生态工程丰富并扩展了传统水土保持林草措施的内涵与外延。主要内容如下:

(1)林草植物群落建造工程。这是把设计的林草按一定的时间顺序或空间顺序定植或安置在复合生态系统之中。

(2)立地(或生境)改良工程。水土保持生态工程一般在水土流失严重的非森林或非草地环境中建造。为了保证林草植物(包括作物)的正常生长发育,必须改良当地立地条件。例如改善造林立地条件的各类蓄水整地工程、径流汇集工程及风沙区的人工沙障,防止各类侵蚀的水土保持工程、地面覆盖保墒、吸水剂应用及低湿地排水工程等。目的在于为复合生态系统的建造提供一个良好的环境条件。在一些严重退化的立地条件下,若不采用环境改良或治理工程,将很难建造稳定的复合生态系统。

4.1.1.2　水土保持生态工程林草措施体系构成

水土保持生态工程林草措施体系指在一个自然地理单元(或行政单元)或一个流域、水系及山脉范围内,根据当地的环境资源条件、生态经济条件、土地利用状况,以及山、水、田、林、路、渠布局和牧场等基础设施建设情况,针对影响当地生产生活条件的水土流失特点和其他主要生态环境问题,在当前技术经济条件下,人工设计建造和改良的以水土保持林草生态系统为主体的、与其他水土保持生态工程相结合的、包括农业生态工程在内的一个有机整体。也就是说,按照总体布局,人工配置水土保持林、水源涵养林、草地与牧场防护林、农田防护林及生态修复等生态工程,与原有的天然林草及水土保持工程措施有机结合,在空间配置上错落有序,生态效益和经济效益相互补充、相得益彰,从整体上形成一个因害设防、因地制宜的综合体,以期达到自然、社会与经济共赢的预期目的。

4.1.2　林草工程设计基础

4.1.2.1　适地适树(草)

树种草种选择是水土保持林草措施设计的一项极为重要的工作,是工程建设成功与否的关键之一。树种草种选择的原则是定向培育和适地适树(草)。定向培育是人们根据社会、经济和环境的需求确定的,适地适树(草)则是指林草的生物学和生态学特性与立地(生境)条件相适应。适地适树(草)是树种草种选择的最基本原则。

1.立地类型(生境)划分

1)概念

(1)立地条件与立地类型。立地是指有林(草)和宜林(草)的地段,在农业和草业上常称为生境,在水土流失、植被稀少的地区,立地实际就是造林(种草)地。在某一立地上,凡是与林草生长发育有关的自然环境因子的综合都称为立地条件。为便于指导生产,必须对立地条件进行分析与评价,同时按一定的方法把具有相同立地条件的地段归并成类。同一类立地条件上所采取的林草培育措施及生长效果基本相近,我们把这种归并的类型称为立地条件类型,简称立地类型。立地类型划分有狭义与广义之分,狭义地讲,就是造林地的立地类型划分;广义上包括对一个区域立地的系统划分,包括立地区、立地亚区、立地小区、立地组、立地小组及立地类型等,在这个系统中立地类型是最基本的划分单元。

(2)立地因子与立地质量。

①立地因子:立地条件中的各种环境因子叫作立地因子。造林(草)地的立地因子是多样而复杂的,影响林草生长的立地因子也是多种多样的,概括起来包括三大类:物理环境因子,包含气候、地形和土壤(光、热、水、气、土壤、养分条件);植被因子,包含植物的类型、组成、覆盖度及其生长状况等;人为活动因子。

②立地质量:在某一立地上既定林草植被类型的生产潜力称为立地质量(生境质量),它是评价立地条件好坏的重要指标。立地质量包括气候因素、土壤因素及生物因素等。立地质量评价是划分立地类型的重要依据,它可对立地的宜林宜草性或潜在的生产力进行判断或预测。

2)立地因子分析

立地条件是众多立地因子的综合反映,立地因子对立地质量评价、立地类型划分具有十分重要的作用。

(1)物理环境因子。包括以下因素:

①气候:气候是影响植被类型及其生产力的控制性因子。大气候主要决定大范围或区域性植被的分布;小气候明显地影响种群的局部分布,是广义立地类型划分,即立地分类中大尺度划分的依据或基础。在狭义立地类型划分中不考虑气候因子。

②地形:包括海拔、坡向、坡度、坡位、坡形及小地形等,其直接影响与林草生长有关的水热因子和土壤条件,是立地类型划分的主要依据。地形因子稳定、直观,易于调查和测定,能良好地反映一些直接生态因子(小气候、土壤、植被等)的组合特征,比其他生态因子更容易反映林草生长的状况。如北方阳坡植被比阴坡植被生长差,低洼地植被比梁峁顶植被生长好等。

③土壤:包括土壤种类、土层厚度、土壤质地、土壤结构、土壤养分、土壤腐殖质、土壤酸碱度、土壤侵蚀度、各土壤层次的石砾含量、土壤含盐量、成土母岩和母质的种类等。土壤因子对林草生长所需的水、肥、气、热具有控制作用,它比较容易测定,综合反映性强,但

土壤的直观性差，绘制立地图比较困难。在我国，除平原地区外，一般不采用土壤单因子评价立地质量，而是结合地形因子联合评价立地质量。

④水文：包括地下水深度及季节变化、地下水的矿化度及其盐分组成、有无季节性积水及其持续期等。对于平原地区的一些造林地，水文因子起着很重要的作用，而山地的立地分类则一般不考虑地下水位问题。

(2)植被因子。植被类型及其分布综合反映大尺度的区域地貌和气候条件，在立地分类系统中它们主要作为大区域立地划分(立地区、立地亚区)的依据。在植被未受严重破坏的地区，植被状况特别是某些生态适应幅度窄的指示植物，可以较清楚地揭示立地小气候和土壤水肥状况，对立地质量具有指示作用。例如蕨菜生长茂盛指示立地生产力高；马尾松、茶树、映山红、油茶指示酸性土壤；披碱草、碱蓬、甘草、芦根等指示碱性土壤；白刺、獐毛、柽柳指示土壤呈碱性且含盐量高；黄连木、杜松、野花椒等指示土壤中钙的含量高；青檀、侧柏天然林生长的地方母岩多为石灰岩；仙人掌群落指示土壤贫瘠和气候干旱等。但在我国多数地方天然植被受破坏比较严重，用指示植物评价立地相对受限制。

(3)人为活动因子。它是指人类活动通过影响土地利用历史与现状，从而影响立地因子。不合理的人为活动，例如超采地下水、陡坡耕种、放火烧荒及长期种植一种作物(草或树)等导致土壤侵蚀、土地退化，立地质量下降。但因人为活动因子的多变性和不易确定性，在立地分类中，只作为其他立地因子形成或变化的原因进行分析，不作为立地类型划分的因子。

3)立地质量评价

立地质量评价的方法很多，归纳起来有三类：第一类是通过植被的调查和研究来评价立地质量，包括生长量指标(如蓄积量、产草量等)、立地指数法和指示植物法；第二类是通过调查和研究环境因子来评价立地质量，主要应用于无林区；第三类是用数量分析的方法评价立地质量，也就是将外业调查的各种资料用数量化方法进行处理，从而分析环境因子与林木(或草)之间的关系，然后对立地质量做出评价。最常用的评价方法是立地指数法，即以该树种在一定基准年龄时的优势木平均高或几株最高树木的平均高(也称上层高)作为评价指标。草地质量评价时多用产草量作为评价指标。

4)立地类型划分方法

立地类型划分就是把具有相近或相同生产力的立地划为一类，不同的则划为另一类；按立地类型选用树种草种，设计造林种草措施。通过对自然条件的地域分异规律及立地与林草生长关系的研究，正确划分立地类型，对林草生态工程建设具有重要意义。

立地类型划分一般采用主导因子法，即在复杂的立地因子中，分析确定起决定性作用的因子——主导因子。根据主导因子分级组合来划分立地类型，一般均可满足树种草种选择和制定造林种草技术措施的需要。常用的方法有按主导环境因子分级组合分类、生活因子分级组合和用立地指数来代替立地类型。对于林草植被稀少的水土流失地区，多采用按主导环境因子分级组合分类，后两者适用于林区、草原区和草地。下面以造林地立地划分为例说明，草地生境可参照划分。

(1)主导因子确定方法。主导因子的确定可以从两个方面着手。一方面是逐次分析各环境因子与植物必需的生活因子(光、热、气、水、养)之间的关系，找出对植物生长影响大的环境因子,作为主导因子;另一方面是找出植物生长的限制性因子,即处于极端状态时,有可能成为限制植物生长的环境因子,限制性因子一般多是主导因子,如干旱、严寒、强风、土壤pH值过高或过低及土壤含盐量过大等。把这两方面结合起来,综合考虑造林地对林木生长所需的光、热、水、气、养等生活因子的作用,采用定性分析与定量分析相结合的方法确定主导因子。

(2)按主导环境因子分级组合分类划分立地类型。此方法的特点是简单明了,易于掌握,因而在水土保持林草生态工程建设中广为应用。具体的划分方法是选择若干主导环境因子,对各因子进行分级,按因子水平组合编制成立地条件类型表,命名采用因子+级别(程度)的方法。

2.规范推荐的立地类型分类方法

通常的做法就是首先按工程所处自然气候区和植被分布带,确定基本植被类型区。基本植被类型区是根据气候区划和中国植被区划确定的,不同地区有不同的基本植被类型。根据《生态公益林建设导则》,可以分为以下几种:黄河上中游地区、长江上中游地区、三北风沙地区、中南华东(南方)地区、华北中原地区、东北地区、青藏高原冻融地区和东南沿海及热带地区。其中,黄河上中游地区范围和特点见表4-1。

表4-1 黄河上中游地区范围和特点

区域	范围	特点
黄河上中游地区	晋、陕、蒙、甘、宁、青、豫的大部或部分地区	世界上面积最大的黄土覆盖地区,因气候干旱少雨,加上过垦过牧,造成植被稀少,水土流失十分严重

4.1.2.2 树种或草种选择

树种、草种选择涉及内容很多,本书仅做概括性叙述,有关树种、草种选择的详细内容请参考《生态公益建设技术规程》《水土保持综合治理技术规范》《中国主要树种造林技术》和《林业生态工程学——林草植被建设的理论与实践》等。

1.树种选择

1)树种选择的原则

树种选择的原则有四个:第一是定向的原则,即造林树种的各项性状(经济与效益性状)必须定向地符合既定的培育目标要求,达到人工造林的目的,能够获得预期的经济或生态效益;第二是适地适树的原则,即造林树种的生态习性必须与造林地的立地条件相适应,造林地的环境条件能保障树种的正常生长发育;第三是稳定性的原则,即树种形成的林分应长期稳定,能够形成稳定的林分,不会因为一些自然因子或林分生长对环境的需求增加而导致林分衰败;第四是可行性原则,即经济有利、现实可行,在种苗来源、栽培技术、经营条件及经济效益等方面都是合理可行的。

2)树种选择要求

不同的林草生态工程(或林种)对树种的要求不同,以下仅就水土保持林要求做出说明。

(1)适应性强,能适应不同类型水土保持林的特殊环境,如护坡林的树种要耐干旱瘠薄(如柠条、山桃、山杏、杜梨及臭椿等),沟底防护林及护岸林的树种要能耐水湿(如柳树、柽柳及沙棘等)、抗冲淘等。

(2)生长迅速,枝叶发达,树冠浓密,能形成良好的枯枝落叶层,以截拦雨滴,避免其直接冲打地面,保护地表,减少冲刷。

(3)根系发达,特别是须根发达,能笼络土壤。在表土疏松、侵蚀作用强烈的地方,应选择根蘖性强的树种(如刺槐、卫矛、火炬树等)或蔓生树种(如葛藤等)。

(4)树冠浓密,落叶丰富且易分解,具有土壤改良性能(如刺槐、沙棘、紫穗槐、胡枝子、胡颓子等),能提高土壤的保水保肥能力。

3)树种选择方法

选择树种的程序和方法可概括为:首先按林草生态工程类型的培育目标,初步选择树种;据此,调查研究林草生态工程建设区或造林地段的立地性能,以及初选树种的生物学和生态学性状;然后按树种选择的四条原则选择树种。为了得出更可靠的有关树种选择的结论,可进行树种选择的对比试验研究,在生产上需凭借树种的天然分布及生长状况、人工林的调查研究、林木培育经验等确定树种选择方案。

2.草种选择

草种选择与树种选择相似,必须根据种草地的生境条件,主要是气候条件和土壤条件,选择适宜的草种,同时应做到生态效益与经济效益兼顾,也就是说选择草种必须做到能发芽,生长、发育正常,且经济合理。如有些草种,种植初期表现好,但很快就出现退化;一些草种虽生长很好,但管理技术要求高,投入太大,这都不能算正确的选择。当然草种选择也要注意其定向目标,培育牧草时应选用较好的立地,培育水土保持草地时可选用较差的立地。乔、灌、草结合时,应选择耐阴的草种。

草种选择的方法,一是调查现有草地(特别是人工草地)、草坪,获得草种生长状况的有关资料,如生物量、生长量和覆盖度等,通过比较分析,选择适宜的草种;二是通过试验研究,即在发展种草的地区,选择有代表性的地块,引进种植不同的草种,观察其生长情况,筛选出适宜的草种。由于草种生长周期短(树种引种周期很长),第二种方法也是经常采用的方法。

黄河中游黄土地区土壤瘠薄,气候干旱,雨量较少,冬春多风,夏季最高温度可达 40 ℃,冬季最低温度为-30 ℃,因此适宜种植耐寒、耐旱、耐瘠薄、抗逆性强的草种,如紫花苜蓿、草木犀、红豆草、毛叶苕子、野豌豆、沙打旺、无芒雀麦、羊茅、老芒麦及冰草等。南方地区,土壤肥力中等,气候温暖湿润,年降水量丰富,昼夜温差中等,冬季与夏季的温差比北方地区小,夏季最高温度可以高达 40 ℃,冬季最低温度低于-10 ℃,因此适宜种植的草种应具有中等耐寒力、适当耐旱,有一定的耐瘠薄能力,喜欢温暖湿润,有一定的抗逆能力,生长快,再生性强,产量高,割后恢复覆盖快,畜、禽、鱼爱吃或水土保持功能强等特点,如红三叶、白三叶、紫花苜蓿、草木犀、篙藤、黑麦草、鸡脚草、苏丹草及苇状羊茅等。南方的高山地区(海拔在 800~2 000 m 的山区),土壤肥力中等,气候温暖湿润,昼夜温差中等,冬夏温差也中等,夏季最高温度为 28~32 ℃,冬季最低温度为-10~12 ℃,年降水量大,一般为 1 500~1 800 mm,比北方地区多了几倍,适宜的草种有红三叶、白三叶、杂三叶、多年生黑麦草、鸡脚草及苇状羊茅等。

草坪草种的选择除注重其生物学特性外,还应注意其外观形态与草姿美观、植株低矮、绿叶期长、繁殖迅速容易等要求。

黄河上中游地区水土保持主要适宜树种、灌草种分别见表4-2、表4-3。

表4-2 黄河上中游地区水土保持主要适宜树种

区域	水土保持主要适宜树种
黄河上中游地区	油松、白皮松、华山松、樟子松、云杉、侧柏、旱柳、新疆杨、群众杨、河北杨、健杨、白榆、大果榆、杜梨、文冠果、槲树、茶条槭、山杏、刺槐、泡桐、臭椿、蒙椴、山杨、楸、槭树、白桦、红桦、山杨、青杨、桦树、麻栎、栓皮栎、苦楝、沙兰杨、毛白杨、黄连木、山茱萸、辛夷、板栗、核桃、油桐、漆树、香椿、四翅滨藜

表4-3 黄河上中游地区水土保持主要适宜灌草种

区域	主要灌木树种	主要草种
黄河上中游地区	绣线菊、虎榛子、黄蔷薇、狼牙齿、柄扁桃、沙棘、胡枝子、金银忍冬、连翘、麻黄、胡颓子、多花木兰、白刺花、山楂、柠条、荆条、黄栌、六道木、金露梅、酸枣、山皂角、花椒、枸杞、紫穗槐、山杏、山桃	黑麦草、茅尾草、早熟禾、驼绒藜、无芒雀麦、羊草、苜蓿、黄背草、白草、龙须草、沙打旺、冬棱草、小冠花

黄河上中游地区生产建设项目工程扰动土地主要适宜树(草)种见表4-4。

表4-4 黄河上中游地区生产建设项目工程扰动土地主要适宜树(草)种

区域	耐旱	耐水湿	耐盐碱	耐沙化(北方及沿海)、石漠化(西南)
黄河上中游地区	侧柏、柠条、沙棘、旱柳、柽柳、爬山虎	柳树、柽柳、沙棘、旱柳、刺柏	柽柳、四翅滨藜、柠条、沙棘、沙枣、盐爪爪	侧柏、刺槐、杨树、沙棘、柠条、柽柳、杞柳、沙打旺、草木犀

4.1.2.3 林草生态工程典型设计

林草生态工程典型设计包括造林典型设计、种草设计及各种复合工程类型的设计。它的目的是进行分类设计、简化设计,以便于计算种苗量和工程量,提高设计效率。林草典型设计应在外业调查的基础上,分析地貌、土壤、植被及水文等环境因子的分布变化规律,并进行立地类型划分,然后按立地类型、林种或工程类型及适生树种草种进行编制。每个典型设计要确定其适用的立地类型。一般一个立地类型有一个或数个不同树种的典型造林设计,也有一个树种的典型设计适用于两个以上的立地类型。所以,在一个地区内编制林草工程典型设计,应在前面附上立地类型相应的典型设计对照表。典型设计应做到适地适树、技术先进、简洁明了和直观实用。

林业生态工程典型设计主要包括树种、草种、林种或工程类型、树种组成(或草种混播类型或林草复合结构)、造林密度及株行距、整地方式和规格、整地季节、林草种植方法(造林种草方式)、种植季节、苗木或种子处理、栽植方式、幼林抚育措施及次数、种苗用量及其他材料用量(如浇水)以及特别需要说明的问题等,以下以造林典型设计为例说明。有关种草或草坪的典型设计可根据其特点、要求参照编制。

4.2　坝体防护工程建设

4.2.1　淤地坝工程

淤地坝是指在水土流失地区的沟道中兴建的以拦泥、淤地为主,兼顾滞洪的坝工建筑物。其主要作用是调节径流泥沙,控制沟床下切和沟岸扩张,减少沟谷重力侵蚀,防止沟道水土流失,减轻下游河道及水库泥沙淤积,变荒沟为良田,改善生态环境。淤地坝设计的主要任务是选择坝址位置,确定建筑物布置方案并进行必要的论证,确定建筑物的等别和设计标准,拟定建筑物的结构形式及尺寸,提出建筑材料、劳动力等需要量,编制工程概算,进行工程效益分析和经济评价。设计是淤地坝建设的关键环节,是坝系可行性研究的细化和落实,是工程招标和施工的依据。淤地坝设计主要是解决如何设计与建设等问题。

4.2.1.1　淤地坝分类

淤地坝按筑坝材料可分为土坝、石坝、土石混合坝等,按筑坝施工方式可分为碾压坝、水坠坝、定向爆破坝、浆砌石坝等。黄土高原淤地坝多数为碾压土坝和水坠坝,另有少数定向爆破坝。以下主要介绍淤地坝及其配套建筑物的设计。

4.2.1.2　淤地坝坝系工程布设

坝系是指以小流域为单元,合理布设骨干工程和淤地坝等沟道工程而形成的沟道工程防治体系。其目的是提高沟道整体防御能力,实现流域水土资源的全面开发和利用。

1.坝系工程布设原则

1)全面规划、统筹安排、利用水沙、淤地灌溉的原则

坝系工程布设应以小流域为单元,在综合治理的基础上,干支沟、上下游全面规划,统筹安排;以长期控制小流域洪水泥沙为主,结合防洪、保收、防碱治碱,充分利用水沙资源,发挥坝系滞洪、拦泥、淤地、灌溉、种植和养殖等多种效益。

2)大、中、小型淤地坝联合运用,充分发挥坝系整体功能的原则

合理布设控制性的大型淤地坝,大、中、小淤地坝相互配合,调洪削峰,确保坝系安全,与小水库、塘坝、引水用水工程等联合运用,保护沟道泉眼与基流,合理利用水资源,充分发挥坝系整体功能,保证坝地高产稳产。

3)大型淤地坝一次设计、分期加高、经济合理的原则

应充分考虑坝系工程建设的经济合理性,大型淤地坝可一次设计、分期加高,达到最终坝高。坝系其他工程也可根据流域实际情况、坝系运行管理等实施一次规划分期建设。分期加高时,应根据淤地坝变形规律及经济条件,经论证后确定加高部位、尺寸和方法,应注意与放水建筑物、溢洪道的协调。

2.建坝顺序

按照有利于合理利用水沙资源、发挥工程效益、保证防洪安全、合理安排工程建设投资与投劳的要求出发,因地制宜,统一规划,合理确定坝系工程的修建顺序。

(1)汇水面积小于1 km^2 的支沟,宜先下后上,先在沟口建坝,依次向上游推进。

(2)汇水面积在3~5 km^2 的支沟,应从上游向中下游依次建坝,其坝高和库容指标应依次加大。也可在中、下游同时修建中型淤地坝,待淤平逐步向上游推进,中上游应布设一座大型淤地坝,确保坝系安全。

(3)汇水面积大于5 km^2 的流域,应拟订两个以上方案,通过技术和经济比较后确定建设顺序。

(4)汇水面积大时,应首先考虑建设控制性的、安全可靠的骨干工程。

3.方案优选

坝系工程布设方案应进行多方案比较、优选,经分析论证后,择优确定。一个小流域建多少淤地坝,每个坝的规模多大,建在什么地段等,应根据沟壑密度、侵蚀模数、洪水、地形、地质条件等因素,结合坝系运用方式和当地经济发展需要合理确定。建坝密度可通过坝地面积与流域面积的比值来反映,黄土高原一般在1/10~1/20。

4.坝系工程布设方式

坝系布设应根据流域面积大小、地形条件、防洪安全、利用方式及经济技术上的合理性等因素确定。一般地,大型淤地坝应起到拦洪、缓洪、拦沙的作用,综合利用水沙资源,保护淤地坝、小水库和其他小型拦蓄工程的安全生产;淤地坝在沟道各干支沟均可布设,主要功能是拦泥淤地、种植作物;小水库主要修建在泉水露头的沟段,主要功能是蓄水利用。目前常见的布设方式有以下几种:

(1)大型淤地坝控制、水沙资源综合利用的方式;

(2)分批建坝、分期加高、蓄种相间的布设方式;

(3)一次成坝、先淤后排、逐坝利用的方式;

(4)坝体持续加高、增大库容、全拦全蓄的方式;

(5)上坝拦洪拦泥、下坝蓄清水、库坝结合的方式;

(6)清洪分治、排洪蓄清、蓄排结合的方式;

(7)引洪漫地、漫排兼顾的方式。

4.2.1.3 淤地坝建筑物组成及坝型选择

1.建筑物组成

淤地坝建筑物由坝体、放水工程、溢洪道组成;应在经济合理、一次设计、分期建设原则的指导下,合理选择淤地坝建设方案。黄土高原多年实际表明,初期建设时可采用以下三种方案:

(1)"三大件"方案,即由坝体、放水工程、溢洪道三部分组成,该方案对洪水处理以排为主,工程建成后运用较安全,上游淹没损失小。但工程量较大,工程建设、维修及运行费均较高。

(2)"两大件"方案,即包括坝体、放水工程,该方案对洪水泥沙处理以滞蓄为主,无溢洪道,库容大,坝较高,工程量大,上游淹没损失大,但石方和混凝土工程量小,工程总投资较小。此类工程一般有一定风险,库容和放水建筑物必须配合得当,保证在设计频率条件下的安全。

(3)"一大件"方案,即仅有坝体,该方案全拦全蓄洪水和泥沙,仅适用于集水面积较小的小型淤地坝。为了增加其安全性,一般坝顶布设浆砌石溢流口。

2.方案选择和工程规模

1)方案选择

淤地坝建筑物布设方案应根据自然条件、流域面积、暴雨特点、建筑材料、环境状况(如道路、村庄、工矿等)和施工技术水平等因素,考虑防洪、生产、水资源利用等要求,按有关规范合理确定。“三大件”方案适用于流域面积较大,下游有重要的交通设施、工矿或村镇等,起控制性的大型淤地坝;“两大件”方案适用于流域面积一般在3~5 km^2,坝址下游无重要设施,或者当地无石料,以滞蓄为主的情况。具体选择何种方案,需进行技术经济比较后确定。

2)工程规模

坝高与库容应通过水文计算确定,同时应综合考虑各方面的因素。应特别注意,对于沟深坡陡、地形破碎且局部短历时的暴雨,雨洪径流一般峰高量小,采用较大库容的办法,易取得较好的效果。

3.坝型选择

坝型选择应本着因地制宜、就地取材的原则,结合当地的自然经济条件、坝址地形地质条件以及施工技术条件,进行技术经济比较,合理选择。不同坝型特点和适用范围如表4-5所示。

表4-5 不同坝型特点和适用范围

坝型		特点	适用范围
均质土坝	碾压坝	就地取材,结构简单,便于维修加高和扩建;对土质条件要求较低,能适应地基变形;但造价比水坠坝要高,坝身不能溢流,需另设溢洪道。小型的碾压均质土坝可设浆砌石溢流口	黄土高原地区
	水坠坝	就地取材,结构简单,施工技术简单,造价较低;但建坝工期较长,对土料的黏粒含量有要求(一般要低于20%),且要有充足水源条件	黄河中游多沙粗沙区的陕、蒙、晋、甘的部分地区得到广泛应用
	定向爆破-水坠筑坝	就地取材,结构简单,建坝工期短,对施工机械和交通条件要求较低;但对地形条件和施工技术要求较高	黄河中游交通困难、施工机械缺乏、干旱缺水的贫困山区
土石混合坝		就地取材,充分利用坝址附近的土石料和弃渣;但施工技术比较复杂,坝身不能溢流,需另设溢洪道	晋、陕、豫三省的黄河干流和渭河干流沿岸,当地石料、土料丰富,适合修建土石坝
浆砌石拱坝		坝体较薄,轻巧美观,可节省工程量;但施工工艺较难,对地形、地质条件要求较高,施工技术复杂	适用于晋、陕、豫三省的黄河干流沿岸,当地沟床较窄,多为石沟库,石料丰富,砌筑拱坝条件优越

一般来说,当地材料是决定坝型的主要因素。当沟道两岸及河床均为岩石基础,石料

丰富,相对容易采集时,设计中多采用浆砌石重力坝或砌石拱坝;反之,土料丰富时多采用均质土坝。

从黄土高原近20年建设情况来看,碾压坝和水坠坝数量占到工程建设总数量的99%,而土石混合坝和浆砌石拱坝数量极少,只占到工程建设总数量的1%。定向爆破土坝和土石混合坝在极个别地区做过试验,因施工技术较难掌握,并有特殊的地形、地质条件要求,故目前尚未大范围推广。从我国近年的水库病险加固处理的情况看,水坠坝存在坝体密度低、有效应力低、运行中出现塌陷等问题,应加强坝身排水。浆砌石坝和碾压土石坝(心墙坝)从稳定和运行等多方面考虑都易于推广。

淤地坝以拦泥淤地为主,风险相对较小,但对于库容较大、淤积年限较长、初期以蓄水库运行的大型淤地坝,则应进行多方面研究比较后确定坝型。

4.2.1.4 调洪演算

当淤地坝建筑物组成为"一大件"工程时,全拦全蓄,一般标准较低,不参与调洪;当为"两大件"工程时,由于放水工程的泄洪量较小,调洪演算也不予考虑,滞洪库容只计算坝控流域面积内的一次暴雨洪水总量;当为"三大件"工程时,需要进行调洪演算,主要是计算溢洪道的下泄流量、洪水总量和泄洪过程线。

1.单坝调洪演算

单坝调洪演算按下列公式计算:

$$\left.\begin{aligned} q_p &= Q_p\left(1-\frac{V_z}{W_p}\right) \\ q_p &= Mbh_0^{1.5} \end{aligned}\right\} \tag{4-1}$$

式中 q_p——频率为 P 的洪水时溢洪道最大下泄流量,m^3/s;

Q_p——频率为 P 的设计洪峰流量,m^3/s;

V_z——滞洪库容,万 m^3;

W_p——频率为 P 的设计洪水总量,万 m^3;

M——溢流堰流量系数;

b——溢流堰底宽,m;

h_0——包含行进流速的堰上水头,m。

2.上游有淤地坝或者有其他建筑物泄洪的调洪演算

拟建工程上游有淤地坝泄洪,或者有其他泄洪建筑物泄洪时,其调洪演算按下式计算:

$$\left.\begin{aligned} q_p &= (q'_p + Q_{p\text{区间}})\left(1-\frac{V_z}{W'_p + W_p}\right) \\ q_p &= Mbh_0^{1.5} \end{aligned}\right\} \tag{4-2}$$

式中 q'_p——频率为 P 的上游工程最大下泄流量,m^3/s;

$Q_{p\text{区间}}$——区间面积频率为 P 的设计洪峰流量,m^3/s;

W'_p——本坝泄洪开始至最大泄流量的时段内,上游工程的下泄洪水总量,万 m^3;

W_p——区间面积频率为 P 的设计洪水总量,万 m^3;

其他符号意义同前。

以上单坝与上游有泄洪量的计算公式,前提条件是拟建淤地坝溢洪道堰顶和设计淤泥面高程相等,当不在同一高程时应进行必要的处理。

3.淤地坝淤积(拦泥)库容的确定

淤地坝淤积(拦泥)库容按下式计算:

$$V_{拦} = \overline{W}_{sb} \cdot N/\gamma_d \tag{4-3}$$

式中 $\overline{W}_{sb}$——坝址以上流域的多年平均输沙量,万 t/a;

$V_{拦}$——拦泥库容,万 m^3;

N——计划淤积年限,a;

γ_d——土的干密度,t/m^3。

4.2.1.5　淤地坝坝体设计

坝体设计主要是通过稳定分析、渗流计算、固结计算等,确定基本坝型。对于蓄水运用或坝高大于 30 m、库容大于 100 万 m^3 的淤地坝,坝体设计计算包括稳定分析、渗流计算、沉降计算。对于小型淤地坝可参照同类工程采用类比法设计。

淤地坝设计包括坝体基本剖面、坝体构造以及淤地坝配套建筑物设计等内容。

坝体的基本剖面为梯形,应根据坝高、建筑物级别、坝基情况及施工、运行条件等,参照现有工程的经验初步拟定,然后通过稳定分析和渗流计算,最终确定合理的剖面形状。

1.坝高确定

淤地坝库容由拦泥库容、滞洪库容组成,因此习惯上坝高由拦泥坝高、滞洪坝高加上安全超高确定,即

$$H = H_L + H_Z + \Delta H \tag{4-4}$$

式中 H——坝高,m;

H_L——拦泥坝高,m;

H_Z——滞洪坝高,m;

ΔH——安全超高,m。

1)拦泥坝高

淤地坝以拦泥淤地为主,坝前设计淤积高程以下为拦泥库容量,拦泥库容量对应的坝高(H_L)即拦泥坝高。拦泥坝高一般取决于淤地坝的淤积年限、地形条件、淹没情况等,应根据设计淤积年限和多年平均来沙量,计算出拦泥库容,再由坝高—库容曲线查出相应的拦泥坝高。

考虑坝库排沙时,拦泥库容的计算公式为

$$V_L = \frac{\overline{W}_{sb}(1 - \eta_s)N}{\gamma_d} \tag{4-5}$$

式中 $\overline{W}_{sb}$ ——坝址以上流域的多年平均输沙量,万 t/a;

η_s——坝库排沙比,可采用当地经验值;

N——设计淤积年限,大(1)型淤地坝取 20~30 年,大(2)型淤地坝取 10~20 年,中型淤地坝取 5~10 年,小型淤地坝取 5 年;

其他符号含义同前。

2)滞洪坝高

滞洪坝高即滞洪库容所对应的坝高。淤地坝为有效拦蓄泥沙,并结合洪水峰高量小的特点,多修建成高坝大库的"两大件"形式,库容组成除考虑拦泥库容外,一般还要考虑一次校核标准的洪水总量作为其滞洪库容。滞洪坝高 H_Z 的确定如下:当工程由"三大件"组成时,滞洪坝高等于校核洪水位与设计淤泥面之差,也即溢洪道最大过水深度;当工程为"二大件"时,滞洪坝高为设计淤泥面上一次校核洪水总量所对应的水深。

3)安全超高

为了保障淤地坝安全,校核洪水位之上应留有足够的安全超高,通常情况下淤地坝不能长期蓄水,因此不考虑波浪爬高。安全超高是根据各地淤地坝运用的经验确定的,设计时参考表 4-6。

表 4-6　碾压土坝安全超高参考值

坝高(m)	10~20	>20
安全超高(m)	1.0~1.5	1.5~2.0

淤地坝的设计坝高是针对坝沉降稳定以后的情况而言的,因此竣工时的坝顶高程应预留足够的沉降量。根据淤地坝建设的实际情况,碾压土坝坝体沉降量取设计坝高(三部分坝高之和)的 1%~3%,水坠坝较碾压坝沉陷量大,一般应按设计坝高的 3%~5%增加土坝的施工高度。

2.坝顶宽度确定

碾压土坝的坝顶宽度应根据坝高、施工条件和交通等方面的要求综合考虑后确定。当无交通要求时,按表 4-7 确定。

表 4-7　碾压土坝坝顶宽度

坝高(m)	10~20	20~30	30~40
碾压土坝坝顶宽度(m)	3	3~4	4~5

3.坝坡与马道

1)坝坡

坝坡坡度对坝体稳定以及工程量的大小均起到重要作用。碾压土坝的坝坡坡率选择可参考表 4-8,同时掌握以下原则:

(1)上游坝坡在汛期蓄水时处于饱和状态,为保持坝坡稳定,上游坝坡应比下游坝坡缓。

(2)黏性土料的稳定坝坡为一折线面,上部坡陡,下部坡缓,所以用黏性土料做成的坝坡,常沿高度方向分成数段,每段 10~20 m,从上而下逐段放缓,相邻坡率差值取 0.25。

(3)由粉土、沙、轻壤土修建的均质坝,透水性较大,为了保持渗流稳定,一般要求适当放缓下游坝坡。

表4-8　坝坡坡率

坝型	土料或部位	坡率		
		10~20 m	20~30 m	30~40 m
水坠坝	沙壤土 轻粉质壤土 中粉质壤土	2.00~2.25 2.25~2.50 2.50~2.75	2.25~2.50 2.50~2.75 2.75~3.00	2.50~2.75 2.75~3.00 3.00~3.25
碾压坝	上游坝坡 下游坝坡	1.50~2.00 1.25~1.50	2.00~2.50 1.50~2.00	2.50~3.00 2.00~2.50

注:水坠坝上下游坝坡一般采用相同坡率,冲填速度应控制在0.2 m/d左右,设计时可参考相关规范。

(4)当坝基或坝体土料沿坝轴线分布不一致时,应分段采用不同坡率,在各段间设过渡区,使坝坡缓慢变化。

(5)小型淤地坝坝坡坡率可采用类比法确定。

2)马道

马道又称戗台。土坝坝坡(主要是下游坡)常沿高程每隔10~15 m设置一条马道,马道宽为1~1.5 m。其作用是:拦截雨水、防止冲刷坝坡;便于进行坝体检修和观测;增加坝底宽度,有利于坝体稳定。马道一般设在坡度变化处。

4.坝顶、护坡与排水

1)坝顶

淤地坝一般对坝顶构造无特殊要求,可直接采用碾压土料,如兼作乡村公路,可采用碎石、粗砂铺坝面,厚度为20~30 cm。为了排除雨水,坝顶面应向两侧或一侧倾斜,做成2%~3%的坡度。

2)护坡

(1)土坝表面应设置护坡。护坡材料包括植物护坡、砌石护坡、混凝土或者混凝土框格与植物相结合护坡形式等,可因地制宜选用。

(2)护坡的形式、厚度及材料粒径等应根据坝的级别、运用条件和当地材料情况,经技术经济比较后确定。

(3)护坡的覆盖范围应符合以下要求:上游面自坝顶至淤积面,下游面自坝顶至排水棱体,无排水棱体时应护至坝脚。

3)坝坡排水

下游坝坡应设纵横向排水沟。横向排水沟一般每隔50~100 m设置一条,其总数不少于2条;纵向排水沟设置高程与马道一致并设于马道内侧,尺寸和底坡按集水面积计算确定。纵向排水沟应从中间向两端倾斜(坡度i=0.1%~0.2%),以便将雨水排向横向排水沟。坝体与岸坡连接处也必须设置排水沟。排水沟一般采用浆砌石、现浇混凝土或预制件拼装等。

4)坝体排水

坝体排水形式主要有棱体排水、贴坡排水和褥垫排水,可结合工程具体条件选定。

4.2.2 拦沙(砂)坝工程

4.2.2.1 拦沙(砂)坝定义及功能

1.拦沙坝

拦沙坝是在沟道中以拦截泥沙为主要目的而修建的横向拦挡建筑物,主要适用于南方崩岗治理,以及土石山区多沙沟道的治理。拦沙坝坝高一般在3~15 m,库容一般小于10万 m^3,工程失事后对下游造成的影响较小。拦沙坝的主要作用有拦蓄泥沙,减免泥沙对下游的危害,有利于下游河道的整治、开发;提高侵蚀基准面,固定沟床,防止沟底下切,稳定山坡坡脚;淤出的沙地可复垦作为生产用地。

拦沙坝不得兼做塘坝或水库的挡水坝使用。对于兼有蓄水功能的拦沙坝,应按小型水库进行设计;坝高超过15 m的按重力坝设计;用于泥石流防治的拦沙坝执行《泥石流拦沙坝设计规范》中的相关规定。

2.拦砂坝

拦砂坝是以拦蓄山洪泥石流沟道中固体物质为主要目的的拦挡建筑物,主要用于山洪泥石流的防治。多建在主沟或较大的支沟内,坝高一般大于5 m,拦砂量在0.1万~100万 m^3 以上,甚至更大。拦砂坝的主要作用是拦蓄泥沙(包括块石),调节沟道内水沙,以免除对下游的危害,便于下游河道的整治;提高坝址的侵蚀基准,减缓坝上游淤积段河床比降,加宽河床,减小流速,从而减小水流侵蚀能力;稳定沟岸崩塌及滑坡,减小泥石流的冲刷及冲击力,防止溯源侵蚀,抑制泥石流发育规模。

4.2.2.2 拦沙(砂)坝的坝型

1.按结构分类

(1)土石坝:指由当地土料、石料或混合料,经过抛填、碾压等方法堆筑成的挡水坝。

(2)重力坝:是依自重在地基上产生的摩擦力来抵抗坝后泥石流产生的推力和冲击力。其优点是:结构简单、施工方便、就地取材及耐久性强。

(3)切口坝:又称缝隙坝,是重力坝的变形。即在坝体上开一个或数个泄流缺口,有拦截大砾石、滞洪和调节水位关系等特点。

(4)拱坝:建在沟谷狭窄、两岸基岩坚固的坝址处。拱坝在平面上呈凸向上游的弓形,拱圈受压应力作用,可充分利用石料和混凝土很高的抗压强度,具有省工、省料等特点。但拱坝对坝址地质条件要求很高,设计和施工较为复杂,溢流孔口布置较为困难。

(5)格栅坝:具有良好的透水性,可选择性的拦截泥沙,还具有坝下冲刷小,坝后易于清淤等优点。格栅坝主体可以在现场拼装,施工速度快。格栅坝的缺点是坝体的强度和刚度较重力坝小,格栅易被高速流动的泥石流龙头和大砾石击坏,需要的钢材较多,要求有较好的施工条件和熟练的技工。

(6)钢索坝:采用钢索编制成网,固定在沟床上而构成。这种结构有良好的柔性,能消除泥石流巨大的冲击力,促使泥石流在坝上游淤积。这种坝结构简单、施工方便,但耐久性差,目前使用得很少。

2.按建材分类

1)砌石坝

(1)浆砌石坝属重力坝,多用于泥石流或山洪冲击力大的沟道,结构简单,是群众常用的一种坝型。断面一般为梯形,但为了减少泥石流对坡面的磨损,在确保坝体稳定的前提下,坝下游面也可修成垂直的。泥石流溢流的过流面最好做成弧形或梯形,在常流水的沟道中,也可修成复式断面。

(2)干砌石坝只适用于小型山洪沟道,也是群众常用的坝型。断面为梯形,坝体用块石交错堆砌而成,坝面用大平板或条石砌筑,施工时要求块石上下左右之间相互“咬紧”,不容许有松动、脱落的现象发生。

2)混合坝

(1)土石混合坝。当坝址附近土料丰富而石料不足时,可选用土石混合坝型。一般情况下,当坝高为5~10 m时,上游坡为1∶1.5~1∶1.75,下游坡为1∶2~1∶1.25,坝顶宽为2~3 m。

(2)木石混合坝。在木材来源丰富的地区,可选用木石混合坝。木石混合坝的坝身由木框架填石构成。为了防止上游坝面及坝顶被冲坏,常加砌石防护。

3)铅丝石笼坝

这种坝型适用于小型荒溪,在我国西南山区较为多见。其优点是修建简易、施工迅速及造价低;缺点是使用期短,坝的整体性也较差。

3.拦沙坝的坝型

拦沙坝主要采用土石坝、重力坝(包括混凝土重力坝、浆砌石重力坝)两种坝型。在南方崩岗地区拦沙坝大多采用土石坝坝型,其他土石山区拦沙坝多采用重力坝坝型。

4.2.2.3 拦沙坝布置

1.布置原则

(1)拦沙坝布置应因害设防,在控制泥沙下泄、抬高侵蚀基准和稳定边岸坡体坍塌的基础上,应结合后续开发利用。

(2)沟谷治理中拦沙坝宜与谷坊、塘坝等相互配合,联合运用。

(3)崩岗地区单个崩岗治理,应按“上截、中削、下堵”的综合防治原则,在下游因地制宜布设拦沙坝。

2.坝址与坝型选择

(1)坝址选择应遵循坝轴线短、库容大、便于布设排洪泄洪设施的原则。

(2)崩岗地区拦沙坝坝址应根据崩岗、崩塌体和沟道发育情况,以及周边地形、地质条件进行选择,包括在单个崩岗、崩塌体崩口处筑坝,或在崩岗、崩塌体群下游沟道筑坝两种型式。

(3)土石山区拦沙坝坝址应根据沟道堆积物状况、两侧坡面风化崩落情况、滑坡体分布、上游泥沙来量及地形地质条件等选定。

(4)拦沙坝坝型应根据当地建筑材料状况、洪水、泥沙量、崩塌物的冲击条件,以及地形地质条件确定,并进行方案比较。

(5)坝轴线宜采用直线。当采用折线形布置时,转折处应设曲线段。

(6)泄洪建筑物宜采用开敞式无闸溢洪道。重力坝可采用坝顶溢流;土石坝宜选择有利地形布设岸边泄水建筑物。

4.2.2.4 拦沙坝设计

1.坝高与拦沙量的确定

1)坝高确定

坝高等于坝顶高程与坝轴线原地貌最低点高程之差。拦沙坝坝高 H 应由拦泥坝高 H_L、滞洪坝高 H_Z 和安全超高 ΔH 三部分组成,拦泥坝高为拦泥高程与坝底高程之差,滞洪高为校核(设计)洪水位与拦泥高程之差,拦泥高程和校核洪水位高程由相应库容查水位—库容关系曲线确定。坝顶高程为校核洪水位加坝顶安全超高,坝顶安全超高值可取0.5~1.0 m。

2)拦沙量计算

(1)在方格纸上绘出坝址以上沟道纵断面图,并按洪水的回淤特点画出淤积线。

(2)在库区回淤范围内,每隔一定间距绘制横断面图。

(3)根据横断面的形状,计算出每个横断面的淤积面积。

(4)求出相邻两断面之间的体积。

2.坝体设计

以最常用的浆砌石重力坝为例说明。土石坝设计参考淤地坝。

1)断面轮廓尺寸的初步拟定

浆砌石拦沙坝一般建在坚固基岩上,断面形式多为梯形,根据拦沙坝坝高初拟坝顶宽度、坝底宽度以及上下游边坡等(见表4-9)。当坝址部位为松散的堆积层时,应加拦沙坝底宽,增加垂直荷重(运行中上游面的淤积物亦作为垂直荷重),以保证坝体抗滑稳定性。上下游坝坡与坝体稳定性关系密切,坝体抗滑稳定安全系数愈大,筑坝成本愈高。因此,应根据稳定计算结果确定。为降低水压力,可在坝内埋设一定数量的排水管,排水管可沿坝体高度方向分排布置,从坝后至坝前应设不小于3%的纵坡。

表4-9 浆砌石坝断面轮廓尺寸

坝高(m)	坝顶宽度(m)	坝底宽度(m)	坝坡	
			上游	下游
5	2.0	5.5	1:0	1:0.7
8	2.5	8.9	1:0	1:0.8
10	3. 0	12.0	1:0	1:0.9

2)稳定与应力计算

拦沙坝稳定与应力计算可参考挡渣墙,此处不再详述。

作用在坝上的荷载,按其性质分为基本荷载和特殊荷载两种。基本荷载有:①坝体自重;②淤积物重力;③静水压力;④相应于设计洪水位时的扬压力;⑤泥沙压力。特殊荷载有:⑥校核洪水位时的静水压力;⑦相应于校核洪水位时的扬压力;⑧地震荷载。

荷载组合分为基本组合和特殊组合。基本组合属设计情况或正常情况,由同时出现的基本荷载组成；特殊组合属校核情况或非常情况，由同时出现的基本荷载和一种或几种特殊荷载所组成。拦沙坝的荷载组合见表4-10。

表4-10　荷载组合

荷载组合	主要考虑情况	荷载					
		自重	淤积物重力	静水压力	扬压力	泥沙压力	地震荷载
基本组合	设计洪水位情况	①	②	③	④	⑤	—
特殊组合	核洪水位情况	①	②	⑥	⑦	⑤	—
	地震情况	①	②	③	④	⑤	⑧

注：表中数字序号为对应的荷载序号。

3）溢流口设计

（1）溢流口形状

溢流口形状一般多采用矩形，也有采用梯形的，边坡坡度为1:0.75~1:1。

（2）坝址处设计洪峰流量

坝址处设计洪峰流量即为溢洪道最大下泄流量。

（3）溢流口宽度

根据坝下的地质条件，选定单宽溢流流量q，估算溢流口宽度：

$$B = \frac{Q}{q} \tag{4-6}$$

式中　q——单宽溢流流量，$m^3/(s \cdot m)$；

Q——溢流口通过的流量，m^3/s；

B——溢流口的底宽，m。

（4）溢流口水深

$$Q = M \times B \times H_0^{1.5} \tag{4-7}$$

式中　Q——溢流口通过的流量，m^3/s；

B——溢流口的底宽，m；

H_0——溢流口的过水深度，m；

M——流量系数，通常选用1.45~1.55，溢流口表面光滑者用较大值，表面粗糙者用较小值，一般取1.50。

当溢流口为梯形断面，且边坡比为1:1时：

$$Q = (1.77B + 1.42H_0)H_0^{1.5} \tag{4-8}$$

根据上述公式进行试算，如水深过高或过低时，可调整底宽重新计算，直到满意。

（5）溢流口高度

$$H_0 = h_c + \Delta h \tag{4-9}$$

式中　Δh——安全超高，可取0.5~1.0 m；

其他符号含义同前。

4) 坝下消能与冲刷深度计算

(1) 坝下消能

一般采用护坦消能。适用于大流量的山洪,且坝高较大时采用,是坝下消能的重要措施。它是在主坝下游修建消力池来消能的。消力池由护坦和齿坎组成,齿坎的坎顶应高出原沟床 0.5~1.0 m,坎顶宽 0.3 m,齿坎到主坝设护坦,长度一般为 2~3 倍主坝高。

护坦厚度按经验公式估算:

$$b = \sigma\sqrt{q\sqrt{z}} \tag{4-10}$$

式中 b——护坦厚度,m;

q——单宽流量,$m^3/(s \cdot m)$;

z——上下游水位差,m;

σ——经验系数,取 0.175~0.2。

(2) 坝下冲刷深度估算

$$T = 3.9q^{0.5}\left(\frac{z}{d_m}\right)^{0.25} - h_t \tag{4-11}$$

式中 T——从坝下原沟床面起算的最大冲刷深度,m;

q——单宽流量,$m^3/(s \cdot m)$;

d_m——坝下沟床的标准粒径,mm,一般可用泥石流固体物质的 d_{90} 代替,以质量计,有 90%的颗粒粒径比 d_{90} 小;

h_t——坝下沟床水深,m;

其他符号含义同前。

4.2.3 滚水坝和塘坝工程

滚水坝和塘坝主要用于拦蓄山丘间的泉水和小洪水,通过壅高水位和汇集水量,以方便自流或抽水供水,供水对象可以是小型灌区,也可以是人畜饮水等。滚水坝和塘坝都应该进行水量平衡,并通过兴利调节计算确定工程规模。

4.2.3.1 滚水坝

1.滚水坝的布置

滚水坝的坝型主要为浆砌石坝和混凝土坝,通常情况下,因工程规模较小,常用浆砌石坝。滚水坝上游有取水建筑物时,应布置在岩基或稳定坚实的原状土基上。最终确定的坝址和坝型,应当综合考虑地形、地质、水源、建筑材料、建筑物布置等因素,经两个以上方案的技术和经济比较后确定。

2.死库容和死水位

滚水坝按下述公式确定死库容和死水位:

$$V_{死} = N(V_{淤} - \Delta V)/\gamma_d \tag{4-12}$$

$$V_{淤} = \frac{\overline{W}\eta F}{100\gamma_d} \tag{4-13}$$

式中 $V_{死}$—— 死库容,m^3;

N—— 淤积年限；

$V_{淤}$—— 年淤积量，m^3；

ΔV—— 年均排沙量，m^3；

γ_d——淤积泥沙干容重，可取 1.2~1.4 t/m^3；

$\overline{W}$——多年平均年侵蚀模数，$t/(km^2 \cdot a)$；

η——输移比，可根据经验确定；

F——流域集水面积，hm^2。

死库容确定后，可查水位—库容曲线求得死水位 $Z_{死}$。

3.兴利库容和正常蓄水位

（1）当根据多年平均来水量确定兴利库容时，兴利库容按下式计算：

$$V_{兴} = \frac{10h_0F}{n} \tag{4-14}$$

式中　$V_{兴}$——兴利库容，m^3；

h_0——流域多年平均径流深，mm；

n——系数，根据实际情况确定，取 1.5~2.0。

此时，由 $V_{死}$、$V_{兴}$之和查水位—库容曲线求得正常蓄水位 Z。

（2）由用水量确定滚水坝的兴利库容时，兴利库容可视具体情况按计算的总用水量的 40%~50%选定，正常蓄水位 Z 由 $V_{兴}$、$V_{死}$ 之和查水位—库容曲线求得。

4.滞洪库容和设计洪水位

滚水坝的调洪演算可用简化方法计算，假定来水过程线为三角形，滞洪库容可按下式计算：

$$q_{泄} = Q(1 - V_{滞}/W) \tag{4-15}$$

式中　$q_{泄}$——溢流坝段和放水建筑物最大下泄流量之和，m^3/s；

Q——校核洪峰流量，m^3/s；

$V_{滞}$——校核洪水条件下的滞洪库容，m^3；

W——校核洪水总量，m^3。

由上式求得滞洪库容后，由滚水坝库容曲线查算设计洪水位。

5.坝体设计

1）坝高、坝顶宽度

滚水坝的坝顶高程由校核洪水位 $Z_{校}$ 加坝顶安全超高确定，坝顶安全超高值采用 0.5~1.0 m。坝基的建基面根据坝址地质条件确定，当坝址区为岩基时，一般要挖除强风化层，使坝体座在弱风化层或以下，坝高由坝顶高程减去坝基建基面高程确定。

坝顶宽度应满足施工和运行期检修要求。有交通要求时，坝顶宽度宜按公路标准确定。

2）结构计算和荷载

滚水坝抗滑稳定和应力计算的方法同重力坝，当坝高低于 5 m 时，可适当简化。

荷载组合分为基本组合和特殊组合。常用的荷载及其组合见表 4-11，设计时根据具体情况对荷载进行取舍。抗滑稳定和应力计算的结果应当满足《水土保持工程设计规范》(GB 51018—2014)的相关规定。

表 4-11　滚水坝荷载组合表

荷载组合	主要考虑情况	荷载										说明
		自重	静水压力	扬压力	淤沙压力	浪压力	冰压力	地震荷载	动水压力	土压力	其他荷载	
基本组合	正常蓄水位情况	√	√	√	√	√				√	√	土压力根据坝体外是否有土石确定(下同)
	设计洪水位情况	√	√	√	√	√			√	√	√	
	冰冻情况	√	√	√	√		√			√	√	静水压力及扬压力按相应冬季库容水位计算
特殊组合	校核洪水位情况	√	√	√	√	√			√	√	√	
	地震情况	√	√	√	√	√		√			√	静水压力、扬压力和浪压力按正常蓄水位计算

注:1. 应根据各种荷载同时作用的实际可能性,选择计算中最不利的荷载组合。
2. 分期施工的坝应按相应的荷载组合分期进行计算。
3. 施工期的情况应进行必要的核算,作为特殊组合。
4. 地震情况,如按冬季及考虑冰压力,则不计浪压力。

6.滚水坝相关要求

(1)岸坡处理时,坝断面范围内岸坡应尽量平顺,不应处理成台阶状、反坡状。

(2)地基处理要满足渗透稳定和渗流量控制要求。

(3)导流建筑物度汛洪水重现期取1~3年;供设计和施工的地形图一般情况下为坝址区1∶1 000~1∶500地形图,库区1∶5 000~1∶2 000地形图。

(4)滚水坝泄洪主要靠溢流坝段,一般不设闸门。

(5)取水和放水设施结构尺寸除根据水力计算确定外,还应考虑检修的要求。

4.2.3.2　塘坝

1.塘坝的布置

塘坝坝体可以是土石坝,也可以是砌石坝和混凝土坝,其规模的确定和滚水坝相同,当坝体是砌石坝或混凝土坝时,稳定计算和应力计算方法和滚水坝相同。塘坝和滚水坝设计标准规定有区别,塘坝有设计和校核防洪标准,而滚水坝仅有设计防洪标准。

当坝体是土坝时,一般情况下塘坝由坝体、溢洪道和放水建筑物组成,此时,溢洪道尽量修建在天然垭口上，无天然垭口时，溢洪道布置在靠近坝肩处，放水建筑物则尽量布置在岩基或稳定坚实的原状土基上。

塘坝的坝址、坝型选择应当综合考虑地形、地质、水源、建筑材料、建筑物布置等因素，经技术和经济比较后确定，布置应力求紧凑，满足功能要求，节省工程量，并方便施工和运行管理。当坝址附近有数量充足的合格土料时，应当优先考虑选用土坝。

2.坝体设计

1）坝高确定

塘坝的坝顶高程由校核洪水位 $Z_{校}$ 加坝顶安全超高确定，坝顶安全超高值采用0.5~1.0 m。当坝址区为土基时，应进行表层腐殖土的清理，清理厚度视具体情况而定，常为0.5~1.0 m。坝高由坝顶高程减坝基的建基面高程确定。

2）坝顶宽度

坝顶宽度应满足施工和运行期检修要求。有交通要求时，路面宽度宜按公路标准确定。对于心墙坝或斜墙坝，坝顶宽度应满足心墙、斜墙和反滤过渡层的布置要求。

3）建筑物结构设计

塘坝坝体为土石坝时，坝体抗滑稳定计算工况和稳定安全系数应当满足《水土保持工程设计规范》（GB 51018—2014）的相关规定。

3.塘坝相关要求

（1）坝体是砌石坝和混凝土坝时，构造要求和滚水坝相同。

（2）坝体是土石坝时，要求如下：

①土石坝心墙顶部厚度不小于0.8 m，底部厚度不小于2.0 m；斜墙顶部厚度不小于0.5 m，底部厚度不小于2.0 m。心墙和斜墙防渗土料渗透系数不大于 1×10^{-5} cm/s。防渗体与坝基、岸坡或其他建筑物形成封闭的防渗系统，其顶部一般高出正常蓄水位0.3 m以上。

②反滤层的渗透性要大于被保护土，能通畅地排出渗透水流，使被保护土不发生渗透变形。同时反滤层还需耐久、稳定，不致被细粒土堵塞失效。

③迎水坡一般进行护坡，护坡形式可采用堆石、干砌块石、浆砌石，背水坡可采用碎石（卵石）或植物护坡。寒冷地区还应考虑防冻胀。

④岸坡处理时，坝断面范围内岸坡应尽量平顺，不应成台阶状、反坡或突然变坡；与防渗体接触的岩石岸坡不宜陡于1:0.5，土质岸坡不宜陡于1:1.5。

⑤土石坝地基处理时要满足渗流控制和允许沉降量等方面的要求。

⑥导流建筑物度汛洪水重现期取1~3年；供设计和施工的地形图一般情况下为坝址区1:1 000~1:500地形图，库区1:5 000~1:2 000地形图。

4.2.4　沟道滩岸防护工程

沟道滩岸防护工程主要是利用护地堤抵抗水流冲刷，控制沟岸侵蚀，保护农田。护地堤及沟道滩岸受风浪、水流作用可能发生冲刷破坏的堤段，应采取防护工程。防护工程可选用丁坝、顺坝和生态护岸的形式。

4.2.4.1 护地堤

1.工程布置及堤型选择

(1)护地堤堤线应与河势流向相适应,并与洪水主流线大致平行。堤线应力求平顺,各堤段平缓连接,不得采用折线或急弯,并应尽可能利用现有堤防和有利地形,修筑在土质较好、比较稳定的滩岸上,尽可能避开软弱地基、深水地带、古河道、强透水地基。

(2)一个河段的护地堤堤距(或一岸护地堤一岸高地的距离)应大致相等,不宜突然放大或缩小。护地堤堤距应根据地形、地质条件,水文泥沙特性,不同堤距的技术经济指标,综合分析确定,并应考虑滩区长期的滞洪、淤积作用及生态环境保护等因素,留有余地。

(3)护地堤的堤型应因地制宜、就地取材,根据地质、筑堤材料、水流和风浪特性、施工条件、运用和管理要求、环境景观、工程造价等因素,综合分析确定。

(4)护地堤的工程布置应尽可能少占农田、拆迁量少,有利于防汛抢险和工程管理,并应尽可能与道路交通、灌溉排水等工程相结合。

2.堤身设计

(1)护地堤堤身结构应经济实用、就地取材、便于施工、易于维护。一般可采用土堤或防洪墙结构。

(2)土堤堤身设计应包括确定堤身断面的填筑标准、堤顶高程、顶宽、边坡和护坡等。必要时应考虑防渗、排水等设施。

(3)土堤的填筑密度应根据堤身结构、土料特性、自然条件、施工机具及施工方法等因素,综合分析确定。

黏性土土堤的填筑标准应按压实度确定,护地堤压实度不应小于0.90。

无黏性土土堤的填筑标准应按相对密度确定,护地堤相对密度不应小于0.60。

(4)堤顶高程应按设计洪水位加堤顶超高确定。设计洪水位按国家现行有关标准的规定计算,堤顶超高应按以下公式计算确定:

$$Y = R + e + A \tag{4-16}$$

式中 Y——堤顶超高,m;

R——设计波浪爬高,m,可按《堤防工程设计规范》(GB 50286—2013)附录C计算确定;

e——设计风壅增水高度,m,可按《堤防工程设计规范》(GB 50286—2013)附录C计算确定;

A——安全加高,m,按表4-12确定。

表4-12 护地堤工程的安全加高值

护地堤工程的级别		1	2	3
安全加高值(m)	不允许越浪	0.5	0.4	0.3
	允许越浪	0.3	0.2	0.2

(5)土堤的堤顶宽度及边坡坡度应根据抗滑稳定计算确定,且顶宽不宜小于3 m。抗滑稳定计算可采用瑞典圆弧法或简化的毕肖普法,当堤基存在较薄软弱土层时,宜采用改

良圆弧法。计算方法参照相关方面的文献资料。抗滑稳定安全系数不应小于《水土保持工程设计规范》(GB 51018—2014)规定的数值。

堤路结合时,堤顶宽度及边坡的确定宜考虑道路的要求,并应根据需要设置上堤坡道。上堤坡道的位置、坡度、顶宽、结构等可根据需要确定。临水侧坡道,宜顺水流方向布置。

(6)土堤受限制的地段,宜采用防洪墙。防洪墙设计应包括确定堤身结构型式、墙顶高程、基础轮廓尺寸等,必要时应考虑防渗、排水等设施。

防洪墙可采用浆砌石、混凝土或钢筋混凝土结构。其墙顶高程确定方法与土堤堤顶高程确定方法相同,基础埋置深度应满足抗冲刷和冻结深度要求。

防洪墙应设置变形缝,浆砌石及混凝土墙缝距宜为10~15 m,钢筋混凝土墙宜为15~20 m。地基土质、墙高、外部荷载、墙体断面结构变化处,应增设变形缝,变形缝应设止水。

防洪墙应进行抗倾和抗滑稳定计算,计算方法参照相关文献资料。其安全系数不应小于《水土保持工程设计规范》(GB 51018—2014)规定的数值。

4.2.4.2 丁坝

1.丁坝的作用与种类

丁坝是由坝头、坝身和坝根三部分组成的一种建筑物,其坝根与河岸相连,坝头伸向河槽,在平面上与河岸连接起来呈"丁"字形,坝头与坝根之间的主体部分为坝身,其特点是不与对岸连接。

1)丁坝的作用

(1)改变山洪流向,防止横向侵蚀,避免山洪冲淘坡脚,降低山崩的可能性。

(2)缓和山洪流势,使泥沙沉积,并能将水流挑向对岸,保护下游的护岸工程和堤岸不受水流冲击。

(3)调整沟宽,迎托水流,防止山洪乱流和偏流,阻止沟道宽度发展。

2)丁坝的种类

丁坝可按建筑材料、高度、长度、透水性能及与流水所形成的角度进行分类。

(1)按建筑材料不同,丁坝可分为石笼丁坝、梢捆丁坝、砌石丁坝、混凝土丁坝、木框丁坝、石柳坝及柳盘头等。

(2)按高度不同,即山洪是否能漫过丁坝,丁坝可分为淹没丁坝和非淹没丁坝两种。

(3)按长度不同,丁坝分为短丁坝和长丁坝。

(4)按丁坝与水流所成角度不同,丁坝可分为垂直布置形式(正交丁坝)、下挑布置形式(下挑丁坝)、上挑布置形式(上挑丁坝)。

(5)按透水性能不同,丁坝可分为不透水丁坝和透水丁坝。

2.丁坝的设计与施工

由于山区沟道纵坡陡,山洪流速大,挟带泥沙多,丁坝的作用比较复杂,在设计丁坝之前,应对山区沟道的特点、水深、流速等情况进行详细的调查研究。

1)丁坝的布置

(1)丁坝的间距。丁坝的布置一般为丁坝群的方式。一组丁坝的数量要考虑以下几个因素:第一,视保护段的长度而定,一般弯顶以下保护的长度占整个保护长度的60%,

弯顶以上占40%;第二,丁坝的间距与淤积效果有密切的关系。间距过大,不能起到互相掩护的作用;间距过小,丁坝数量多,易造成浪费。

合理的丁坝间距,可通过以下两个方面来确定:

①应使下一个丁坝的壅水刚好达到上一个丁坝处,避免在上一个丁坝下游发生水面跌落现象,既充分发挥每一个丁坝的作用,又能保证两坝之间不发生冲刷。

②丁坝间距 L 应使绕过上一个坝头之后形成的扩散水流的边界线,大致达到下一个丁坝的有效长度 L_P 的末端,以避免坝根的冲刷。此关系一般如下:

$$\left.\begin{aligned} L_P &= \frac{2}{3}L_0 \\ L &= (2\sim3)L_P \quad (\text{凹岸段}) \\ L &= (3\sim5)L_P \quad (\text{凸岸段}) \end{aligned}\right\} \tag{4-17}$$

式中 L_0——坝身长度,m;

L_P——丁坝的有效长度,m;

L——丁坝间距。

丁坝的理论最大间距 L_{max},可按下式求得:

$$L_{max} = \cot\beta\,\frac{B-b}{2} \tag{4-18}$$

式中 β——水流绕过丁坝头部的扩散角(°);

B、b——沟道及丁坝的宽度,m。

(2)丁坝的布置形式。丁坝多设在沟道下游部分,必要时也可在上游设置。一岸有崩塌危险,对岸较坚固时,可在崩塌地段起点附近,修非淹没的下挑丁坝,将山洪引向对岸的坚固岸石,以保护崩塌段沟岸;对崩塌延续很长范围的地段,为促使泥沙淤积,多做成上挑丁坝组;在崩塌段的上游起点附近,则修筑非淹没丁坝。丁坝的高度在靠山一面宜高,缓缓向下游倾斜到丁坝头部。

(3)丁坝轴线与水流方向的关系。非淹没丁坝均应设计成下挑形式,坝轴线与水流的夹角以70°~75°为宜;而淹没丁坝则与此相反,一般都设计成上挑形式,坝轴线与水流的夹角为90°~105°。

2)丁坝的结构

丁坝的坝型及结构的选择,应根据水流条件、河岸地质及丁坝的工作条件,按照因地制宜、就地取材的原则进行选择。

(1)石丁坝:坝心用乱抛堆或块石砌筑。其适用于水深流急、石料来源丰富的河段,但造价较高,且不能很好地适应河床变形,常易断裂,甚至倒覆。表面用干砌石、浆砌石修平或用较大的块石抛护,其范围是上游伸出坝脚4 m,下游伸出8 m,坝头伸出12 m;其断面较小,顶宽一般为1.5~2.0 m,迎面、背面边坡系数均采用1.5~2.0,坝头部分边坡系数应加大到3~5。

(2)土心丁坝:此丁坝采用沙土或黏性土料作坝体,用块石护脚护坡,还需用沉排护底(即将梢料制成大面积的排状物)。

(3)石柳坝和柳盘头:在石料较少的地区,可采用石柳坝和柳盘头等结构形式。

3) 丁坝的高度和长度

丁坝坝顶高程按历年平均水位设计,但不得超过原沟岸的高程。在山洪沟道中,以修筑不漫流丁坝为宜,坝顶高程一般高出设计水位 1 m 左右。

丁坝坝身长度和坝顶高程有一定的联系,淹没丁坝可采用较长的坝身,而非淹没丁坝坝身都是短的。对坝身较长的淹没丁坝可将丁坝设计成两个以上的纵坡,一般坝头部分较缓,坝身中部次之,近岸(占全坝长的 1/6~1/10)部分较陡。

4) 丁坝坝头冲刷坑深度的估算

沟道中修建丁坝后,常形成环绕坝头的螺旋流,在坝头附近形成了冲刷坑。一般水流与坝轴线的夹角愈接近 90°,坝身愈长,沟床沙性愈大,坝坡愈陡,冲刷坑也愈深。冲刷深度可采用公式计算或根据经验确定。

水流平行于防护工程产生的冲刷深度可按以下公式计算:

$$\Delta h_B = h_p \times \left[\left(\frac{V_{cp}}{V_{允}}\right)^n - 1\right] \tag{4-19}$$

式中　Δh_B——局部冲刷深度,m;

h_p——冲刷处冲刷前的水深,m;

V_{cp}——平均流速,m/s;

$V_{允}$——河床面上允许不冲流速,m/s;

n——指数,与防护岸坡在平面上的形状有关,可取 $n=1/4$。

水流斜冲防护工程产生的冲刷深度可按以下公式计算:

$$\Delta h_p = \frac{23(\tan\frac{\alpha}{2})V_i^2}{\sqrt{1+m^2}\times g} - 30d \tag{4-20}$$

式中　α——水流流向与岸坡夹角(°);

Δh_p——从河底算起的局部冲刷深度,m;

m——防护建筑物迎水面边坡系数;

d——坡角处土壤计算粒径,cm,对非黏性土,取大于 15%(按质量计)的筛孔直径,对黏性土取表 4-13 中的当量粒径值;

g——重力加速度,m/s²;

V_i——水流的局部冲刷流速,m/s。

表 4-13　黏性土的当量粒径值

土壤性质	空隙比	干容重(kN/m³)	黏性土当量粒径(cm)		
			黏性土及重黏壤土	轻黏性土	黄土
不密实的	0.9~1.2	11.76	1	0.5	0.5
中等密实的	0.6~0.9	11.76~15.68	4	2	2
密实的	0.3~0.6	15.68~19.60	8	8	3
很密实的	0.2~0.3	19.60~21.07	10	10	6

水流的局部冲刷流速 V_i 的计算应符合下列要求：

(1)对滩地河床，V_i 可按以下公式计算：

$$V_i = \frac{Q_i}{B_i H_i} \times \frac{2\eta}{1+\eta} \tag{4-21}$$

式中 V_i——水流的局部冲刷流速，m/s；

B_i——河滩宽度，从河槽边缘至坡角距离，m；

Q_i——通过河滩部分的设计流量，m^3/s；

H_i——河滩水深，m；

η——水流流速分配不均匀系数，根据 α 按表 4-14 采用。

表 4-14　水流流速不均匀系数

α(°)	≤15	20	30	40	50	60	70	80	90
η	1.00	1.25	1.50	1.75	2.00	2.25	2.50	2.75	3.00

(2)对无滩地河床，V_i 可按以下公式计算：

$$V_i = \frac{Q}{W - W_p} \tag{4-22}$$

式中 V_i——无滩地河床局部冲刷流速，m/s；

Q——设计流量，m^3/s；

W——原河道过水断面面积，m^2；

W_p——河道缩窄部分的断面面积，m^2。

4.2.4.3 顺坝

顺坝坝身直接布置在整治线上，具有导引水流、调整河岸等作用。

1.土顺坝

土顺坝一般用当地现有土料修筑。坝顶宽度可取 2~4.8 m，一般为 3 m 左右；外坡边坡系数因有水流紧贴流过，不应小于 2，并设抛石加以保护；内坡边坡系数可取 1~1.5。

2.石顺坝

石顺坝一般用在河道断面较窄、流速比较大的山区河道，如当地有石料，可采用干砌石或浆砌石顺坝。

坝顶宽度可取 1.5~3.0 m，坝的边坡系数，外坡可取 1.5~2，内坡可取 1~1.5。外坡亦应设抛石加以保护。

对土顺坝和石顺坝，坝基如为细砂河床，都应设沉排，沉排伸出坝基之宽度，外坡不小于 6 m，内坡不小于 3 m。

顺坝因阻水作用较小，坝头冲刷坑较小，无需特别加固，但边坡系数应加大，一般不小于 3。

4.2.4.4 生态护岸

1.生态护岸形式

生态护岸是融现代水利工程学、生物科学、环境科学、生态学、美学为一体的水利工程，集防洪效应、生态效应、景观效应、自净效应于一体，代表着护岸技术的发展方向。现常用的生态护岸工程主要有原型植物护岸、天然材料护岸和复合材料护岸等。

原型植物护岸是采用本土树草种绿化岸坡,优点是纯天然,无污染,投资低廉,方便施工。缺点是沟坡抗冲刷能力差,且不能常年处于淹没状态,适用于沟岸缓、沟道比降小、滩岸较宽、汛期水流冲刷能力较弱的支毛沟。

天然材料护岸是利用木材或石材等天然材料,采用木桩或干砌石保护沟坡坡脚,在木桩或干砌石空隙间和顶部栽植本土树草种。该护岸形式较原型植物护岸提高了岸坡的抗冲刷能力,稳定性较好,但是建设投资较高。

复合材料护岸是利用人工新材料修筑的新型护坡形式,如生态袋护坡、格宾网护坡、高效三维网护坡、植物性生态混凝土护坡、土壤固化护坡等。复合材料护岸是一种利用新材料的护坡形式,具有较强的抗冲刷能力,但是建设及维护投资高,施工工艺较为复杂,适用于多数沟道。

2.一般要求

(1)为提高水土保持效果,宜采取木本和草本相结合的植物措施,宜优先选择乡土树(草)种。

(2)在水流条件和土质较好的区域,可采用固土植物护岸。依据岸坡土质覆20~30 cm壤土,采用挂网植草。

(3)在滩岸坡度较陡和水流条件较差的区域,可采用网石笼结构生态护岸,可选择网笼、木石笼等。

(4)在岸坡冲刷较轻且兼顾景观的区域可采用土工网垫固土种植、土工格栅固土种植及土工单元固土种植等土工材料复合种植护岸形式。由聚丙烯、聚乙烯等高分子材料制成的网垫、种植土和草籽组成。

(5)在有条件的地区,可采用预制的商品化生态护岸构件。

4.3　截排水防洪工程建设

开发建设项目在基建施工和生产运行中,由于损坏地面或未妥善处理弃土、弃石、弃渣,易遭受洪水危害的,都应布设防洪排导工程。根据洪水的不同来源和危害程度,分别采取不同的防洪排导工程,主要包括拦洪坝、排洪排水工程等。

防洪排导工程设计所需基本资料主要以收集和分析为主,辅以野外查勘。其中包括气象水文资料[主要含项目区所处气候带、气候类型、气温、风、沙尘等资料,地表水系,实测暴雨洪水资料,项目所在地省、市、自治区有关暴雨洪水计算图集(册)等],地形地质资料(主要含工程场址地形图、地质勘探资料等,地下水的类型及补给来源,地下水埋深、流向和流速,泉水出露位置、类型和流量等),工程场址所在河道有关设计洪水位及其他规划设计成果,以及主体工程设计相关资料和其他有关资料。

4.3.1　拦洪坝设计

4.3.1.1　拦洪坝的分类

拦洪坝主要用于拦蓄弃土(石、渣)场上游来水,并导入隧洞、涵、管等放水设施,项目区上游沟道洪水较大,排洪渠(沟)不能满足洪水下泄时,应在沟道中修建拦洪坝调洪。拦洪坝的坝型主要根据山洪的规模、地质条件及当地材料等确定,可采用土坝、堆石坝、浆砌石坝和混凝土坝等。

4.3.1.2 拦洪坝设计

1.坝址的选择

坝址的选择以满足拦洪效益大、工程量小和安全的要求为原则，一般应考虑以下几点：

(1)地形上要求河谷狭窄、坝轴线短，库区开阔，容量大，沟底比较平缓。

(2)坝址附近应有良好的建筑材料。

(3)坝址处地质构造稳定，两岸无疏松的坍土、滑坡体，断面完整，岸坡不大于60°。坝基应有较好的均匀性，其压缩性不宜过大。岩石要避免断层和较大裂隙，尤其要避开可能造成坝基滑动的软弱层。

(4)坝址应避开沟岔、弯道、泉眼，遇有跌水应选在跌水上游。

(5)库区淹没损失小，要尽量避开村庄、耕地、交通要道和矿井等设施。

2.水文计算与调洪演算

(1)拦洪坝的防洪标准宜与其下游渣场的设防标准相适应。

(2)设计洪水计算应符合防洪排导工程水文计算的规定。

(3)调洪演算应符合《水利工程水利计算规范》的规定，调洪过程原则上按照不大于相应防洪标准最大24 h暴雨的设计洪水。

3.拦洪库容

(1)拦洪坝总库容包括死库容和滞洪库容两部分。死库容根据坝址以上来沙量和淤积年限综合确定，一般按上游1~3年来沙量计算。滞洪库容根据校核洪水标准、设计洪水来水量与泄水建筑物泄洪能力经调洪演算确定。

(2)坝顶高程为总库容对应坝高加上安全超高。安全超高按表4-15确定。

表4-15 安全超高经验值

坝高(m)	10~20	>20
安全超高(m)	1.0~1.5	1.5~2.0

4.坝型选择

拦洪坝的坝型选择主要根据山洪的规模、地质条件、当地材料、施工技术、工期、造价等决定。按结构分，主要坝型有重力坝、拱坝；按建筑材料可分为砌石坝(干砌石坝和浆砌石坝)、混合坝(土石混合坝和土木混合坝)、混凝土坝等。

5.坝体设计

(1)土坝坝体设计参照《碾压式土石坝设计规范》(SL 274、DL/T 5395)，浆砌石坝坝体设计参照《砌石坝设计规范》(SL 25)执行。

(2)应力计算与稳定分析依照《碾压式土石坝设计规范》(SL 274、DL/T 5395)的有关要求及其附录提供的方法计算。碾压式土石坝应对运行期下游坝坡稳定性及上游库水位骤降时坝坡的稳定性进行验算。

6.基础处理

(1)根据坝型、坝基的地质条件及筑坝施工方式等，采用相应的基础处理措施。

(2)土坝基础处理参照《碾压式土石坝设计规范》(SL 274、DL/T 5395)，浆砌石坝基础处理参照《砌石坝设计规范》(SL 25)执行。

4.3.2 排洪排水工程设计

4.3.2.1 排洪排水工程的分类

排洪工程主要分为排洪渠、排洪涵洞、排洪隧洞等三类。

排洪渠主要指排洪明渠,一般采用梯形断面;按建筑材料分一般有土质排洪渠、石质衬砌排洪渠和三合土排洪渠等。项目区一侧或周边坡面有洪水危害时,应在坡面与坡脚修建排洪渠。各类场地道路以及其他地面排水,应与排洪渠衔接顺畅,形成有效的洪水排泄系统。

排洪涵洞按照洞身结构有管涵、拱涵、盖板涵、箱涵等几类。按建筑材料分一般有浆砌石涵洞、钢筋混凝土涵洞等;按水力流态分类,涵洞可分为无压力式涵洞、半压力式涵洞、压力式涵洞;按填土高度,涵洞分为明涵、暗涵,当涵洞洞顶填土高度小于 0.5 m 时称明涵,当涵洞洞顶填土高度大于或等于 0.5 m 时称暗涵。

排洪隧洞主要为排泄上游来水而穿山开挖建成的封闭式输水道。隧洞按洞内有无自由水面分为有压隧洞和无压隧洞;按流速大小分为低流速隧洞和高流速隧洞;有压隧洞按内水压力大小分为低压隧洞和高压隧洞。

当坡面或沟道洪水与道路、建筑物、弃渣场等发生交叉时,应采用排水涵洞或排水隧洞排洪。

排水工程主要包括山坡排水工程、低洼地排水工程和道路排水工程,沟、河道汇水采用排洪建筑物,坡面来水采用排水建筑物。

弃土弃渣场排水包括场外排水和场内排水,场外排水主要指河道、沟谷、弃土弃渣流域内的排水,场内排水为弃土弃渣本身含水(如疏浚工程放淤场排水)和场区坡面雨水排除。

弃渣场的排水建筑物设计应首先计算上游设计洪水及坡面洪水,按渣场布置复核渣场内和渣场外排水建筑物的排水能力,进行排水建筑物结构设计,视需要,还应进行消能设计。

4.3.2.2 排洪工程设计

1.防洪标准

排洪工程的防洪标准应根据《水利水电工程水土保持技术规范》(SL 575)的相关要求确定。

2.排洪渠

土质排洪渠:可不加衬砌,结构简单,取材方便,节省投资。适用于渠道比降和水流流速较小且渠道土质较密实的渠段。

衬砌排洪渠:用浆砌石或混凝土将排洪渠底部和边坡加以衬砌。适用于渠道比降和流速较大的渠段。

三合土排洪渠:排洪渠的填方部分用三合土分层填筑夯实。三合土中土、砂、石灰混合比例为6:3:1。适用于前两者之间的渠段。

1)排洪渠的布置原则

排洪渠在总体布局上应保证周边或上游洪水安全排泄,并尽可能与项目区内的排水系统结合起来。

排洪渠渠线布置宜走原有山洪沟道或河道。若天然沟道不顺直或因开发项目区规划要求,必须新辟渠线,宜选择地形平缓、地质条件较好、拆迁少的地带,并尽量保持原有沟道的引洪条件。

排洪渠道应尽量设置在开发项目区一侧或周边,避免穿绕建筑群,充分利用地形,减少护岸工程。

渠道线路宜短,减少弯道,最好将洪水引导至开发项目区下游或天然沟河。

当地形坡度较大时,排洪渠应布置在地势较低的地方;当地形平坦时宜布置在汇水面的中间,以便扩大汇流范围。

2)洪峰流量的确定

一般洪峰流量根据各地水文手册中的有关参数进行水文计算。

3)排洪渠设计

排洪渠一般采用梯形断面,根据最大流量计算过水断面,按照明渠均匀流公式计算:

$$Q = \frac{AR^{2/3}}{n}\sqrt{i} \tag{4-23}$$

式中 Q——需要排泄的最大流量,m^3/s;

R——断面水力半径,m;

i——排水渠纵坡;

A——过水断面面积,m^2;

n——粗糙系数,可按照表 4-16 确定。

表 4-16 排洪渠壁的粗糙系数参考值(n 值)

排洪渠过水表面类型	粗糙系数 n	排洪渠过水表面类型	粗糙系数 n
岩质明渠	0.035	浆砌片石明渠	0.032
植草皮明渠(v=0.6 m/s)	0.035~0.050	水泥混凝土明渠(抹面)	0.015
植草皮明渠(v=1.8 m/s)	0.050~0.090	水泥混凝土明渠(预制)	0.012
浆砌石明渠	0.025		

当排洪渠水流流速大于土壤最大允许流速时,应采用防护措施防止冲刷。防护形式和防护材料,应根据土壤性质和水流流速确定。排水渠排水流速应小于容许不冲流速,按照表 4-17 和表 4-18 或参照《灌溉与排水工程设计规范》(GB 50288)综合分析确定。

表 4-17 明渠的最大允许流速参考值

明渠类别	允许最大流速(m/s)	明渠类别	允许最大流速(m/s)
亚砂土	0.8	黏土	1.2
亚黏土	1.0	草皮护坡	1.6
干砌片石	2.0	混凝土	4.0
浆砌片石	3.0		

注:1. 明沟的最小允许流速不小于 0.4 m/s,暗沟的最小允许流速不小于 0.75 m/s。

2. 沟渠坡度较大,致使流速超过上表时,应在适当位置设置跌水及消力槽,但不能设于沟渠转弯处。

表4-18 最大允许流速的水深修正系数

水深 h(m)	<0.40	0.40~1.00	1.00~2.00	≥2.00
修正系数	0.85	1.00	1.25	1.40

根据渠线、地形、地质条件以及与山洪沟连接要求等因素确定排洪渠设计纵坡。当自然纵坡大于1:20或局部高差较大时,应设置陡坡式跌水。排洪渠的纵断面设计应将地面线、渠底线、水面线、渠顶线绘制在纵断面设计图中。

排洪渠断面变化时,应采用渐变段衔接,其长度可取水面宽度变化之差的5~20倍。

排洪渠进出口平面布置,宜采用喇叭口或八字形导流翼墙。导流翼墙长度可取设计水深的3~4倍。出口底部应做好防冲、消能等设施。

渠堤顶高程按明渠均匀流公式算得水深后,再加安全超高。排洪渠的安全加高可参考表4-19确定,在弯曲段凹岸应考虑水位壅高的影响。

表4-19 防洪(排洪,以防洪堤为例)建筑物安全超高参考值

防洪堤级别	1	2	3	4	5
安全加高(m)	1.0	0.9	0.7	0.6	0.5

排洪渠宜采用挖方渠道。梯形填方渠道断面,渠堤顶宽1.5~2.5 m,内坡1:1.5~1:1.75,外坡1:1~1:1.5,高挖(填)方区域应通过稳定计算确定合理坡比。

排洪渠弯曲段的轴线弯曲半径按照《城市防洪工程设计规范》(GB/T 50805)的规定执行,不应小于按下式计算的最小允许半径及渠底宽度的5倍。当弯曲半径小于渠底宽度的5倍时,凹岸应采取防冲措施。

$$R_{min} = 1.1v^2\sqrt{A} + 12 \tag{4-24}$$

式中 R_{min}——渠道最小允许弯曲半径,m;

v——渠道中水流流速,m/s。

3.排洪涵洞

浆砌石拱形涵洞:其底板和侧墙用浆砌块石砌筑,顶拱用浆砌粗料石砌筑。当拱上垂直荷载较大时,采用矢跨比为1/2的半圆拱;当拱上荷载较小时,采用矢跨比小于1/2的圆弧拱。

钢筋混凝土箱形涵洞:其顶板、底板及侧墙为钢筋混凝土整体框形结构,适合布置在项目区内地质条件复杂的地段,用于排除坡面和地表径流。

钢筋混凝土盖板涵洞:涵洞边墙和底板由浆砌块石砌筑,顶部用预制的钢筋混凝土板覆盖。

1)涵洞构造

圆管涵主要由进出水口(消力设施)、管身、基础、接缝及防水层等构成。

2)排洪涵洞的布置原则

排洪涵洞位置应符合沿线线形布设要求。当不受线形布设限制时,宜将涵洞位置选择在地形有利、地质条件良好、地基承载力较高、沟床稳定的河(沟)段上。排洪涵洞设计

前应对拟布设区域进行详细的外业勘察。

3)洪峰流量的确定

涵洞排洪流量计算方法参见排洪渠的洪峰流量确定。

4)排洪涵洞设计

涵洞的孔径应根据设计洪水流量、河沟断面形态、地质和进出水口河床加固形式等条件,经水力验算确定。

无压涵洞中水流流态按明渠均匀流计算。由于边墙垂直、下部为矩形渠槽,其过水断面面积和流速按以下公式计算:

$$A = bh \tag{4-25}$$

$$A = Q/v \tag{4-26}$$

式中 A——过水面积,m^2;

Q——最大排洪流量,m^3/s;

v——水流流速,m/s;

b——涵洞底宽,m;

h——最大水深,m。

涵洞高度由最大水深 h 加上不小于 0.3 m 超高确定。

当上游水位升高至使涵洞进口埋深在水面以下时,则沿整个洞身长度上全断面为水流所充满,整个洞壁上均作用有水流的内水压力,为涵洞的有压流状态。有压涵洞分自由出流和淹没出流两种。

常见的涵洞适用跨径应符合表 4-20 规定。

表 4-20 各类涵洞适用跨径参考值

构造形式	适用跨径(m)	构造形式	适用跨径(m)
钢筋混凝土管涵	0.75、1.00、1.25、1.50、2.00	石盖板涵	0.75、1.00、1.25
钢筋混凝土盖板涵	1.50、2.00、2.50、3.00、4.00、5.00	钢筋混凝土箱涵	1.50、2.00、2.50、3.00、4.00、5.00
钢波纹管涵		拱涵	

排洪涵洞的相关设计可参照《灌溉与排水渠系建筑物设计规范》(SL 482)执行。

4.排洪隧洞

1)布置原则及水力计算

排洪隧洞的布置及水力计算可参照《水工隧洞设计规范》(SL 279)的有关内容确定。

2)排洪隧洞设计

排洪隧洞的支护与衬砌设计可参照《水工隧洞设计规范》(SL 279)进行。

隧洞的衬砌形式包括锚喷衬砌、混凝土衬砌、钢筋混凝土衬砌和预应力混凝土衬砌(机械式或灌浆式)。根据防渗要求,隧洞衬砌结构设计可分为抗裂设计、限制裂缝开展宽度设计和不限制裂缝开展宽度设计。按不同防渗要求,衬砌结构的设计原则见表 4-21。

表 4-21　按防渗要求衬砌结构的设计原则

衬砌的防渗要求	计算控制条件	衬砌的设计原则
严格	衬砌结构中拉应力不应超过混凝土允许拉应力	抗裂设计
一般	衬砌结构裂缝宽度不应超过允许值	限制裂缝宽度设计
无	不计算裂缝宽度和间距,钢筋应力不应超过钢筋允许拉应力	不限制裂缝宽度设计

根据隧洞衬砌结构的不同,考虑隧洞的压力状态、围岩最小覆盖厚度、围岩分类、围岩承担内水压力的能力等 4 项因素,可按表 4-22 并通过工程类比选择隧洞衬砌形式。

表 4-22　岩洞衬砌形式选择

<table>
<tr><th rowspan="2">压力状态</th><th rowspan="2">设计原则</th><th rowspan="2">最小覆盖厚度要求</th><th rowspan="2">承担内水压能力</th><th colspan="3">围岩分类</th><th rowspan="2">说明</th></tr>
<tr><th>Ⅰ、Ⅱ</th><th>Ⅲ</th><th>Ⅳ、Ⅴ</th></tr>
<tr><td rowspan="3">无压</td><td>抗裂</td><td>—</td><td>—</td><td colspan="3">钢筋混凝土并加防渗措施</td><td>研究是否采用预应力混凝土</td></tr>
<tr><td>限裂</td><td>—</td><td>—</td><td colspan="2">锚喷、钢筋混凝土</td><td>钢筋混凝土</td><td>—</td></tr>
<tr><td>非限裂</td><td>—</td><td>—</td><td colspan="2">不衬砌、混凝土、锚喷</td><td>锚喷、钢筋混凝土</td><td>—</td></tr>
<tr><td rowspan="9">有压</td><td rowspan="3">抗裂</td><td rowspan="2">满足</td><td>具备</td><td colspan="2">预应力混凝土、钢筋混凝土并加防渗措施</td><td>预应力混凝土、钢板</td><td rowspan="3">钢筋混凝土并加防渗措施宜在低压洞使用</td></tr>
<tr><td>不具备</td><td colspan="3">预应力混凝土、钢板</td></tr>
<tr><td>局部不满足</td><td>—</td><td colspan="3">预应力混凝土、钢板</td></tr>
<tr><td rowspan="3">限裂</td><td rowspan="2">满足</td><td>具备</td><td colspan="2">锚喷、钢筋混凝土</td><td>钢筋混凝土</td><td rowspan="3">锚喷宜在低压洞使用</td></tr>
<tr><td>不具备</td><td colspan="3">钢筋混凝土</td></tr>
<tr><td>局部不满足</td><td>—</td><td colspan="3">钢筋混凝土、预应力混凝土</td></tr>
<tr><td rowspan="3">非限裂</td><td rowspan="2">满足</td><td>具备</td><td colspan="2">不衬砌、混凝土、锚喷、钢筋混凝土</td><td>锚喷、钢筋混凝土</td><td rowspan="3">不衬砌隧洞宜在Ⅰ、Ⅱ类围岩使用</td></tr>
<tr><td>不具备</td><td colspan="3">钢筋混凝土</td></tr>
<tr><td>局部不满足</td><td>—</td><td colspan="3">钢筋混凝土</td></tr>
</table>

4.3.3　灌溉(引水)渠

4.3.3.1　布置

灌溉(引水)渠是由水源点(泉水点、山塘或小型水库)至坡面工程开挖出的输水渠道,也可以将灌区末级渠道延伸至坡面工程。灌溉(引水)渠末端要与坡面顶部的截水沟相连,同时要与坡面内的排洪渠、蓄水工程连通,形成引蓄排灌联合运用的畅通系统。其线路应是灌溉(引水)渠高于供水区,布置在梯田(地)顶部或中部,以利于自流灌溉。

4.3.3.2　断面尺寸

灌溉(引水)渠断面的大小,是根据灌溉流量计算确定的,灌溉流量取决于农作物的灌溉定额和灌溉面积,水土保持坡面工程规模不大,一般能集中连片的面积为5~300 hm^2,相应的灌溉流量为0.01~0.3 m^3/s。由于设计流量小,断面尺寸也不大,为了方便施工,一般采用矩形断面,用浆砌块石建造,其断面尺寸由明渠均匀流公式计算。灌溉(引水)渠一般规格参考值见表4-23。

表4-23 灌溉(引水)渠一般规格参考值

设计流量 $Q(m^3/s)$	渠道比降 i	渠底宽度 $b(m)$	渠道高度 $h(m)$
0.02	1/1 000	0.3	0.4
	1/1 500	0.3	0.45
	1/2 000	0.3	0.5
0.05	1/1 000	0.4	0.5
	1/1 500	0.4	0.55
	1/2 000	0.4	0.6
0.1	1/1 000	0.5	0.65
	1/1 500	0.5	0.75
	1/2 000	0.5	0.8
0.15	1/1 000	0.6	0.7
	1/1 500	0.6	0.8
	1/2 000	0.6	0.85
0.2	1/1 000	0.7	0.75
	1/1 500	0.7	0.8
	1/2 000	0.7	0.9
0.25	1/1 000	0.8	0.75
	1/1 500	0.8	0.85
	1/2 000	0.8	0.95
0.3	1/1 000	0.9	0.8
	1/1 500	0.9	0.9
	1/2 000	0.9	1

在设定的条件下,计算出的渠道断面很小,一般渠底宽0.3~0.9 m,渠道水深0.3~1.0 m,超高0.1 m。侧墙系M7.5浆砌块石,顶宽0.4 m,底宽0.4~0.6 m。渠道底板,岩基用C15混凝土,厚0.15 m;土基用M7.5浆砌块石,厚0.3 m。

4.4 支毛沟治理

4.4.1 支毛沟治理工程的分类

支毛沟治理工程主要适用于我国北方山地区、丘陵区、高塬区和漫川漫岗区以及南方部分沟蚀严重地区。支毛沟治理工程主要有沟头防护、谷坊、削坡、垡带、秸秆填沟和暗管排水等。

4.4.2 沟头防护工程

沟头防护工程是指为了制止坡面暴雨径流由沟头进入沟道或使之有控制地进入沟道,从而制止沟头前进,保护地面不被沟壑切割破坏的工程。沟头防护工程适用于我国北方山地区、丘陵区、高塬区和漫川漫岗区等沟壑发育、沟头前进危害严重地区。

4.4.2.1 工程类型、布设原则和设计标准

1.工程类型

沟头防护工程分为蓄水型与排水型两类。应根据沟头以上来水量情况和沟头附近的地形、地质等因素,因地制宜地选用。

(1)当沟头以上坡面来水量不大,沟头防护工程可以全部拦蓄时,采用蓄水型工程。如降水量小的黄土高原多以蓄水型工程为主。

(2)当沟头以上坡面来水量较大,蓄水型防护工程不能完全拦蓄或由于地形、土质限制不能采用蓄水型工程时,应采用排水型沟头防护工程。

(3)降水量大的地区,当沟头溯源侵蚀对村镇、交通设施构成威胁时,多采用排水型沟头防护工程。

2.布设原则

(1)沟头防护工程布设应以小流域综合治理措施总体布设为基础,与谷坊、淤地坝等沟壑治理措施互相配合,以达到全面控制沟壑发展的效果。

(2)沟头防护工程布设在沟头上方有坡面天然集流槽、暴雨径流集中泄入及引起沟头剧烈前进的位置。

(3)当坡面来水除集中沟头泄水外,还有分散径流沿沟边泄入沟道时,应在布设沟头防护工程的同时,围绕沟边布设沟边埂,共同制止坡面径流冲刷。

(4)当沟头以上集水区面积较大(10 hm^2 以上)时,应布设相应的治坡措施与小型蓄水工程,以减少地表径流汇集沟头。

3.设计标准

根据《综合治理技术规范》,沟头防护工程的设计标准为10年一遇3~6 h最大暴雨。根据各地不同降雨情况,分别采取当地最易产生严重水土流失的短历时、高强度暴雨。实际上,参照水工程设计标准沟头防护工程设计标准可采用5~10年一遇24 h最大降雨,也可根据工程经验确定。

4.4.2.2 沟头防护工程设计

1.蓄水型沟头防护工程设计

1)蓄水型沟头防护工程的形式

(1)围埂式。在沟头以上3~5 m处,围绕沟头修筑土埂拦蓄上面来水,制止径流进入沟道。当来水量(W)大于蓄水量(V)时,如地形条件允许可布置一道至多道围埂,每一道围埂可以采用连续或断续式,若采用断续式则上下应呈“品”字形排列。

(2)围埂蓄水池式。当沟头来水量(W)大于围埂蓄水量(V)时,单靠一至二道围埂不能全部拦蓄,且无布置多道围埂的条件时,在围埂以上附近低洼处修建蓄水池,拦蓄部分坡面来水,配合围埂,共同防止径流进入沟道,蓄水池位置必须距沟头10 m以上。此种形

式适用于黄土高原沟壑区的塬边沟头或道路处。

(3)围埂与其他工程结合式。在集流面积不大,沟头上部呈扇形、坡度比较均一的农田边沿,可采用围埂林带式,即在围埂与沟沿线之间的破碎地带种植灌木,围埂内侧种植10 m宽的乔灌混交林;在集流面积不大,沟床下切不甚严重的宽梁缓坡丘陵区,采用沟埂片林式,即在沟头筑围埂,沟坡和沟头成片栽种灌木林(沙棘、柠条、沙柳),此种形式在内蒙古的伊克昭盟砒砂岩区广泛应用。

2)蓄水型沟头防护工程设计

(1)来水量按下式计算:

$$W = 10KRF \tag{4-27}$$

式中 W——来水量,m^3;

F——沟头以上集水面积,hm^2;

R——10年一遇3~6 h最大降雨量,mm;

K——径流系数。

(2)围埂蓄水量按下式计算:

$$V = L\left(\frac{HB}{2}\right) = L\frac{H^2}{2i} \tag{4-28}$$

式中 V——围埂蓄水量,m^3;

L——围埂长度,m;

B——回水长度,m;

H——埂内蓄水深,m;

i——地面比降。

(3)围埂断面与位置。围埂断面为土质梯形断面,尺寸应根据来水量具体确定,一般埂高0.8~1.0 m,顶宽0.4~0.5 m,内、外坡比各约为1:1。围埂位置应根据沟头深度确定,一般沟头深10 m以内的,围埂位置距沟头3~5 m。

2.排水型沟头防护工程设计

1)排水型沟头防护工程的形式

(1)跌水式。当沟头陡崖(或陡坡)高差较小时,用浆砌块石修成跌水,下设消能设施,水流通过跌水进入沟道。

(2)悬臂式。当沟头为垂直陡壁,陡崖高差达3~5 m时,用木制水槽(或陶瓷管、混凝土管)悬臂置于土质沟头陡坎之上,将来水挑泄下沟,沟底设消能设施。

2)排水型沟头防护工程设计

(1)设计流量按下式计算:

$$Q = 278KIF \times 10^{-6} \tag{4-29}$$

式中 Q——设计流量,m^3/s;

I——10年一遇1 h最大降雨强度,mm/h;

F——沟头以上集水面积,hm^2;

K——径流系数。

(2)建筑物组成。跌水式沟头防护建筑物由进水口(按宽顶堰设计)、陡坡(或多级跌水)消力池及出口海漫等组成。悬臂式沟头防护建筑物由引水渠、挑流槽、支架及消能设施组成。

(3)跌水式排水沟头防护工程设计可参照淤地坝设计中的陡坡段设计。

4.4.2.3　施工

1.蓄水型沟头防护工程施工

(1)围埂式沟头防护。根据设计要求,确定围埂(一道或几道)位置、走向,作好定线;沿埂线上下两侧各宽 0.8 m 左右清基,主要清除地面杂草、树根及石砾等杂物;开沟取土筑埂,分层夯实,埂体干容重达 1.4~1.5 t/m^3。沟中每 5~10 m 修一小土埂防止水流集中。

(2)围埂蓄水池式沟头防护。围埂施工同上,蓄水池则根据设计蓄水池的位置、形式和尺寸,放线开挖。

2.排水型沟头防护工程施工

(1)跌水式沟头防护工程可参照淤地坝陡坡段施工技术要求执行。

(2)悬臂式沟头防护工程施工要求如下:

①挑流槽置于沟头上地面处,应先挖开地面深 0.3~0.4 m,长宽各约 1.0 m,埋一木板或水泥板,将挑流槽固定在板上,再用土压实,并用数根木桩铆固在土中,保证其牢固。

②用木料作挑流槽和支架时,木料应做防腐处理。木料支架下部扎根处,采用浆砌料石,石上开孔,将木料下部插于孔中,固定。扎根处必须保证不因雨水冲蚀而动摇;浆砌块石支架,应做好清基,尺寸为 0.8 m×0.8 m~1.0 m×1.0 m,逐层向上缩小。

③消能设施(筐内装石)要先向下挖深,然后放进筐石。

4.4.2.4　工程管护

(1)汛前检查维修,保证安全度汛;汛后和每次较大暴雨后,派人到沟头防护工程巡视,发现损毁,及时补修。

(2)围埂后的蓄水沟及其上游的蓄水池,如有泥淤积,应及时清除,以保持其蓄水量。

(3)沟头、沟边种植保土性能强的灌木或草类,并禁止人畜破坏。

4.4.3　谷坊

谷坊工程,又名闸山沟、砂土坝、垒坝阶,其坝高一般为 2~5 m,主要作用是巩固并抬高沟床,制止沟底下切,同时也稳定沟坡、制止沟岸扩张(沟坡崩塌、滑塌、泻溜等)。谷坊适用于有沟底下切危害的沟壑治理地区。

4.4.3.1　工程类型、布设原则和设计标准

1.工程类型

根据谷坊的建筑材料分土谷坊、石谷坊和植物谷坊三类。土谷坊由填土夯实而成,适用于土质丘陵区;石谷坊由浆砌石或干砌石砌筑而成,适用于石质或土石山区;植物谷坊,通称柳谷坊,由柳桩和编柳篱内填土或填石而成。

2.布设原则

(1)谷坊工程布设应以小流域综合治理措施总体布设为基础,与沟头防护工程、淤地坝等沟壑治理措施互相配合,以达到全面控制沟壑发展的效果。

(2)谷坊工程在制止沟蚀的同时,尽可能利用沟中水土资源发展林果牧生产,做到除

害与兴利并举。

(3)谷坊工程主要修建在沟底比降较大(5%~10%或更大)、沟底下切剧烈发展的沟段。比降特大(15%以上)或其他原因不能修建谷坊的局部沟段,应在沟底修水平阶、水平沟造林,并在两岸开挖排水沟,保护沟底造林地。

(4)沟道治理一般采取谷坊群的布设形式,层层拦挡。谷坊布设间距遵循"顶底相照"的原则,即上一谷坊底部高程与下一谷坊的顶部(溢流口)高程齐平。

3.设计标准

谷坊工程的设计标准为10~20年一遇3~6 h最大暴雨,根据各地降雨情况,分别采用当地最易产生严重水土流失的短历时、高强度暴雨。

4.4.3.2 谷坊工程设计

1.谷坊布设

(1)谷坊群布置。通过沟壑情况调查,选沟底比降大于5%~10%的沟段,用水准仪(或水平仪)测出其比降,绘制沟底比降图(纵断面图)。根据沟底比降图,按"顶底相照"原则从下而上系统地布设谷坊群,初步拟定每座谷坊位置。

(2)坝址选择。坝址选择条件为:"口小肚大",工程量小,库容大;沟底与岸坡地形、地质(土质)状况良好,无孔洞或破碎地层,没有不易清除的乱石和杂物;取用建筑材料(土、石、柳桩等)比较方便。

(3)谷坊间距。下一座谷坊与上一座谷坊之间的水平距离按下式计算:

$$L = \frac{H}{i - i'} \tag{4-30}$$

式中 L——谷坊间距,m;

H——谷坊底到溢水口底高度,m;

i——原沟床比降(%);

i'——谷坊淤满后的比降(%),即不冲不淤比降(见表4-24)。

表4-24 谷坊淤满后的不冲不淤比降

淤积物	粗砂(夹石砾)	黏土	黏壤土	砂土
比降(%)	2.0	1.0	0.8	0.5

2.土谷坊设计

(1)坝体断面尺寸。应根据谷坊所在位置的地形条件,参照表4-25执行。

表4-25 土谷坊坝体断面尺寸

坝高(m)	顶宽(m)	底宽(m)	迎水坡比	背水坡比
2	1.5	5.9	1:1.2	1:1.0
3	1.5	9.0	1:1.3	1:1.2
4	2.0	13.2	1:1.5	1:1.3
5	2.0	18.5	1:1.8	1:1.5

注:1. 坝顶作为交通道路时按交通要求确定坝顶宽度。

2. 在谷坊能迅速淤满的地方迎水坡比可采取与背水坡比一致。

（2）溢洪口。设在土坝一侧的坚实土层或岩基上，上下两座谷坊的溢洪口尽可能左右交错布设。当沟深小于3.0 m，且两岸是平地的沟道，坝端没有适宜开挖溢洪洪口的位置时，土坝高度应超出沟床0.5～1.0 m，坝体在沟道两岸平地上各延伸2～3 m，并用草皮或块石护砌，使洪水从坝的两端漫至坝下土地或转入沟谷，水流不得直接回流至坝脚处。

（3）设计洪峰流量。计算设计标准时的洪峰流量。

（4）溢洪口断面尺寸。采用明渠式溢洪口按明渠流公式，通过试算得出。

$$A = \frac{Q}{V} \tag{4-31}$$

$$A = (b + mh)h \tag{4-32}$$

式中　A——溢洪口断面面积，m^2；

Q——设计洪峰流量，m^3/s；

V——相应的流速，m/s；

b——溢洪口底宽，m；

h——溢洪口水深，m；

m——溢洪口边坡系数。

流速按谢才公式计算。

3.石谷坊设计

（1）石谷坊形式。有以下两种：阶梯式石谷坊和重力式石谷坊。

①阶梯式石谷坊。一般坝高2～4 m，顶宽1.0～1.3 m，迎水坡1∶1.25～1∶1.75，背水坡1∶1.0～1∶1.5，过水深0.5～1.0 m。一般不蓄水，坝后2～3年淤满。

②重力式石谷坊。一般坝高3～5 m，顶宽为坝高的0.5～0.6倍（为便利交通），迎水坡1∶0.1，背水坡1∶0.5～1∶1。此类谷坊在巩固沟床的同时，还可蓄水利用，需做坝体稳定分析。

（2）溢洪口尺寸。石谷坊溢洪口一般设在坝顶，采用矩形宽顶堰公式计算：

$$Q = Mbh^{\frac{3}{2}} \tag{4-33}$$

式中　Q——设计流量，m^3/s；

b——溢洪口底宽，m；

h——溢洪口水深，m；

M——流量系数，一般采用1.55。

4.植物谷坊设计

（1）多排密植型。在沟中已定谷坊位置，垂直于水流方向，挖沟密植柳杆（或杨杆）。沟深0.5～1.0 m，杆长1.5～2.0 m，埋深0.5～1.0 m，露出地面1.0～1.5 m。每处（谷坊）栽植柳杆（或杨杆）5排以上，行距1.0 m，株距0.3～0.5 m。埋杆直径5～7 cm。

（2）柳桩编篱型。在沟中已定谷坊位置，打4～5排柳桩，桩长1.5～2.0 m，打入地中0.5～1.0 m，排距1.0 m，桩距0.3 m；用柳梢将柳桩编织成篱；在每两排篱中填入卵石（或块石），再用捆扎柳梢盖顶；用铅丝将前后2～3排柳桩联系绑牢，使之成为整体，加强抗冲能力。

4.4.3.3 施工

1.土谷坊施工

(1)定线、清基、挖结合槽:根据规划测定的谷坊位置(坝轴线),按设计的谷坊尺寸,在地面画出坝基轮廓线;将轮廓线以内的浮土、草皮、乱石及树根等全部清除;沿坝轴线中心从沟底至两岸沟坡开挖结合槽宽深各0.5~1.0 m。

(2)填土夯实:填土前先将坚实土层深松3~5 cm,以利于结合。每层填土厚0.25~0.3 m,夯实一次;将夯实土表面刨松3~5 cm,再上新土夯实,要求干密度为1.4~1.5 t/m^3。如此分层填筑,直到设计坝高。

(3)开挖溢洪口,并用草皮或砖石砌护。

2.石谷坊施工

(1)定线、清基、挖结合槽。土沟床施工与土谷坊的土床施工工艺相同。岩基沟床应清除表面的强风化层。基岩面应凿成向上游倾斜的锯齿状,两岸沟壁凿成竖向结合槽。

(2)砌石。根据设计尺寸,从下向上分层垒砌,逐层向内收坡,块石应首尾相接,错缝砌筑,大石压顶。要求料石厚度不小于30 cm,接缝宽度不大于2.5 cm。应做到"平、稳、紧、满"(砌石顶部要平,每层铺砌要稳,相邻石料要靠紧,缝间砂浆要灌饱满)。

3.柳谷坊施工

(1)桩料选择和埋桩:按设计要求的长度和桩径,选生长能力强的活立木;按设计深度打入土内,注意桩身与地面垂直,打桩时勿损伤柳桩外皮,牙眼向上,各排桩位呈"品"字形错开。

(2)编篱与填石:以柳桩为经,从地表以下0.2 m开始,安排横向编篱。与地面齐平时,在背水面最后一排桩间铺0.1~0.2 m厚的柳枝,桩外露枝梢约1.5 m,作为海漫。各排编篱中填入卵石或块石,靠篱处填大块,中间填小块。编篱及其中填石顶部做成下凹弧形溢水口。

(3)填土:编篱与填石完成后,在迎水面填土,高与厚各约0.5 m。

4.4.3.4 工程管理

(1)汛后和较大暴雨后,及时到谷坊现场检查,发现损毁等情况,及时补修。

(2)坝后淤满成地,应及时种植喜湿、耐淹和经济价值较高的用材林、果树或其他经济作物。

(3)柳谷坊的柳桩成活后,可利用其柳枝,在谷坊上游淤泥面上成片种植柳树,形成沟底防冲林,巩固谷坊治理成果。

4.4.4 削坡

削坡措施主要适用于东北黑土区和南方崩岗区。东北黑土区布设在沟坡较陡(坡角>35°)且植被较少,或沟坡不规整、破碎的侵蚀沟;南方崩岗区布设条件是崩壁高且陡,崩口四周有一定削坡余地,通过削坡治理才能达到稳定坡面。削坡形式主要有直线形、折线形两种,大型侵蚀沟可采取阶梯形削坡,削坡设计见其他相关文献。

4.4.5 埂带护沟

埂带护沟适用于东北黑土区,治理分布在低洼水线的侵蚀沟。对侵蚀沟进行修坡整形后,在沟底每隔一定距离横向砌筑 1 条活草垡带(根据需要由沟底到沟沿可逐渐窄些),插柳种草水保效果更好,春秋两季都可实施(见图 4-1)。

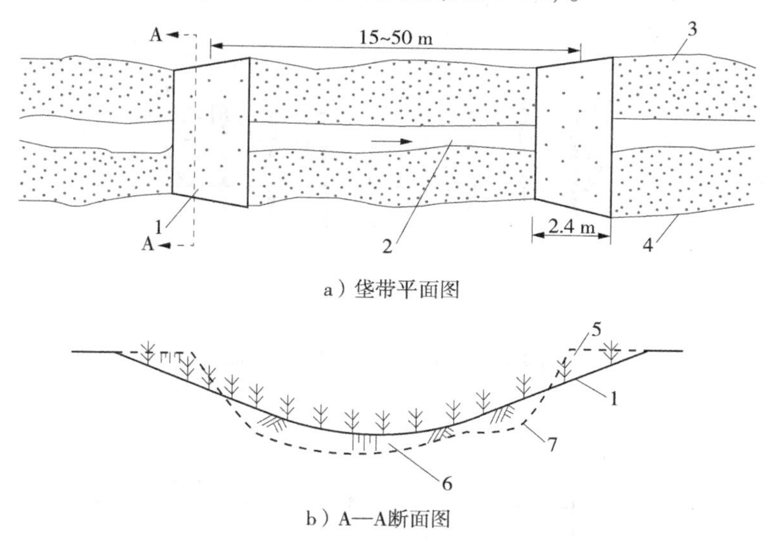

1—垡带;2—沟底;3—沟坡;4—沟边;5—挖方;6—填方;7—原沟坡线。

图 4-1　垡带护沟示意图

(1)剥离表土,沟道整形:先用推土机将沟边的表土推至一旁,将生土推向沟底,使 V 形沟形成宽浅式 U 形沟,回填的生土要达到原沟深的 2/3,再将表土回填、铺匀,并碾压夯实。

(2)开挖沟槽,砌筑垡带:从沟头开始每隔 15~50 m,沿横向用推土机在沟底推(挖)出沟槽,沟槽长为 U 形沟宽,宽约 2. 4 m(推土机铲宽),深约 0. 35 m。

沟槽内砌筑垡块,砌筑前必须夯实底土,相邻垡块错缝砌筑。垡块规格:长约 0. 35 m,宽约 0. 2 m,厚约 0. 2 m。垡块面覆土 2~5 cm,并充填垡块之间的空隙,用土压实垡带边缘。垡块要随挖随砌,确保草垡的成活。

(3)插柳种草,植物覆盖:在垡带间的空地及垡块上插植柳条、种草,插柳密度 2 株/m^2,撒播草籽 50 kg/hm^2,形成林草防冲带,以达到固持沟底、防止冲刷的目的。

4. 4. 6　秸秆填沟

秸秆填沟是对侵蚀沟进行削坡整形后,在沟底铺秸秆捆,覆盖表土,沿横向挖沟筑埂,提高地表水下渗能力。用于治理分布在坡耕地里,且沟深大于 1 m 的侵蚀沟,见图 4-2~图 4-4。

4. 4. 6. 1　工程设计

(1)削坡整形:侵蚀沟削坡整形,使沟底、沟坡形状规整,坡角为 70°左右。

(2)打木桩:木桩间距约 0. 5 m,桩顶距离地面大于 0. 5 m,桩埋入地下约 0. 5 m,两排木桩距离 10~15 m。

(3)秸秆捆:秸秆捆为机械打捆,材料为麦秸、玉米秸或水稻秸,用耐腐尼龙绳捆扎。

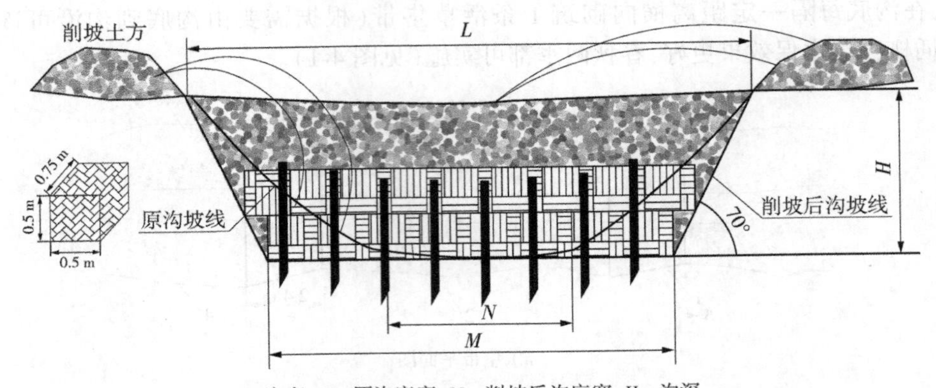

L—沟宽;N—原沟底宽;M—削坡后沟底宽;H—沟深。

图 4-2　秸秆填沟设计图(剖面图)

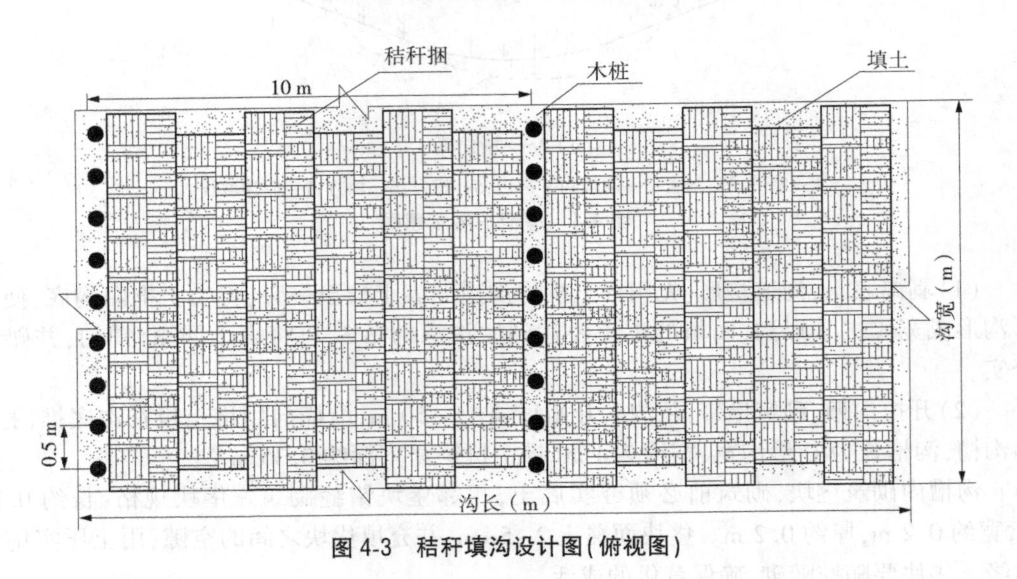

图 4-3　秸秆填沟设计图(俯视图)

秸秆捆规格:长×宽×高=0.75 m×0.5 m×0.5 m(可根据实际情况调整)。

(4)覆土:秸秆捆上覆盖表土不小于 0.5 m(或耕作土壤)。

(5)截水埂(沟):沿沟横向挖沟修筑土埂(下筑埂),埂间距 30~50 m,埂顶宽 0.3 m,高 0.3,边坡 1:1;截水沟深 0.3 m,底宽 0.2 m,沟底铺滤料,边坡 1:1。

4.4.6.2　施工

1.削坡整形

对侵蚀沟进行削坡整形,坡角为 70°左右,土方堆放于沟边。

2.打木桩

沿沟底横向打木桩,每排桩间隔 10~15 m,桩长 1~1.5 m,直径 50~70 mm,埋入地下 0.5 m 左右,桩距 0.5 m。

3.铺设秸秆捆

将秸秆捆沿沟底铺设,相邻两排、上下层(铺设 2 层以上)之间秸秆捆呈“品”字形交

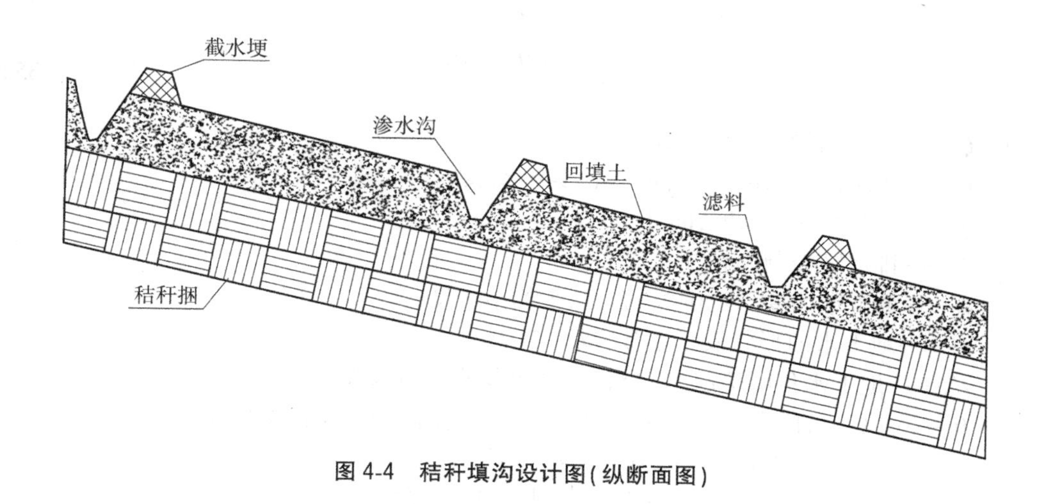

图4-4　秸秆填沟设计图(纵断面图)

错排列,秸秆捆距离地面不小于0.50 m。

4.覆土

秸秆捆平铺沟底后,将削坡土平铺在秸秆捆上面,表层覆耕作土,覆土厚不小于0.5 m。由于秸秆的透水性好,坡面径流下渗暗排,可减少表层耕作土壤流失,提高耕地利用率。

5.挖沟筑埂

沿沟每隔一定距离横向挖沟修筑土埂(截水埂),沟在埂的上游,拦截上游来水,沟底为滤料,使拦截的水快速下渗。

4.4.7　暗管排水工程

沟道上游汇水面积大,坡面径流量大,且流速快,汇流难以在短时间内排除,易产生侵蚀沟(或促使侵蚀沟进一步发展)。结合沟头防护、谷坊等治沟措施在沟底埋设排水管,使一部分地表径流由地下排出,地表径流分别由地面、地下排出,减少坡面径流对沟道的侵蚀。暗管排水进入明沟处应采取防冲措施,以防止冲刷沟道,见图4-5。

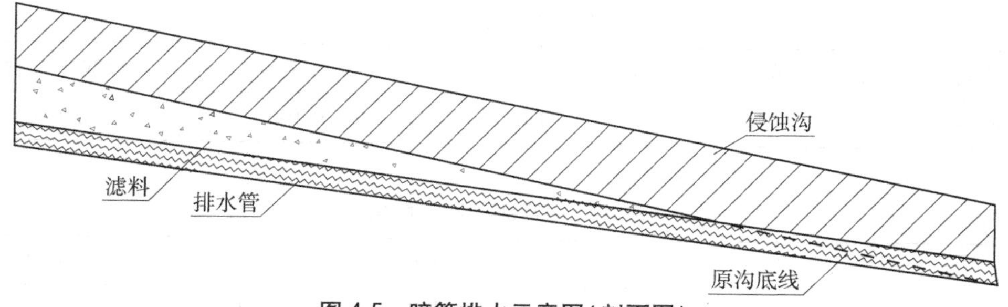

图4-5　暗管排水示意图(剖面图)

4.4.7.1　工程设计

1.排水暗管设计流量计算

排水管设计流量可按下式计算:

$$Q = CqA \tag{4-34}$$

$$q = \frac{\mu\Omega(H_0 - H_t)}{t} \tag{4-35}$$

式中 Q——排水暗管设计流量,m^3/d;

C——排水流量折减系数,可从表4-26查得;

q——地下水排水强度,m/d;

A——排水管控制面积,m^2;

μ——地下水面变动范围内的土层平均给水度;

Ω——地下水面形状校正系数,取0.7~0.9;

H_0——地下水位降落起始时刻,排水地段的作用水头,m;

H_t——地下水位降落到t时刻,排水暗管排水地段的作用水头,m;

t——设计要求地下水位由H_0到H_t的历时,d。

表4-26 排水流量折减系数

排水控制面积(hm^2)	≤16	16~50	50~100	>100~200
排水流量折减系数	1.00	1.00~0.85	0.85~0.75	0.75~0.65

2.排水管内径计算

排水管内径计算按下式计算:

$$d = 2(nQ/\alpha\sqrt{i})^{3/8} \tag{4-36}$$

式中 d——排水管内径,mm,一般不小于80 mm;

n——管内壁糙率,可从表4-27查得;

α——与管内水的充盈度a有关的系数,可从表4-28查得;

i——管的水力比降,可采用管线的比降。

排水管道的比降i应满足管内最小流速不低于0.3 m/s的要求。管内径d≤100 mm时,i可取1/300~1/600;d>100 mm时,i可取1/1 000~1/1 500。

表4-27 排水管内壁糙率

排水管类别	陶土管	混凝土管	光壁塑料管	波纹塑料管
内壁糙率	0.014	0.013	0.011	0.016

表4-28 系数α和β取值

a	0.60	0.65	0.70	0.75	0.80
α	1.330	1.497	1.657	1.806	1.934
β	0.425	0.436	0.444	0.450	0.452

注:管内水的充盈度a为管内水深与管的内径之比值。管道设计时,可根据管的内径d值选取充盈度a值:当d≤100 mm时,取a=0.60;当d=100~200 mm时,取a=0.65~0.75;当d>200 mm时,取a=0.80。

3.排水暗管平均流速

排水暗管平均流速按下式计算:

$$V=\frac{\beta}{n}(\frac{d}{2})^{2/3}i^{1/2} \tag{4-37}$$

式中　V——排水暗管平均流速,m/s;

β——与管内水的充盈度 a 有关的系数,可从表 4-28 查得。

4.管道外包滤料

排水暗管周围应设置外包滤料,其设计应符合下列规定:

(1)外包滤料的渗透系数应比周围土壤大 10 倍以上。

(2)外包滤料宜就地取材,选用耐酸、耐碱、不易腐烂、对农作物无害、不污染环境、方便施工的透水材料。

(3)外包滤料厚度可根据当地实践经验选取。散铺外包滤料压实厚度,在土壤淤积倾向较重的地区,不宜小于 8 cm;在土壤淤积倾向较轻的地区,宜为 4~6 cm;在无土壤淤积倾向的地区,可小于 4 cm。

5. 出口护砌

暗管排水进入明沟处应采取防冲措施——石笼干砌石护砌,干砌石厚 0. 30 m,碎石厚 0. 10 m,下铺土工布,防止沟道冲刷。

4. 4. 7. 2　施工

1.挖沟槽

沿侵蚀沟沟底挖沟槽,沟头部位沟槽深为管径+0. 5 m,沟尾(管道出口段)不挖沟槽,沟槽宽为管径+0. 5 m。

2.铺设排水暗管

将排水暗管从沟头铺到沟尾,管上半部钻直径为 3 mm、间距为 50 mm 的导水孔,管周围用粗砂砾、砂卵石、麦秸、稻草等外包滤料回填至原沟底线(砂卵石效果较好),覆土压实。

3.护砌

排水管出口处护砌,先进行表面处理,铺设土工布,干砌石 0. 30 mm,碎石 0. 10 mm,表面罩石笼网。

4. 5　临时防护工程建设

临时防护工程主要适用于项目筹建期(施工准备期)和施工期内各类施工扰动区域的水土流失防治临时性措施。临时防护工程是开发建设项目水土保持措施体系中不可缺少的重要组成部分,在整个防治方案中起着非常重要的作用。此类水土流失及产生的危害在施工结束后停止,如施工结束后仍继续存在,临时防护工程应结合永久防护工程布设。

4.5.1 设计原则与要求

4.5.1.1 设计原则

(1)在施工建设中,临时堆土(石、渣)必须设置专门堆放地,集中堆放,并需采取拦挡、覆盖等措施。

(2)对施工开挖、剥离的表土,安排场地集中堆放,用于工程施工结束后场地的覆土利用。

(3)施工中的裸露地,在遇暴雨、大风时需布设防护措施。如裸露时间超过一个生长季节的,需要进行临时种草加以防护。

(4)施工临时场地、施工道路和中转料场等应统一规划,并采取临时性的防护措施,如布设临时拦挡、排水、沉沙等设施,防止施工期间的水土流失。

(5)施工中对下游及周边造成影响的,必须采取相应的防护措施。

(6)设置在水库淹没范围内的弃渣场,施工期间应确保渣体的稳定,并根据河道洪水情况,对坡脚和坡面采取临时防护措施。

(7)位于生态环境敏感区、脆弱区以及其他植被稀少、自然恢复困难地区的建设项目,宜将施工场地内原地表覆盖的草皮等植被集中移栽假植,并在施工结束后回植。

4.5.1.2 设计要求

(1)围绕主体工程土建部分的施工进行设计。

(2)重点把握土石方流转各环节水土流失的特点,因害设防进行设计。

(3)按主体工程的施工工艺和施工季节有针对性地设计。

4.5.2 工程类型

4.5.2.1 临时工程防护措施

临时工程防护措施主要有挡土墙、护坡、截(排)水沟等几种。临时工程防护措施不仅工程坚固、配置迅速、起效快,而且防护效果好,在一些安全性要求较高和其他临时防护措施不能及时、尽快发挥效果时,必须采取这种防护措施。

4.5.2.2 临时植物防护措施

临时植物防护措施主要有种树、种草、树草结合,或者种植农作物等。临时植物防护措施不仅成本低廉、配置简便,时间可长可短,而且防护效果相对好、经济效益高、使用范围广。

4.5.2.3 其他临时防护措施

由于工程性质不同,开发建设的方式、特点也不一样,许多时候难以配置临时植物或工程防护措施,需要因地制宜地采取其他有效的防护措施,如开挖土方时及时清运、集中堆放、平整、碾压、薄膜覆盖等。

4.5.3 适用范围和条件

4.5.3.1 适用范围

(1)临时防护工程主要适用于工程项目的筹建期和基建施工期,为防止项目在建设过程中造成的水土流失而采取的临时性防护措施。

(2)临时防护工程一般布设在项目工程的施工场地及其周边、工程的直接影响区范围。

(3)防护的对象主要是各类施工场地的扰动面、占压区等。

4.5.3.2　临时工程防护措施适用条件

临时工程防护措施在设计要求上标准可适当降低,但必须保证安全运行。设计时需对项目的生产特点、工艺流程、地形地貌、生产布局等情况进行详细调查,准确计算工程量,使工程措施既满足防护需要,又不因盲目建设而造成浪费。

1.临时挡土(石)工程

临时挡土(石)工程一般修建在施工场地的边坡下侧,其他临时性土、石、渣堆放体及地表熟土临时堆放体的周边等。临时挡土(石)工程的规模应根据堆料体的规模、地面坡度、降雨等情况分析确定。临时挡土(石)工程防洪标准可以根据工程规模确定,一般水土流失临时防护工程宜采用五级建筑物设计标准,对重要防护对象,可提高至四级建筑物设计标准。

2.临时排水设施

临时排水设施可以采用排水沟(渠)、暗涵(洞)、临时土(石)方挖沟等,也可利用抽排水管,一般布置在施工场地的周边。临时排水设施规模和标准,根据工程规模、施工场地、集水面积、气象降雨等情况分析确定。临时排水设施的防洪标准应根据确定的工程规模,一般防洪标准不超过5年一遇。

3.沉沙池

沉沙池一般布置在挖泥和运输方便的地方,以利于清淤,其作用主要是沉积施工场地产生的泥沙。沉沙池的容量根据流域地形地质和可能产生的径流、泥沙量确定沉积泥沙的数量。

4.5.3.3　临时植物防护措施适用条件

对裸露时间超过一个生长季节的地段,应采取临时植物防护措施。临时植物防护措施的应用较为普遍,配置方便,设计时要充分考虑地形条件、生产工艺、防护要求等,要在满足防护需要的同时,尽可能降低防护成本。

1.种植农作物

对于需要临时防护的地段,能种植农作物者尽量种植,不仅可以降低防护成本,而且也可增加一定收益。种植农作物前需采取必要的土地整治措施,其种植方法可参照常规农业耕作方法。

2.临时种草

临时种草是最常见的配置方式,临时种草主要采取土地整治、播撒草籽的方式进行。具体要求参见相关的标准执行。

3.临时植树

临时植树主要针对裸露时间较长的地段,临时植树前应采取必要的土地整治,植树方式需根据树种特性和立地条件具体确定,或植苗播或播种。具体要求参见相关的标准执行。

4.5.3.4 其他临时防护措施适用条件

1.表面覆盖

表面覆盖是一种应用最为广泛的临时防护措施,其作用也较为明显。施工中的各类裸露地、开挖的弃土以及弃土石、建筑用砂石料的运输过程中,应采用土工布、塑料布等覆盖,风沙区部分场地也可用草、树枝等临时覆盖,避免大风或强降雨天气产生水土流失。

2.平整碾压

平整碾压主要针对临时堆放的弃土弃渣,应对其采取平整碾压措施,改变弃土弃渣局部地貌,增加其紧实度,避免大风或强降雨天气产生水土流失。

第5章　堤防工程、涵闸工程施工与控制

5.1　堤防工程施工

5.1.1　编制施工组织设计前的准备工作

在编制堤防施工组织设计之前，首先应做好现场踏勘、调查研究、核对设计文件等准备工作。

5.1.1.1　现场调查研究

施工单位应当深入工地现场进行以下调查工作：

(1)施工场地布置与施工项目相邻工程、弃渣利用、农田水利、征地等的关系。

(2)可利用的电源、动力、通信、机具车辆维修、物资、消防、劳动力、生活资料供应及医疗卫生条件。

(3)建筑物、道路工程、水利工程及通信、电力线等设施的拆迁情况和数量。

(4)调查施工运输便道，进行方案比较。

(5)调查地质、地层情况及骨料的数量、质量鉴定及供应方案。

(6)当地气象、水文资料及居民点的社会状况和风俗习惯、自然环境、生活环境及需要采取的保护措施。

5.1.1.2　现场核对设计文件

施工单位在施工前应全面熟悉设计文件，会同设计单位、监理单位进行现场校对，做好以下施工准备工作：

(1)重点复查堤防项目工程施工和对环境保护影响较大的地形、地貌工程及地质、水文地质条件是否符合实际，保护措施是否适当。

(2)会同设计单位、管理单位、监理单位现场交接和复查测量控制点，施工测量用的基准点及水准点，并定期进行复核和做好保护工作。

(3)掌握工程的重点和难点，了解堤防各项目施工方案的选定及设计过程。

(4)核对堤防各项目的平面、纵断面设计，了解各堤防项目与所在区段的总平面、纵断面设计的关系。

(5)核对堤防各项目工程的位置、式样、形式、类型是否与周围环境相适应、相协调。

(6)核对堤防各项目工程施工的内外排水系统和设施的布置是否与地形、地貌、水文、气象等条件相适应。

(7)核对堤防各施工项目的设计文件中所确定的施工方法、技术措施与施工实际条件是否相符合。

5.1.1.3 编制堤防各项目施工组织设计所需要的资料

1.设计方面的资料

(1)堤防各施工项目建设工程的初步设计、施工图和工程概(预)算资料。

(2)业主及有关部门对建设工程的要求(如工期、环境保护等)。

(3)堤防各施工项目工程地质及水文地质勘探资料。

(4)有关堤防各施工项目的施工技术和规范要求,以及设计与施工经验总结等。

(5)地形资料、地震资料、气象资料。

另外,还应结合工程项目规模、工期、地形特点、弃渣场地布置和水源等情况,本着因地制宜、充分利用地形、合理布置、统筹安排的原则进行堤防各项目工程的施工总体布置。

2.技术经济方面的资料

(1)当地可供利用的运输道路及交通工具(如汽车、船只等)。

(2)当地可供利用的建材及供应能力。

(3)工地附近可供利用的场地、可借用的民房,以及需要拆迁的建筑物和附近需要处理的青苗。

(4)当地可利用的电源、水源、通信网络。

(5)消防设施、商品供应及其他服务机构等。

5.1.2 编制施工组织设计

施工组织设计是组织施工的基本文件,应在确保安全、经济的前提下确定合理的施工方法,对施工工艺、机械配备、质量控制、监控测量、工序安排、劳动组织、材料供应、工程投资、场地布置等做出合理的计划,并采取组织措施,确保堤防施工项目有条不紊地顺利进行。

5.1.2.1 施工组织设计的主要内容

编制堤防施工组织设计应包括施工方法、工区划分、场地布置、进度计划、工程数量、人员配备、主要材料、电力和运输以及安全、质量、环保、技术经济等主要措施与内容,并结合施工单位的技术条件和施工经验,对堤防项目设计中需要改进或变更设计的地方向建设单位和设计单位提出合理化建议,然后按规定通过协商及时进行修改。施工场地布置、绘制工地总体布置图应遵照充分利用地形、合理布置、统筹安排的原则。

5.1.2.2 编制施工组织设计的依据和原则

1.依据

(1)堤防施工项目的设计文件及设计变更文件等相关资料。

(2)建设单位的有关指标,如合同、技术条款等。

(3)工程建设单位指导性施工组织设计方案及要求。

2.原则

在编制堤防各项目工程施工组织设计时,应根据工程的技术特性与经济特点,贯彻以下原则:

(1)遵守堤防施工和相关技术规范及操作规程,确保工程质量及施工安全。

(2)遵守签订的工程施工承包合同或上级下达的施工期限,保证按期或提前完成施工任务。

(3)认真统筹布置施工场地,确保施工安全及方便职工、民工的生产和生活。

(4)要贯彻就地取材的原则,尽量多利用当地资源。

(5)充分利用现有设施,尽量减少临时工程,降低工程造价,提高投资经济效益。

(6)节约施工用地,少占或不占农田,注意水土保持和重视环境保护。

(7)采用新技术、新工艺、新方法,不断提高机械化施工及预制装配化施工程度,降低成本和提高劳动生产率,统筹安排施工,做到均衡生产。

(8)合理组织雨季施工及建筑材料的运输和储备工作,力求降低冬、雨季施工的附加费用。

3.堤防项目施工组织设计编制程序

编制施工组织设计时,应采用科学的方法,既要遵守一定的程序,还要按照施工的客观规律,协调处理好各因素的关系。堤防项目施工组织设计编制程序如下:

(1)河堤项目施工调查和技术交底。

(2)全面分析堤防加固项目施工设计资料,拟订和选择施工方案及确定施工方法。

(3)编制工程施工进度图。

(4)按照施工定额计算劳动量(工日),材料、机具的需要量,并制订供应计划。

(5)制订临时工程及供水、供电、供热计划。

(6)施工工地运输组织。

(7)编制技术措施、施工计划及计算技术经济指标。

(8)编制说明书。

5.1.3　堤防项目施工方案、方法的选择

堤防项目施工方案一般包括导坑辅助坑道方案,开挖方案,支撑与预加固方案,支护与衬砌方案,风、水、电作业方案,运输及场地布置方案,施工进度,劳动力安排,材料及机具设备计划等。施工方案、方法是施工组织设计的重要环节,也是涉及工程全局的关键因素,因此在选择施工方案、方法时,应全面了解设计文件,然后进行综合分析和合理确定。

选择施工方案的基本要求:优良、高速、安全、经济、均衡生产和文明施工。

选择施工方案的依据:工程所处的地理位置,工程地质和水文地质资料,坑道断面开挖的大小,工程的长度,衫砌结构的类型,工期要求,施工技术力量,施工机械设备情况,施工中原材料供应情况,动力、电力、供水、排水情况,环境保护,工程投资,施工安全措施,地表沉降等因素的综合研究和分析,并根据不同的施工类型进行选择。

5.1.3.1　施工方案的选择

堤防项目工程施工方案的选择应根据区段的长度、项目的大小、工期、地形、地质、水文、弃渣场地和机具设备等条件以及施工技术力量和施工时期的气候条件等综合考虑研究确定。一般具体选择方案时,应作多方案比较,以便取得良好的效果。

5.1.3.2　施工场地布置方案的选择

堤防施工场地布置时要综合考虑的项目很多,因河堤内场地一般比较狭窄,而施工机械

设备和石渣及材料很多,施工前应根据地形特点,结合劳动力安排、施工方法、工期要求、机械设备、弃渣场地位置等因素,统筹安排、全面规划、合理布置,避免相互干扰等。特别应注意施工安全,以使工地秩序井然,优质高效,并能充分发挥人力、物力和财力的最大效应。

5.1.3.3 施工方法的选择

根据堤防施工项目的技术要求,以及河堤项目施工的场地大部分比较狭窄,而且施工场地在河堤上,因此施工前应绘制施工场地总体布置图,合理地选择施工方案。对于工程地质和水文地质条件变化较大的地段,应特别注意选用既具有较好适应性和安全性能,又对进度没有影响的施工方案。总之,要结合现场情况,安全、合理、有效地选择施工方法。

5.1.4 堤防项目施工场地的布置

5.1.4.1 施工场地布置的一般要求

(1)合理布置大堆材料(砂、石料)、施工备品及回收材料堆放场地的位置。

(2)生活服务设施应集中布置,如宿舍、保健医疗及废弃料物场所等应分开,办公场所要安静。

(3)运输的弃渣线、编组线和联络线,应形成有效的循环系统,方便运输和减少运距。

(4)机械设备、附属车间、加工场地应相对集中,仓库应靠近公路,并要设立专用线便道,还要做到合理布局,形成网络。

(5)应有大型机械设备安装、维修和存放的场地。

(6)危险品仓库必须按照有关治安管理规定办理,一定要符合安全规定要求。

施工场地布置总的原则是,河堤施工的场地布置首先要确定施工中心,并应事先规划、分期安排,注意减少与现有道路的交叉和干扰。

5.1.4.2 施工场地布置的主要项目技术要求

1.弃渣场地与卸渣道路的布置

(1)场地容量应足够大,且出渣运输方便。应优先考虑弃渣作为堤外路基土方和桥头路堤填土,但其运距不应过远;顺沟弃渣而不致堵塞河道;防止抬高水位和恶化水流条件;填平山坡、荒地作施工场地不致受山洪冲毁和危害下游农田或村庄。

(2)弃渣场上卸渣线应不少于两条,应有前后两条以上的路线,以不影响弃渣车辆通行。

(3)不得占用其他工程场地和影响附近各种设施的安全,应注意保护环境。

(4)弃渣对不良地质和其他工程(如桥台、桥墩)不能有影响,应不占或少占农田。

2.大宗材料堆放地和料库的布置

大宗材料(如砂、石料、水泥、木材、钢材等)的存放地点及钢材、木材加工场地的布置应考虑运输方便、易于卸车、靠近使用地点,并做好防洪、防潮、防火等工作。

3.施工生产房屋和生产设施的布置

(1)搅拌机应尽量靠近河堤,靠近砂、石料,便于装车运输等。

(2)施工机械场所的位置要求方便和直达,且用水、用电方便。

(3)通风机房和空压机房应靠近施工场地,尽量缩短管理长度,以减少管道中的能量损失,尤其要尽量避免出现过多的角度弯折。

(4)炸药和雷管要分别存放，其库房要选择离工地300~400 m以外的隐蔽地点，并安装避雷装置，周围要做好防护工作。

(5)工地项目部办公室可位于工地出入口附近，便于有效指挥河堤施工和管理。

(6)对于施工的临时道路，工地的主干道宜呈环状布置，次要道路可呈枝状布置，有车辆调头场地。

5.1.4.3　工地生活房屋的布置

生活用房的布置与施工区段应保持一定的距离，以保证工人和管理人员有一个较安静的休息环境，但又不宜太远，以保证工人上、下班行走方便。行政管理和生活福利设施应方便生产和生活，整个生活房屋要适当集中，以便学习和管理，并考虑职工有室外、室内的体育和文娱活动场所，要注意防洪防水，做好环境保护和卫生工作。

工地生活房屋的总体布置原则是：施工单位要通过现场的详细踏勘，对投标文件认真分析，充分考虑各种因素，遵守合理、安全、实用、经济的原则。

5.1.5　堤防工程施工总体布置

堤防工程施工总体布置，就是根据堤防工程的特点和施工条件，研究解决施工期间所需的交通道路、房屋、仓库、辅助企业以及其他施工的平面和高程的布置问题，是施工组织设计的重要组成部分，也是进行施工现场布置的依据。其目的是合理地组织和使用施工场地，使各项临时设施能最有效地为施工服务，为保证工程施工质量、组织文明施工、加快施工进度、提高经济效益创造条件。

根据工程的规模和复杂程度，必要时还要设计单项工程的施工布置图，对于工期较长的大型水电工程，一般还要根据各阶段施工的不同特点，分期编制施工布置图。

施工总布置的设计成果一般标在1:2 000和1:5 000的地形图上，单项工程的施工布置则可标在1:200~1:1 000的地形图上。

5.1.5.1　施工总体布置的内容

施工总体布置一般应包括以下内容：

(1)一切地上和地下原有的建筑物。

(2)一切地上和地下拟建的建筑物。

(3)一切为拟建建筑物施工服务的临时建筑物和临时设施。其中包括明导流建筑物；交通运输系统；临时房屋建筑物及仓库；料场及加工系统；混凝土生产系统；风、水、电供应系统；金属结构、机电设备安装基地；安全防火设施及其他临时设施等。

施工总体布置的设计原则是：在满足施工条件下，尽可能地减少施工用地，特别应注意不占用或少占用耕地；临时设施应与工程施工顺序和施工方法相适应；最大限度地减少工地内部的运输，充分利用地形条件，缩短运输距离，并根据运输量采用不同标准的路面构造；应利用已有建筑物或提前修建永久建筑物为施工服务；必须遵守生产技术的有关规定，既要保证工程质量，又要符合安全、消防、环境保护和劳动保护的要求；各项临时建筑和设施的布置既要有利于生产和生活，又要便于管理。

5.1.5.2　场内外交通运输

场内外交通运输是保证工程正常施工的重要手段。场外交通运输是指利用外部的运输系统把物资器材从外地运到工地，场内交通运输是指工地内部的运输系统，在工地范围内把材料、半成品或预制构件等物资器材运到建筑安装地点。

场外交通运输方式的选择，基本上取决于施工地区原有的交通运输条件和发展计划，建筑器材运输量、运输强度和重型器材的重量等因素。最常见的对外运输的方式是铁路、公路和水路。有水运条件时，应充分利用。公路运输是一般工程采用的主要运输方式。当工程地点距国家铁路线较近或年运输量在15万t左右时，可考虑修建准轨铁路专用线。

场内交通运输方式的选择，取决于对外运输方式、运输量、运输距离及地形条件等。汽车运输灵活机动，适应性强，因而应用最广泛；如果地形合适，运输量较大，采用窄轨铁路往往较经济；砂、石骨料和土料常采用胶带运输机运输。小型工程也常用胶轮车、农用机动车作为运输工具。

场内运输道路的布置，除应符合施工总体布置的基本原则外，还应考虑满足一定的技术要求，如路面的宽度、最小转弯半径等，并尽量使临时道路与永久道路相结合。

5.1.5.3 临时设施

1.仓库

由于供应与使用之间的不协调，必须修建临时仓库进行一定的物料储备，以保证及时供应。仓库面积的大小应根据仓库的储存量确定。仓库的储存量应满足施工的要求。

仓库中某种物料的储存量可按下式估算：

$$P = \frac{Qnk}{T} \tag{5-1}$$

式中 P——某种物料的储存量，t或m^3；

Q——计算时段内该种物料的需要量，t或m^3；

n——物料储存天数指标；

k——物料使用的不均衡系数，取1.2~1.5；

T——计算时段内的天数，d。

根据物料的储存量，可由下式确定所需的仓库面积：

$$F = \frac{P}{qa} \tag{5-2}$$

式中 F——仓库面积，包括通道及管理室，m^2；

P——某种物料的储存量，t或m^3；

q——仓库单位有效面积的储存量，t或m^3；

a——仓库有效面积利用系数。

2.临时房屋

在一般中型水利工程中常设的工地临时房屋包括办公室、会议室等行政办公室用房，职工及家属宿舍等居住用房，俱乐部、图书室等文化、娱乐用房，以及医院、商店、浴室、食堂、理发室等生活福利用房等。

工地各类临时房屋的需要量取决于工程规模、工期长短及工程所在地区的条件。设计时，可根据工地及家属的总人数，按国家规定的房屋面积定额，并参照工程所在地区的具体条件，计算出各类临时房屋的建筑面积。

5.1.5.4 风、水、电供应

1.工地供风

工地供风包括风动机械(凿岩机、风镐等)供风、风力输送(如风力输送水泥)和其他供风(如风砂枪除锈)。

供风系统由压缩空气站和供风管网两部分组成。压缩空气站规模可用高峰期内同时使用的风动机械数量和额定耗气量计算。

工地供风应满足风压要求。通常选用空压机的工作压力为588~785 kPa,较风动机具的驱动压力大98~196 kPa。为调节管网中的风压、排除压缩空气中的水分和油脂,每台空压机均需设储气罐。对于较长的管道,还应在中间的位置增设储气罐,以调节风压。

压缩空气站的位置应尽量靠近耗气负荷中心,接近供电和供水点,处于空气洁净、通风良好、交通方便、运离需要安静的防振的场所。供风管网一般沿地表敷设,管道应具有0.005~0.04的顺坡,并且每隔200~300 m在管底部设一个放水阀,以排除管中的凝结水。供风管网的压力降低值最大不应超过压缩空气站供给压力的10%~15%。

2.工地供水

工地供水主要指生产、生活和消防用水。供水系统由取水工程、净水工程和输配工程等三部分组成。供水设计的主要任务是确定需水量和需水地点,根据水质和水量要求选择水源,设计供水系统。

(1)生产用水(Q_1)。指土石方工程、混凝土工程等用水,以及施工机械、动力设备和施工辅助企业用水等。

(2)生活用水(Q_2)。包括生活区和现场生活用水。

(3)消防用水(Q_3)。按工地范围及居住人数计算。

施工供水量应满足不同时期日高峰生产用水和生活用水的需要,并按消防用水量进行校核,即$Q=Q_1+Q_2$,但不得小于Q_3。

供水系统可分为集中供水和分区供水两种方式,一般包括水泵站、净水建筑物、蓄水池或水塔、输水管网等。生活用水和生产用水共用水源时,管网应分别设置。

3.工地供电

工地供电主要指施工动力用电和照明用电。其设计工作包括确定用电量、选定电源和设计供电系统。

工地的用电量应根据施工阶段分别确定。供电系统应保证生产、生活高峰负荷需要。电源选择一般优先考虑电网供电,施工单位自发电作备用电源和在用电高峰时使用。

工地供电系统采用电网供电时,应在工地附近设总变电所,将高压电变为中压电(3 300 V/6 600 V),输送到用电地点附近时,再通过变电站变为低压电(380 V/220 V),由变电站送至用户。生产用电与生活用电的配电所应尽可能分开,若采用混合供电,应在380 V/220 V侧的出线回路上分开。

5.1.5.5 施工总体布置的设计

施工总体布置的设计大体可按以下步骤进行。

1.收集、分析基本资料

设计施工总体布置，必须深入现场调查研究，并收集有关资料。如比例尺为1:10 000~1:1 000的施工地区的地形图；对外交通运输设施资料；施工现场附近有无可供利用的住房；当地建筑材料和电力供应情况；河流的水文特性以及施工方法、导流程序和进度安排等资料。

2.编制临时建筑物项目单

根据工程的施工条件，结合类似工程的施工经验，编制临时建筑物的项目单，并大致拟定占地面积、建筑面积和平立面布置。编制项目单时，应了解施工期间各阶段的需要，力求详尽，避免遗漏。

3.对总体布置进行规划

对总体布置进行规划是施工总体布置中关键的一步，着重解决总体布置中的一些重大原则问题。如采用一岸布置还是两岸布置；是集中布置还是分散布置；现场布置几条交通干线及其与外部交通的衔接等。

规划施工场地时，须对水文资料进行认真研究，主要场地和交通干线的防洪一般不应低于20年一遇。在坝址上游布置临时设施，要研究导流期间的水位变化；在峡谷冲沟内布置场地时，应考虑山洪突然袭击的可能。

4.具体布置各项临时建筑物

在对现场布置作出总体规划的基础上，根据对外交通方式，依次合理安排各项临时建筑物的位置。

当对外交通采用准轨铁路或水路时，先确定车站、码头位置，然后布置场内运输道路，再沿道路布置施工辅助设施和仓库等各项设施，布置供风、供水、供电系统，最后布置行政管理及文化生活、福利等临时房屋。

如布置对外交通公路，则可与场内运输结合起来，然后确定施工辅助设施和仓库的位置，再布置风、水、电供应系统工程，最后布置行政管理和文化生活、福利用房。

5.选定合理的布置方案

在各项临时建筑物和设施布置完成后，应对整个施工总体布置进行协调和修正。主要检查施工设施与主体工程，以及各项临时建筑物之间彼此有无干扰，是否协调一致，能否满足多项布置原则，如有问题，则进行调整、修改。

施工总体布置，一般提出若干个可能的布置方案供选择。选取方案时，常从各种物资的运输工作量或运输总费用、临时建筑物的工程量或造价、占用耕地的面积，以及生产管理与生活的便利程度等方面进行比较分析，选定最合理的布置方案。

5.2 涵闸工程施工控制

5.2.1 一般要求

涵闸施工质量控制的一般要求如下：

(1)涵闸施工前,应根据批准文件由施工单位编制施工组织设计及施工实施方案和施工进度计划,并报监理部门审批。

(2)承包单位进入现场后,监理工程师要立即督促其尽快建立领导机构、质量保证体系及落实施工人员,人员要满额到位,技术人员要能胜任,确保物有人管、责权明确、上通下达,遇到问题能迅速采取对策。

(3)抓机械器材、物资、原材料、试验测量仪器、进场机械设备的落实,对原材料必须进行检验,不合格材料不准进场,试验设备和仪器必须经过有关单位率定,测量仪器必须经过校正,机械设备是完好的。

(4)监理单位配合业主请设计单位及时向施工单位进行设计交底和交桩,以及下达土方、混凝土、砌石等各项工程质量控制指标,力求做到参加施工人员人人明白设计意向。

(5)监理工程师督促施工单位对基准点复测、放样及对土料区的调查复核,对砂石料、钢筋、水泥等材料做取样试验,并做各种混凝土标号的配合比试验、砂浆配合比试验,以及土料含黏粒量、干密度、最大干密度、最佳含水量及击实和碾压试验、钢筋焊接试验等。

5.2.2　施工测量控制

5.2.2.1　一般规定

(1)施工单位应建立专业组织或指定专人负责施工测量工作,及时准确地提供各项施工阶段所需的测量资料。

(2)施工测量前,建设单位应向施工单位提交施工图、闸址中心线标志和附近平面高程控制等资料,并交监督部门一份以备复查和检测。

(3)施工平面控制网的坐标系统应与设计阶段的坐标系统相一致,也可根据施工需要建立与设计阶段的坐标系统有换算关系的独立坐标系统。施工高程控制系统必须与设计阶段的高程系统相一致,施工时监理工程师须进行复核。

(4)施工测量主要控制精度指标要符合表 5-1 的规定。

表 5-1　涵闸施工测量精度控制指标　　(单位:mm)

项次	项目		精度			说明
	分部工程	部位	内容	平面位置中误差	高程中误差	
1	混凝土	闸室底板 岸、翼墙 铺盖、消力池	轮廓点放样 轮廓点放样 轮廓点放样	±20 ±25 ±30	±20 ±20 ±30	
2	浆砌石	岸、翼墙 护底、海漫、护坡	轮廓点放样 轮廓点放样	±30 ±40	±30 ±30	
3	干砌石	护底、海漫、护坡	轮廓点放样	±40	±30	

续表 5-1

项次	项目			精度		说明
	分部工程	部位	内容	平面位置中误差	高程中误差	
4	土石方开挖		轮廓点放样	±50	±50	包括土石方保护层
5	机电设备与金属结构安装		安装点	±(1~3)	±(1~3)	相对建筑物轴线和水平度
6	外部变形观测		位移测点	±(1~3)	±(1~3)	相对观测点

(5)各主要测量标志统一编号并绘于施工总平面图上,注明各有关标志相互间的距离、高程及角度等,以免发生差错。施工期内,对测量标志必须采取保护措施并定期检测。

5.2.2.2 施工测量控制要点

(1)施工中测量的控制要点如下:

①开工前,应对原设计控制点、中心线进行复测,布设施工控制网,并定期检测。

②建筑物及附属工程的点位放样。

③建筑物的外部变形观测点的埋设和定期观测。

④竣工测量。

(2)平面控制网的布置以轴线网为宜,当采用三角网时,水闸轴线宜作为三角网的一边。

(3)根据现场闸址中心线标志测设轴线控制的标点,相邻标点位置的相对中误差不应大于 15 mm。平面控制测量等级宜按一、二级导线测量有关技术要求进行,见表 5-2。

表 5-2 导线测量控制标准

等级	测角中误差	三角形最大闭合差(″)	相对中误差		方向法测回数	
			起边	终边	J_2型	J_6型
一级小三角	±5°	±15	1/40 000	1/20 000	2	6
二级小三角	±10°	±30	1/20 000	1/10 000	1	2

(4)施工水准网的面设应按照由高到低逐等控制的原则进行,按国家水准点测量时必须在 2 点以上,检测高差符合要求后才能正式布网。

(5)土地永久水准点宜设地面明标和地下暗标各 1 座,大型水闸应设置明标、暗标各 2 座,基点的位置在不受施工影响、便于保存的地点,宜浇灌混凝土基础。

(6)高程控制测量等级及高程限差要求符合表 5-3、表 5-4 的规定。

表 5-3　高程控制测量等级要求

施测部位	水准测量等级
大型水闸垂直变形	二
中小型水闸垂直变形水准网布设	三
主要建筑物混凝土部位，大中型河渠	四
一般土石方工程	五（等外）

表 5-4　高程往返校差环线或附合闭合差限差

项目		水准等级			
		二	三	四	五（等外）
水准仪型号		S_4	S_4	S	S_{13}
往返校差环线或附合闭合差限差（mm）	平地	$\pm 4\sqrt{L}$	$\pm 12\sqrt{L}$	$\pm 20\sqrt{L}$	$\pm 30\sqrt{L}$
	山地	—	$\pm 3\sqrt{n}$	$\pm 5\sqrt{n}$	$\pm 10\sqrt{n}$

（7）放样前，对已有数据、资料和施工图中的几何尺寸必须进行检核，严禁凭口头通知或无签字的草图放样。

（8）发现控制点有位移迹象时，应进行检测，其精度应不低于测设时的精度。

（9）闸室底板上部立模的点位放样，直接从轴线控制点测放出底板中心线（垂直水流方向）和闸孔中心线（顺水流方向），其误差要求为±2 mm，而后用钢尺直接丈量，量出加墩、门槽、岸墙、中墩、胸墙、工作桥、公路桥等平面立模线和检查控制线，以便进行上部施工。

（10）闸门、金属结构预埋件及安装放样点测量精度应符合表 5-5 的规定。

表 5-5　金属结构放样点测量精度　　（单位：mm）

项目		测量中误差或相对误差			说明
		纵向	横向	竖向	
平面闸门埋件测点	主轨、底栏、反轨	±2	—	—	纵向中误差是对该孔门槽中心线而言；横向中误差是对孔中心线而言；竖向中误差是对安装高程控制点而言
	门楣	±1	—	±2	
弧形闸门埋件测点	底栏、测止水座板、滚轮导板	—	±2	—	
	门楣	—	±1	±2	
	铰座钢梁中心	—	±1	±1	
	铰室的基础螺旋中心	±1	±1	±1	

（11）立模砌筑点高程放样应遵守下列规定：

①供混凝土立模使用的高程点及混凝土抹面层、金属结构预埋件、混凝土预制构件等控制点，均应采用有闭合条件的几何水准点测设。

②对软土地基的高程测量，是否考虑沉陷因素，应与设计单位联系确定。对闸门预埋件安装高程和闸身上部结构高程的测量，应在闸底板上建立初始观测点，采取相对高差进

行测量。

5.2.2.3 **竣工测量内容及资料归档**

(1)测量控制网(平面及高程)的计算结果。

(2)建筑物基础底面和引河的平面、断面图。

(3)建筑物过流断面部位测量的图表和说明。

(4)外部变形观测设施的竣工图表及观测成果资料。

(5)有特殊要求部位的测量资料。

5.2.3 施工导流控制

施工导流主要控制措施如下:

(1)施工导流、截流及度汛应制订专项施工措施,并经上级审批后执行,监理工程师应对施工导流措施进行督促。

(2)在引水河渠上的导流工程应满足下游用水的最低水位和最小流量的要求。截流方法、龙口位置及宽度应根据水位、流量、河床冲刷性能及施工条件等因素决定。截流时间、施工进度应尽可能选择在枯水低潮和非冰凌期。

(3)围堰的填筑及拆除均应按设计要求进行,在施工导流期内,施工单位必须进行定期观测、检查并及时维护。

5.2.4 基础开挖控制

5.2.4.1 **一般规定**

(1)监理工程师根据设计文件、图纸及技术要求和坝基、闸基的实际情况,审查施工单位提交的基础开挖施工方案。

(2)对于施工单位进行的堤基、闸基开挖或处理中的详细记录,监理工程师均需审核签字。

(3)堤基、闸基清理后应在第一坯土料填筑前进行整平压实,压实后的干密度与堤身设计干密度相一致,并通过自检、抽检合格,经监理工程师批复签字后方可进行下一步工作。

(4)堤基、闸基表层的砖石、淤泥、腐殖土、杂土、草皮、树根及其他杂物应开挖清除,并应按指定位置堆放。

(5)堤基、闸基开挖单元工程检测的数量按堤基、闸基开挖面积平均每50~100 m^2一个计算。

(6)根据土质和施工机具等情况,基坑底部应留有一定厚度的保护层,在底部工程施工前分块依次挖除。

(7)开挖前,应降低地下水位,使其低于开挖基面0.5 m。

(8)开挖基坑前宜分层分段依次逐层设置排水沟,层层下挖。

(9)堤基、闸基处理单元工程质量检查和检测的项目可根据相关规程规范执行。

5.2.4.2 **排水和降低地下水水位控制**

(1)场区排水系统的规划和设置应根据地形、施工期的径流量和基坑渗水量等情况确定，并应与场外的排水系统相适应，故施工单位在施工中要做出具体的施工排水系统规划，并报请监理工程师批准。

(2)基坑的排水设施，应根据坑内的积水量、地下渗流量、围堰渗流量、降水量等计算确定抽水量，应适当限制水位下降速率，并做好记录。

(3)基坑的外围应设置截水沟与围埂，防止地表水流入，并把设置的截水沟绘于平面图上。

(4)降低地下水水位。可根据工程地质和水文地质情况选用适合施工的方案，并将方案报监理工程师审核同意。必要时，可配合截渗措施。

①集水坑降水适用于无承压水的土层。

②井点降水适用于砂壤土、粉细砂或有承压水的土层。

(5)集水坑降水的控制要点如下：

①抽水设备能力宜为基坑渗透流量和施工期最大日降水径流量总和的1.5~2.0倍；

②基坑底、排水沟底、集水坑底应保持一定高差；

③集水坑和排水沟应设置在建筑物底部轮廓线以外一定的距离；

④挖深较大时，应分段分级设置平台和排水设施；

⑤流沙、管涌部位应采取反滤导渗措施。

(6)井点降水措施设计控制要点如下：

①井点降水计算(必要时可做现场抽水试验确定计算参数)；

②井点平面布置、井点的结构、井点管路与施工道路交叉处的保护措施；

③抽水设备的型号和数量(包括备用量)；

④水位观测孔的数量和位置；

⑤降水范围内已有建筑物的安全措施。

(7)井点、井管的设置控制要求如下：

①成孔宜采用清水固壁，采用泥浆护壁时，泥浆应符合有关规定；

②井管应经清洗、检查合格后方能使用，各段井管的连接应牢固；

③滤布、滤料应符合设计要求，滤布应紧贴井底，滤料应分层填筑，井侧滤料应均匀连续填入，不得猛倒；

④成井后应立即采用分段自上而下和抽停相间的程序抽水洗井；

⑤试抽时，应检查地下水水位下降情况，调整水泵，使抽水量与渗水量相适应，并达到预定降水高程，同时做好记录。

(8)竖井点的设置控制要点如下：

①安装顺序宜为：敷设集水总管→沉放井点管→灌填滤料→连接管路→安装抽水机组；

②各部件均应安装严密，不漏气，集水总管与井点管宜用软管连接；

③冲孔孔径不应小于30 cm，管距宜为0.8~1.6 m；

④每根井点管沉放后，应检查渗水性能，井点管与孔壁之间填砂、滤料时，管口应有泥浆水或向管内灌水时能很快下渗方为合格；

⑤整个系统安装完毕后，应及时试抽，合格后将孔口下0.5 m深范围用黏土堵塞。

(9)井点抽水时应监视出水情况,如发现水质混浊,应分析原因并及时处理。

(10)降水期间应按时观测、记录水位和流量,对竖井点还应观测真空度。

(11)井点管拔除后,应按设计要求堵塞。

5.2.4.3　**地基处理控制**

1.一般规定

这里仅对水闸工程中常用的几种地基处理的施工控制方法提出要求,其他的施工控制方法要求可参照有关规定执行。

对已确定的地基处理方法应做现场试验,并由施工单位编制施工措施设计,在处理过程中,若遇地质情况与设计不符,应及时修改施工措施设计。

2.换土(砂)地基的控制要求

(1)砂垫层的砂料应符合设计要求并通过试验确定。如用混合料,应按优选的比例拌和均匀,砂料的含泥量不应大于5%。

(2)黏性土垫层的土料应符合设计要求。取用前,料场表面覆盖层应清理干净,并做好排水系统。土料含水量应控制在规定范围内,否则应在料场处理。

(3)挖土和铺料时,不宜直接践踏基坑底面,可边挖除保护层边回填。

(4)回填料应按规定分层铺筑,密度应符合设计要求,下层的密度检查全部合格后,方可铺填上一层,竖向接缝应相互错开。

(5)砂垫层选用振动等方法密实时,宜在饱和状态下进行。

(6)黏性土垫层宜用碾压或夯实法压实,填筑时应控制地下水水位低于基坑底面。

(7)黏性土垫层的填筑应做好防雨措施,填土面宜中部高、四周低,以利于排水。雨前,应将已铺的松土迅速压实或加以覆盖。雨后,对不合格的土料,应晾晒或清除,并经自检合格,报监理人员检查后方可继续施工。

(8)充分利用软基处理新技术。利用软基处理新技术,可加固软基,提高地基的承载力和岸坡的稳定性,作为加强材料,减小侧向压力,用作隔离层和反滤层,防止冲刷和沙土流失等。这些对加固地基、提高地基承载力、减少沉降,以及加快施工进度、减少工程投资等都有好处。

3.用振动法加固地基的控制要点

(1)振动法适用于沙土或沙壤土地基的加固。振动置换所用的填料宜为碎石或粗砂,不得使用砂石混合料,填料最大粒径不应大于50 mm,含泥量不应大于5%,且不得含黏土块。

(2)振动法的施工设备应满足下列要求:

①振动器的功率、振动力和振动频率应按土质情况和工程要求选用。

②起重设备的吊重能力和提升高度,应满足施工和安全要求,一般起重能力为80~150 kN。

③振动器的出水口水压宜为0.4~0.8 MPa,供水量宜控制在200~400 L/min。

④应有控制质量的装置。

(3)施工前应进行现场试验,确定反映密实程度的电流值、留振时间及填料量等施工参数,并写出试验报告交监理工程师审阅。

(4)造孔时,振动器贯入速度宜为1~2 cm/s,每贯入0.5~1.0 m,宜悬挂留振,留振时间应根据试验确定。

(5)制桩宜保持小水补给,每次调料应均匀对称,其厚度不宜大于50 cm,填料的密实度以振动器留振时的工作电流达到规定值为控制指标。

(6)振动桩宜采用由里向外或从一边向另一边的顺序制桩。

(7)孔位偏差不宜大于10 cm,完成后的桩顶中心偏差不应大于0.3倍桩孔直径。

(8)制桩完毕后应复查,防止满桩。桩顶不密实部分,应挖除或采取其他补救措施。

(9)沙土、沙壤土地基的加固效果检验分别在加固7 d及半个月后进行,对桩间土采用标准贯入、静力触探等方法进行检验,复合地基确保经荷载试验检验。

4.钻孔灌注桩基础控制

(1)钻孔灌注桩形成可根据地质条件,选回转、冲击、冲抓或潜水等钻机,各种钻机的使用范围要符合设计要求。

(2)护筒的埋设应符合下列规定:

①用四轮钻机时,护筒内径宜大于钻头直径20 cm,用冲击、冲抓钻机时,宜大于30 cm。

②护筒埋设应稳定,其中心线与桩位中心的允许偏差不应大于50 mm。

③护筒顶端应高出地面30 cm以上,当有承压水时,应高出承压水水位1.5~2.0 m。

④护筒的埋设深度,在地面黏性土中不宜小于1.0 m,在软土或沙土中不宜小于2.0 m。护筒四周应分层回填黏性土,对称夯实。

5. 泥浆护壁和排渣

采用泥浆护壁和排渣时,应符合下列规定:

(1)在黏土和壤土中成孔时,可注入清水,以原土造浆护壁,排渣泥浆的比重应控制在1.1~1.2。

(2)在砂土和夹砂土层中成孔时,孔中泥浆比重应控制在1.1~1.3,在易坍孔的土层中成孔时,孔中泥浆比重应控制在1.3~1.5。

(3)泥浆宜选用塑性指数$I_p \geq 17$的黏土调制,泥浆黏度控制指标为18~22 s,含砂率不超过4%~8%,胶体率不小于90%。

(4)施工中,应经常在孔内取样测定泥浆的比重并做好记录。

6. 钻机安置与终孔检查

(1)钻机安置应牢固,不得产生沉陷或位移,钻进时应注意土层变化情况。

(2)终孔检查后,应立即清孔,清孔后应符合下列规定:

①孔壁土质较好且不易坍孔时,可用空气吸泥机清孔。

②用原土造浆的孔,清孔后泥浆比重应控制在1.1左右。

③孔壁土质较差时,宜用泥浆循环清孔,清孔后的泥浆比重应控制在1.15~1.25,泥浆含砂率控制在8%以内。

④清孔过程中,必须保持浆面稳定。

⑤清孔标准为,摩擦桩的沉渣厚度应小于30 cm,端承桩的沉渣厚度应小于10 cm。

7. 钻孔标准

灌注钻孔标准应符合表 5-6 的规定。

表 5-6 灌注钻孔标准

项次	项目	质量标准
1	孔的中心位置	单排桩不大于 100 mm,群桩不大于 50 mm
2	孔径偏差	+100 mm,-50 mm
3	孔隙率	≤1%
4	孔深	不得小于设计孔深

8. 钢筋骨架的焊接

固定及保护层的控制应符合下列规定:

(1)分段制作钢筋骨架时,应对各段进行预拼接,做好标志,放入孔中后,两侧钢筋对称施焊,以保持其垂直度。

(2)钢筋骨架的顶端必须固定,以保持其位置稳定,避免上浮。

(3)控制钢筋混凝土保护层的环形垫块宜分层串在加强筋上,加强箍筋应与主筋焊接。

9. 灌注水下混凝土的导管

灌注水下混凝土的导管应符合下列要求:

(1)每节导管长为 2 m,最下端一节为 4 m,导管底面不设法兰盘,并应配有部分调节用的短管。

(2)导管应做压水试验,并编号排列,且写出试验报告,经监理工程师批准。

(3)拼装前,应检查导管是否有缺损或污垢;拼接时应编号,连接严密。

(4)每接一节,应立即将其内外壁清洗干净。

(5)隔水栓宜用预制混凝土球塞。

10. 配制水下混凝土

配制水下混凝土应符合以下规定:

(1)水泥标号不应低于 325 号,水泥性能除应符合现行标准要求外,其初凝时间不宜早于 2.5 h。

(2)骨料最大料径不大于导管内径的 1/6 和钢筋最小间距的 1/3,且不大于 40 mm。

(3)砂率一般为 40%~50%时应掺用外加剂,水灰比不宜大于 0.6。

(4)坍落度、扩散度分别以 18~22 cm 和 34~38 cm 为宜,水泥用量一般不宜小于 350 kg/m^3。

11. 灌注水下混凝土应符合的标准

(1)导管下口至孔底间距宜为 30~50 cm。

(2)初灌混凝土时,先将导管埋入,放好储料斗,灌少量泥浆。灌注应连续进行,导管埋入深度应不小于 2.0 m,但不应大于 5.0 m。混凝土进入钢筋骨架下端时,导管宜深埋,并放慢灌注速度。

(3)终灌时,混凝土的最小灌注高度应能使泥浆顺利排出,以保证桩的上段质量。

(4)桩顶灌注高度应比设计高程加高 50~80 cm。

(5)随时测定坍落度,每根桩留取试块不得少于一组,当配合比有变化时,均应留试块检验。

12. 成桩检测

桩的质量可用无损检验法进行初验,必要时,可对桩体进行钻芯取样检验。

5.2.4.4　基坑开挖的注意事项

(1)合理布置施工现场道路及作业场地。

(2)基坑开挖宜分段分层依次进行,逐层设置排水沟以降低地下水水位,层层下挖,基坑底部应留有一定厚度的保护层,以便在底部工程施工前分块依次挖除。

(3)基坑开挖应根据设计轮廓进行开挖,严禁欠挖。

5.2.5　接缝及涵闸与堤身结合部施工控制

5.2.5.1　土堤碾压施工控制

(1)为确保新旧工程结合严密,必须将原坡逐坯开磴,切成台阶状,各台阶应与压实后的土坯厚度相同。

(2)接头处理:相邻工段应尽量平衡上土,两工段接头处要逐层交错压实,不准留有界沟,如进度不一、铺土相差两层以上,接头处要按 1:5的坡进行斜插肩,低工段上土时接头处应逐层开磴,但每工段不得小于 100 m。

5.2.5.2　填筑土堤斜坡结合面

在土堤的斜坡结合面上进行填筑时,应符合下列要求:

(1)应随填筑面上升进行削坡并削至质量合格层。

(2)应控制好结合面土料的含水量,边刨毛、边铺土、边压实。

(3)垂直堤轴的堤身接缝碾压时,应跨缝搭接碾压,其搭接宽度不小于 3 m。

5.2.5.3　土堤与刚性建筑物的连接

土堤与刚性建筑物(闸、涵、堤内埋管等)相接时,应满足下列要求:

(1)建筑物周边回填土方,宜在建筑物强度达到设计强度 50%~70%的情况下进行。

(2)填筑前,应清除建筑物表面的浮皮、粉尘及油垢等,表面的外露铁件(如模板、对销、螺栓等)必须割除,并对铁件周围进行凿毛,用水泥砂浆抹平,外贴沥青油毡纸。

(3)填筑时必须先将建筑物表面洒水湿润,边涂泥浆、边铺土、边夯实,涂浆高度与铺土厚度一致,涂层厚宜为 3~5 mm,并与下部涂层衔接,严禁泥浆干燥后再填筑,与建筑物表面接触处和侧压管以及沉陷周围,必须人工夯实。

(4)制备泥浆应采用塑性指数 I_p>17 的黏土,泥浆浓度可用 1:(2.5~3.0)(水重:总重)。

(5)建筑物两侧填土应保持均衡上升,贴边填筑宜夯实,铺土厚度应为 15~20 cm。

5.2.6　混凝土工程和钢筋的控制

5.2.6.1　建筑材料的监测

所用的“三材”必须符合下列标准:

(1)水泥。所用水泥的性能指标必须符合国家现行有关标准的规定。

(2)水泥进场必须有出厂合格证或进场试验报告单,监理单位应对其品种、标号、包装或散装编号、出厂日期等进行检查验收,当对水泥质量有怀凝或水泥出厂超过3个月(快硬硅酸盐水泥超过1个月)时,应做复查试验,并按试验结果决定是否使用。

(3)所用的集料应符合国家现行有关标准的规定,并取样做含水量、泥块含量、针片状颗粒含量、表观密度、堆积密度、逊径等试验。所用混凝土粗集料,其最大颗粒粒径不得超过结构截面最小尺寸的1/4,且不超过钢筋间最小净距的3/4。对混凝土实心板,集料的最大粒径不宜超过板厚的1/2,且不得超过50 mm。集料应按品种规格分别堆放,要有标牌,写明产地、规格、数量等,不得混杂。集料中严禁混入煅烧过的白云石或石灰块及山皮石块。

(4)混凝土制作时宜采用饮用水,当采用其他来源水时,水质必须符合国家现行标准《混凝土拌和用水标准》的规定。

(5)钢筋。所有结构物工程中所要求的一切钢筋的质量应符合国家现行标准的规定。钢筋应有出厂质量证明书或试验报告单,钢筋表面或每根(盘)均应有标志,进场时应按炉罐(批)号及直径分批检验。检验内容包括查对标志、外观检查,并按国家现行有关标准的规定抽取做力学性能试验,合格后方可使用。钢筋的加工过程中如发现脆断、焊接性能不良或力学性能显著不正常现象,应根据国家现行标准对该批钢筋进行化学成分检验或其他专项检验。对有抗震要求的框架结构的纵向受力钢筋应进行检验。检验所得的强度实测值应满足下列要求:①钢筋的抗拉强度实测值与屈服强度实测值的比值不应小于1.25;②钢筋的屈服强度实测值与钢筋的强度标准的比值,当按一级抗震设计时不应小于1.25,当按二级抗震设计时不应大于1.4。

另外,钢筋在运输和储存时不得损坏标志,并应按批分别堆放整齐,要有标牌,下面要放置木垫块,避免锈蚀或油垢。钢筋的级别、种类和直径应按设计要求采用,当要代换时,应征得设计单位的同意,并应符合下列规定:

①不同种类钢筋的代换,应按钢筋受拉承载力设计值相等的原则进行。

②当构件受抗裂裂缝宽度或挠度控制时,钢筋代换后应进行抗裂裂缝宽度或挠度检验。

③钢筋代换后,应满足混凝土结构设计规范中所规定的钢筋间距、最小钢筋直径、根数等要求。

④对重要受力构件,不宜用Ⅰ级光面钢筋代换变形钢筋。

⑤梁的纵向受力钢筋与弯起钢筋应分别进行代换。

(6)钢筋取样与试验。按钢筋混凝土结构用热轧钢筋的标准,做抗拉、抗剪强度伸缩及弯曲试验,需要焊接的钢筋应做焊接工艺试验,合格后才能使用。

5.2.6.2 钢筋的加工与安装质量控制

1.钢筋的加工

所有钢筋的截断与弯曲都应符合设计要求,加工后钢筋的允许偏差如表5-7所示。

表5-7 钢筋加工允许偏差

项次	项目	允许偏差(mm)
1	受力钢筋顺长度方向全长净尺寸	±10
2	钢筋弯起点位置	±20
3	箍盘各部分长度	±5

钢筋的对接接头应采用闪光对焊,无条件采用闪光对焊时,方可采用电弧焊;钢筋的支叉连接宜采用接触点焊;现场焊接竖向直径大于25 mm的钢筋宜采用电渣压力焊,焊接应均匀。

2.钢筋的安设

所有的钢筋要准确安设,钢筋的根数和间距符合设计要求,并应绑扎牢固,其位置偏差应符合表5-8的规定。

表5-8 钢筋安设位置偏差

<table>
<tr><th>项次</th><th>项目</th><th>允许偏差(mm)</th><th>项次</th><th>项目</th><th>允许偏差(mm)</th></tr>
<tr><td>1</td><td>受力钢筋间距</td><td>±10</td><td rowspan="4">5</td><td>钢筋保护层厚度</td><td rowspan="2">±10</td></tr>
<tr><td>2</td><td>分布钢筋间距</td><td>±20</td><td>基础、墩、厚墙</td></tr>
<tr><td>3</td><td>箍筋间距</td><td>±20</td><td>薄墙、梁</td><td>-5,+10</td></tr>
<tr><td>4</td><td>排距</td><td>±5</td><td>桥面板</td><td>-3,+5</td></tr>
</table>

钢筋安装时应严格控制保护层厚度,钢筋下面或钢筋与模板间应设置数量足够、强度高于构件强度、质量合格的混凝土或砂浆垫块,侧面使用的垫块应埋设铁丝并与钢筋扎紧。所有垫块应互相错开、分散布置,在双层或多层钢筋之间应采用短钢筋支撑或采取其他有效措施,以保证钢筋位置的准确。绑扎所用的钢筋铁丝和垫块上的铁丝均应按倒,不得伸入混凝土保护层中。

3.钢筋的质量评定

在主要检查、检测项目符合标准规定的前提下,凡检查点总数中有70%及其以上符合上述标准的即评为合格,凡有90%及其以上符合上述标准的即评为优良。

5.2.6.3 模板的制作与安装控制

1.总则

模板的形式应与结构特点和施工方法相适应,具有足够的强度、刚度和稳定性,保证浇筑后结构的形状尺寸和相互位置符合设计规定,各项误差在允许范围之内,模板表面光洁平整、接缝严密、制作简单,装拆方便、经济耐用,尽量做到系列化。

2.模板的制作与安装

(1)模板的制作应与钢筋架设、预埋件安装、混凝土浇筑等工序密切配合,做到互不干扰。

(2)支架和脚手架宜支撑在基础面或坚实的地基上,并应有足够的支撑面积与可靠的防滑措施,支架、脚手架的各立柱之间应有足够数量的杆件固定。

(3)制作与安装模板的允许误差(检验标准)如下:

钢模板的制作:模板的长度和宽度为±2 mm,表面局部不平度为±2 mm,连续配件的孔位置为±1 mm,并有足够的强度、刚度,表面光洁平整。

木模板安装:各层支架的支柱应垂直,上下层支柱应在同一中心线上,支架的横垫木应平整,并应采取有效的构造措施,确保稳定。

3.模板拆除

拆除模板的支架期限,设计无规定时,应符合下列规定:

(1)不承重的侧面模板应在混凝土强度达到其表面及棱角不因拆模而损伤时,方可拆除,在墩、墙、柱部位不低于 3.5 MPa。

(2)承重模板及支架,应在混凝土达到下列强度后方可拆除:

悬臂梁、板:跨度≤2 m,70%;跨度≥2 m,100%。

其他梁、板、拱:跨度≤2 m,50%;跨度≥2 m,70%;跨度≥8 m,100%。

桥梁、胸墙等重要部位的承重支架,除混凝土强度应达到上述规定外,龄期不得少于 7 d。

5.2.6.4 混凝土的浇筑控制

(1)拌制混凝土应严格按批准的配料单配料,不得擅自更改,如监理工程师事前需要对其进行抽捡,施工单位应以精确的质量和体积对比进行精度校核,其允许偏差:水泥为±2%,木为±3%,集料为±3%。

(2)集料的含水量应经常检测,以便调整加水量及骨料的质量,搅拌应使混凝土的各种组成材料混合均匀,颜色一致。

(3)混凝土所用的水泥品质应符合国家标准,并按设计要求和使用条件选用,其原则如下:

①水位变化区或有抗冻、抗冲、抗磨损等要求时,应选用硅酸盐水泥、普通硅酸盐水泥。

②水下不受冲刷部位或原大构件内部混凝土,宜选用矿渣硅酸盐水泥、粉煤灰硅酸盐水泥或火山灰硅酸盐水泥。

③水上部位的混凝土,应选用普通硅酸盐水泥。

④受海水、盐雾作用的混凝土,应选用硅酸盐水泥、普通硅酸盐水泥或矿渣硅酸盐水泥,受硫酸盐侵蚀的混凝土宜采用抗硫酸盐水泥、粉煤灰硅酸盐水泥。

⑤水泥标号应与设计强度相适应,每一部分工程所用水泥品种不宜太多,未经试验论证,不同品种的水泥不得混合使用。

(4)拌制和养护混凝土用水应符合下列规定:

①凡适宜饮用的水均可使用,未经处理的工业污水不得使用。

②水中不得含有影响水泥正常凝结与硬化的有害杂质,氯离子含量不超过 200 mg/L,硫酸盐含量不大于 2 200 mg/L,pH 值不小于 4。

(5)外加剂的技术标准应符合《水工混凝土外加剂技术标准》的规定,其掺量应通过试验确定,并严格按照操作规程掺用。

(6)混凝土的配合比应通过试验选定,除满足设计强度、耐久性及施工技术要求外,还应做到经济合理。

(7)混凝土的水灰比应通过试验确定,但遇下列情况时均分别减少 0.03~0.05:

①严寒地区(最冷日平均气温低于-10 ℃的地区);

②受海水、盐雾或其他侵蚀介质作用的外部混凝土;

③厚度小于 60 cm 的胸墙、薄墙等。

(8)混凝土坍落度应根据试验结果及结构特点和部位的设计要求来确定,并报监理工程师批准。配制大坍落度(超过 8 cm)混凝土时应掺外加剂。热天施工和结构钢筋特密时,坍落度宜适当加大。

(9)拌制混凝土时,应严格按实验室签发的配料单配料,并根据现场实测集料含水量进行适当的调剂,不得擅自更改。

(10)水泥、砂的混合材料均以质量计,水及外加剂溶液可按质量换算成体积,各种仪器应定期校验,称量偏差不得超过允许偏差:水、外加剂溶液±2%,水泥、混合材料±2%,集料±3%。计量设备较好的混凝土中心搅拌站,水、外加剂溶液的称量允许偏差不宜超过±1%,混凝土拌和至组成材料混合均匀、颜色一致,拌和的时间不得少于 1.5~2 min,当采用强制式搅拌机时,时间可缩短。

5.2.6.5　混凝土的运输

混凝土的运输应符合以下要求:

(1)运输设备及运输能力的选定应与结构的特点、仓面布置、拌和及浇筑能力相适应。

(2)以最少的运转次数将拌成的混凝土送至浇筑仓内,在常温下运输的延续时间不宜超过 0.5 h,如果混凝土产生初凝应进行专门处理。

(3)运输管道力求平坦,避免发生离析、漏浆及坍落度损失过大的现象,运至浇筑地点后如有离析现象,应进行二次拌和。

(4)混凝土的自由下落高度不宜大于 2 m,超过时应采用溜管、串筒或其他缓降措施。

(5)采用不漏浆、不吸水的盛器,盛器使用前应用水润湿,但不留有积水,使用后应刷洗干净。

5.2.6.6　混凝土浇筑时的控制事项

(1)应详细检查仓内清理、模板、钢筋、预埋件、永久缝及浇筑准备工作等,并做好记录,报请监理工程师验收后方可浇筑。

(2)混凝土层按一定厚度、顺序和方向分层填筑,浇筑面积大致水平,上下相邻两层同时浇筑时,前后距离不宜小于 1.5 m。在斜面上浇筑混凝土应从低处逐层升高,并保持水平分层,不使混凝土向低处流动。

(3)混凝土应随浇随平,不得使用振捣器平仓,有粗集料堆叠时,应将其均匀地分布于砂浆较多处,严禁用砂覆盖。

(4)混凝土浇筑层厚度,应根据搅拌运输和浇筑能力、振捣器性能及气温因素确定,插入式软轴振捣器浇筑层厚度为振捣器长度的 1.25 倍。表面式振捣器在无筋或少筋结构中为 250 mm,在钢筋密集或双层钢筋结构中为 150 mm,附着式外挂振捣器为 300 mm。

(5)浇筑混凝土应连续进行,如因故必须间歇,应不超过允许的间歇时间,以便在前层混凝土初凝前将续层混凝土振捣完毕，否则应按施工缝处理。

(6)混凝土浇筑中或凝结前遇降雨时，应将倾入仓内的混凝土全部振实，并用篷布盖住浇筑仓面，因降雨被迫停工后，接浇时按施工缝处理。

(7)浇筑过程中，应经常检查模板、支架等稳固情况，如有漏浆、变形或沉陷，应立即处理。相应检查钢筋、止水片及预埋件的位置，如发现移动应及时校正。浇筑到顶时，应及时抹平，排除泌水，待定浆后再抹一遍，防止产生松顶和表面干缩裂缝。

(8)在土基上浇筑底部混凝土时，应做好排水措施，尽量避免扰动地基土，必要时，在征得设计单位同意后，可增浇同标号的混凝土封底，在表层混凝土或岩基上浇筑混凝土时，基面应避免有过大的起伏。

(9)厚度大的底板、消力池混凝土宜分层浇筑，中厚层宜采用较大粒径的粗集料，选用水化热较低的水泥。

(10)使用混凝土撑柱应符合下列要求：

①撑柱间距应根据构件厚度、脚手架布置和钢筋架立等因素通过计算确定。

②撑柱的混凝土标号应与浇筑部位相同，在达到设计强度后使用。断裂残缺者不得使用。

③撑柱表面应凿毛并刷洗干净。

④撑柱应支撑稳定，若支撑面积不足，可加垫混凝土垫块。撑柱所用的撑拉杆应随着浇筑面上升依次拆除干净。

⑤浇筑时应特别注意撑柱周边混凝土，振捣结束后，立即拆除柱顶部的连接撑杆，并捣实杆孔。

(11)浇筑反拱底板，应按照设计要求进行，并注意下列事项：

①底板浇筑可适当推迟，使墩墙有更长的预沉时间；

②边端的一孔或两孔的底板预留缝，宜在墙后填土完成后封填；

③墩、墙与底板结合处，应按施工缝规定处理。

(12)在同一底板上浇筑数个闸墩时，各墩的混凝土浇筑面应均衡上升。

(13)浇细薄结构混凝土时，可在两侧模板的适当位置均匀布置一些扁平囱口，以利于浇捣。随着浇筑面上升，囱口应及时封堵，并注意表面平整。

(14)混凝土浇筑完毕，应及时覆盖。面层凝结后，应及时洒水养护，在常温下，混凝土连续湿润养护时间为 10 d。养护用水应与拌和混凝土用水相同。

5.2.6.7 **混凝土振捣的控制**

(1)所有的混凝土一经浇筑，应立即进行振捣，使之成为密实的整体。

(2)振捣点要均匀，间隔距离不得超过有效半径的 2 倍，振动应保持足够的时间和强度，以彻底捣实混凝土为准。

(3)振捣器应按一定顺序振捣，防止漏振，重振移动间距不大于振捣器有效半径的 1.5 倍，当使用表面振捣器时，其振捣边缘应适当搭接。

(4)振捣器机头宜垂直插入下层混凝土 5 cm 左右，振捣至混凝土无显著下沉、不出现气泡为止，表面泛浆并不产生离析后徐徐提出，不留空间。

(5)振捣器头至模板的距离应约等于其有效半径的 1/2，并不得触动钢筋、止水片及预埋件等。

(6)无法使用振捣器或浇筑困难的部位,可采用人工捣固。

5.2.6.8 **混凝土施工缝的处理控制**

(1)按混凝土的硬化强度,采用凿毛、冲毛等方法,清除老混凝土表层的水泥薄膜和松弱层,经监理工程师认可。

(2)浇筑前,水平缝应铺一层厚1~2 cm的水泥砂浆,垂直缝应刷一层净水泥浆,其水灰比应比混凝土水灰比减小0.03~0.05。

(3)新老混凝土结合面应轻微捣实。

(4)施工缝处理,待处理层混凝土达到一定强度后才能继续浇筑。

(5)施工缝的处理应在无害于结构的强度及外观的原则下进行。

5.2.6.9 **混凝土预制构件的监控**

(1)浇筑前,应检查预埋件的数量、模板的稳定性及钢筋数量、间距及安装位置、保护层厚度等。

(2)每个构件应一次浇筑完成,不得间断,并宜采用机械振捣。

(3)构件的外露面应平整、光滑,无蜂窝麻面。

(4)浇筑完后应标注混凝土标号、制作日期。

5.2.6.10 **混凝土浇筑时的质量检验**

(1)浇筑过程中,首先对粗、细集料的含水量每班至少检验1次,气温变化或雨天时增加检验次数;对混凝土各种原材料的配合比,每班至少检验3次;对混凝土拌和时间、现场混凝土坍落度、外加剂溶液的浓度,每班至少检验2次。

(2)固化后(凝固后)混凝土质量检验,以在标准条件下养护的试件抗压强度为主,必要时尚须做抗冻、抗渗等试验。抗压试件的组数按下列规定取不同标号、不同配合比的混凝土分别制取试件,数量为每部分R_7、R_{28}龄期成型试件各一组,与构筑物同等条件养护。混凝土试件应在机口随机抽样,不得任意挑选,并宜在浇筑地点取一定组数的试样,一组3个试件应取自同一盘中。

(3)所用水泥、外加剂和混合材料等应有保证书,并应取样检验。袋装水泥储运时间超过3个月、散装水泥超过6个月时,使用前应重新检验。袋装水泥进库前,应抽样检查包重。

(4)现场混凝土评定的原始资料,应按下列规定统计:

①现场混凝土试验R_7、R_{28}抗压强度按标号,以配合比相同的一批混凝土作为一个统计单位;工程验收时,可按部位以同标号的混凝土作为一个统计单位。

②除非查明原因确系操作失误,否则不得抛弃任一个数据。

③每组3个试件的平均值为一个统计数据。

④根据混凝土强度试验数据,做出混凝土强度评定。

(5)混凝土施工期间,应及时做好以下记录:每一部位块体的混凝土量、原材料的质量及混凝土标号、配合比、坍落度等各项数据和指标。

5.2.6.11 **其他质量评定标准**

凡其他检查基本符合上述(1)~(5)项标准,监理同意验收的,即评为合格;凡其他检查项目全部符合上述(1)~(5)项标准的,即评为优良。

模板质量评定,在主要检查项目符合标准的前提下,凡检测点总数中有70%及其以上符合上述标准的,即评为合格;凡有90%及其以上符合上述标准的,即评为优良。

钢筋质量评定,在主要检查检测项目符合标准的前提下,凡检查点数中有70%及其以上符合上述标准的,即评为合格;凡有90%及其以上符合上述标准的,即评为优良。

止水、伸缩缝和排水管质量评定,在主要检查检测项目符合标准的前提下,凡检查点总数中有70%及其以上符合上述标准的,即评为合格;凡有90%及其以上符合上述标准的,即评为优良。

混凝土浇筑质量评定,凡主要检查项目全部符合上述合格标准,其他检查项目基本符合上述标准的,即评为合格;凡主要检查项目全部符合上述优良标准,其他检查项目基本符合上述优良标准的,即评为优良。

混凝土单元工程质量评定,在基面、混凝土施工缝、模板、钢筋、止水、伸缩缝和堤体排水管、混凝土浇筑等项全部达到合格的基础上,凡混凝土浇筑、钢筋2项选到优良,其余3项有任意一项达到优良,则该混凝土单元工程即为优良,否则只能评为合格。

钢筋混凝土预制构件安装工程单元工程,按施工检查质量评定的根、套、组划分。每一根、套、组预制件安装质量的评定,在主要检查项目符合标准的情况下,检测总点数中70%及其以上符合标准的,即评为合格;凡有90%及其以上符合标准的,即评为优良。单元工程质量等级评定时,还应考虑构件制作质量,凡构件制作质量优良、安装质量合格的,也可评为优良。

5.2.6.12 评定混凝土质量的原始资料统计方法

评定混凝土质量的原始资料应按下列规定统计:

(1)现场混凝土试件 R_{28} 的强度,按标号以配合比相同的混凝土作为一个统计单位,工程验收时,可按部位以同标号的混凝土作为一个统计单位。

(2)每组3个试件的平均值作为一个统计数据,在同一盘内3个试件抗压强度的试验误差即离差系数 C_v 值小于4%的情况下,可采用每组成型2个试件的平均值作为一个统计数据。

(3)混凝土抗压强度离差系数 C_v 的评定见表5-9。

表5-9 混凝土抗压强度离差系数 C_v

混凝土标号	等级			
	优秀	良好	一般	较差
$M<20$ 号	≤0.15	0.15~0.18	0.19~0.22	>0.22
$M\geq20$ 号	≤0.11	0.11~0.14	0.14~0.18	>0.18

当无试验资料时,离差系数 C_v 可选用:$R_{标}\leq M15$,$C_v=0.20$;$R_{标}=M20\sim M25$,$C_v=0.18$;$R_{标}\geq M30$,$C_v=0.15$。

工地混凝土保证率和匀质性指标计算方法如下:

(1)混凝土保证率和匀质性指标应按月、按不同标号统计,一次统计所用试件的数目不少于30组。

(2)混凝土匀质指标以标准温度条件下养护28 d混凝土抗压强度的离差系数C_v值表示,在工程验收时由28 d龄期换成设计龄期来计算。离差系数的计算方法如下:

①平均强度R_n等于总体强度的特征值,指同标号的混凝土若干组抗压强度的算术平均值:

$$R_n = \sum_{i=1}^{n} (R_i/n) \tag{5-3}$$

式中　R_n——每组试件的平均极限抗压强度;

n——试件的组数。

②均方差:

$$\sigma = \sqrt{\frac{1}{n-1}\sum_{i=1}^{n} (R_i - R_n)^2} \tag{5-4}$$

③离差系数:

$$C_v = \frac{\sigma}{R_n} \tag{5-5}$$

5.2.7　砌石工程质量控制

5.2.7.1　一般规定

砌石工程在基础验收及结合面处理检验合格后方可施工,砌筑前应放样、立标、拉线,砌筑时砌面要求平整、稳定、密实和错缝。

5.2.7.2　材料

砌石所用的石料有方正的料石、块石、卵石等,石料质地应坚硬、无裂纹,风化后不得使用,各地对材料也有不同的要求。如山东省的一些地方要求:挡土墙扭曲面和消能防冲段浆砌石护坡面石均须使用20 cm×30 cm×50 cm的料石。

5.2.7.3　砌筑用的水泥砂浆

砌筑用的水泥砂浆应符合以下条件:

(1)配制水泥砂浆应按设计标号提高15%配合比并通过试验确定,应具有适度的和易性,水泥砂浆的稠度用标准圆锥沉入度表示,一般以4~7 cm为宜。

(2)砌石水泥砂浆应按设计配合比拌制均匀,随拌随用。自出料到用完,其允许间歇时间不应超过1.5 h。

5.2.7.4　浆砌石的砌筑控制

1.一般要求

(1)砌筑前,应将石料洗刷干净,并保持湿润,砌体的石块间应用砂浆填实。

(2)砌石施工时,应先洒水润湿渠基或土基,然后在垫层上铺筑一层厚度为2~5 cm的低标号混合砂浆,再铺砌石料。

(3)石料安放要求如下:

①浆砌块石应花砌,大面朝外,错缝交接,并选择较大、较规整的块石砌在底层和下部。

②浆砌料石和石板,在坡上应纵砌(料石或石板长边平行于水流方向)。必须错缝砌筑时,料石错缝的距离宜为料石长度的1/2。

③浆砌料石砌石墩、墙应符合下列要求:砌筑应分层,各砌层均应坐浆,随铺装随砌筑,每层应依次砌角石、面石,然后砌腹石,面石与腹石应交错连接。料石砌筑按一顺一丁或两顺一丁排列,砌缝应横平竖直,上下层竖缝错开,距离不小于 10 cm。丁石的上下方不得有竖缝,上下两层石块应骑缝砌,内外石块交替搭接,砌体应均衡上升。相邻段的砌筑高差和已砌筑高度不宜超过 1.2 m。

④浆砌块石挡土墙,应先砌面石,后砌腹石,干摆试放,分层砌筑,坐浆饱满。每层铺砂浆的厚度:料石为 2~3 cm,块石为 3~5 cm。块石缝宽超过 5 cm 时应填塞小石。

⑤浆砌卵石可采用挤浆砌筑,也可干砌石后用砂浆或细砾混凝土灌缝。

⑥浆砌石应保持砌缝平整密实。

⑦勾缝要求:砂浆标号高于砌体砂浆标号,宜用中细砂拌制,灰砂比宜为 1:2。砌体勾缝前应清理缝槽,并用水冲洗湿润,砂浆应嵌入缝内 2 cm,同时及时养护。勾缝应自上而下用砂浆充填、压实和抹光,浆砌料石、块石、石板宜勾缝,浆砌卵石宜勾凹缝,缝面宜低于砌石面 1~3 cm。

2.质量控制标准

浆砌石墙面垂直度:浆砌料石墙为墙高的 5%,误差不大于 20 mm;块石墙为墙高的 5%,误差不大于 30 cm。护底高差为 50~100 mm。护坡面平整,每 10 m 长允许偏差为 10 mm。护底护坡厚度允许偏差为其厚度的 15%;垫层厚度允许偏差为其厚度的 20%。

5.2.7.5 干砌石质量的控制要求

(1)砌体面石质地坚硬,单块质量不小于 20 kg,用 20 cm×30 cm×50 cm 的石料砌筑,长度在 30 cm 以下的石块连续使用不得超过 4 块,且两端需加丁石,一般长条形应丁向砌筑;不得使用翅口石、飞口石及小石,垫石子不得变成通天缝、对缝、虚棱石等,宜采用立砌法,不得叠砌和浮塞,石料最小边厚度大于 15 cm。

(2)具有分格的干砌石工程宜先修框格,然后砌筑。

(3)砌体缝面应砌紧,底部应垫稳填塞,严禁架空。

(4)宜采用立砌法,不得叠砌和浮塞,石料最小边厚度宜小于 15 cm。

(5)铺设大面积坡面的砂石垫层时,应自下而上分层铺设,并随砌石面的升高分段上升。

5.2.7.6 砌体的质量检验

砌体的质量检验方法如下:

(1)材料和砌体的质量规格应符合要求。

(2)砌缝砂浆应密实,砌缝宽度、错缝距离应符合要求。

(3)砂浆、小石子配合比应正确,试件强度不低于设计强度等。

5.2.7.7 干填腹石砌筑的质量控制

干填腹石砌筑的质量控制要求如下:

(1)干填腹石要通过抛石槽投放,面石扣砌 1~2 层投入一次,随砌随填,腹石应低于面石尾部,禁止倾倒成堆。

(2)干填腹石要逐层填实,用大石排紧、小石塞严,以脚踏不动为准,其缝隙直径不超过11 cm,并把大石块排放前面,较小石块排放后面。

(3)上下坯层很好地结合,每2 m^2内安一立石,可高出平面20 cm。

(4)腹石和面石咬茬应严密,连接牢固。

5.2.7.8 抛石的质量控制

抛石的质量控制要求:抛石过程中,应采取保护措施,不能破坏坡度,抛石要大致平顺,无明显凹凸现象。埋石排紧,无游石、孤石、小石,铺底高程允许误差为10 mm,抛石总高允许误差为10 mm,铺底宽允许误差为10 mm,顶宽允许误差为10 mm。

5.2.7.9 观测设备埋设控制

1.一般要求

观测设备的类型、规格、数量及埋设位置等均应符合设计规定。观测设备必须性能可靠,埋设前应仔细检查,施工期间对观测设备必须采取有效的保护措施,严防设备受到机械及人为损害,如有损坏应及时补救或补设并记录备查。

2.控制要求

(1)各种观测设备埋设前应经检查和率定。

(2)观测设备应按规定及时埋设。

(3)水位观测设施应设在水流平稳地段。

(4)沉降点埋设后,应立即观测初始值,施工期间按不同荷载阶段定期观测,竣工验收放水前后应分别测量一次。放水前,应将水下的沉降点转接到上部结构,以便继续观测。

(5)扬压力测压管宜用镀锌管,其埋设应符合下列要求:①测压臂的水平管段应设有纵坡,宜为5%左右,进水口略低,避免气塞现象,管段接头必须严密、不漏水;②测压管的垂直段应分节架设稳固,确保管身垂直,管口应设置封盖,防止杂物落入;③安装完毕后,应注意检验。

(6)岸墙、翼墙、墙身的倾斜观测应在标点埋设后、填土过程中及放水前进行。

(7)各项观测设备完善,应由专人负责观测和保护。

(8)施工期间所有观测设备和项目均应按时观测并及时整理分析。

(9)所有观测设备的埋设记录、安装记录、率定检验和施工期观测记录均应整理汇编,移交管理单位。

5.2.8 防渗止水工程质量控制

防渗导渗和永久缝(止水缝、伸缩缝)工程所用的材料、制品的品种和规格等均应符合设计要求。应优先使用耐久性好的紫铜片、橡皮止水,经过鉴定的651塑料止水及不易变形、经过干燥的松杉等柏油沥青板、沥青锯木板止水。

5.2.8.1 防渗铺盖的要求

黏土铺盖填筑应符合下列规定:

(1)填筑时尽量减少施工缝,如分段填筑,接缝的坡度不应陡于1:3。

(2)填筑达到高程后,应立即保护,防止晒裂或受冻和雨淋。

(3)填筑到止水设备时,防止止水槽被破坏。

5.2.8.2 导渗、填筑反滤层的检验

导渗、填筑反滤层应在检验合格后进行,并符合下列规定:

(1)反滤层的厚度及滤料的粒径、级配和含泥量等均应符合要求。

(2)铺筑时应使反滤料处于湿润状态,以免颗粒分离,并防止杂物或不合格的料物侵入。

(3)相邻层面必须拍打平整,保证层次清楚,互不混杂,每层厚度不得小于设计厚度的85%。

(4)分段或分层铺筑时,应将接头处各层铺成阶梯状,防止层间错位、间断或混杂。

5.2.8.3 止水设施

止水设施的形式、位置、尺寸及材料的品种规格等均应符合设计规定,具体要求如下:

(1)橡皮止水应平整,搭接长度不得小于2 cm,接头可用氯丁橡胶黏结。

(2)橡胶止水片的安装应采取措施防止变形和撕裂,安装好后加强保护。

(3)浇筑止水片部位的混凝土时,振捣棒不得触及止水片,确保止水片在正确位置上。

(4)伸缩缝混凝土表面应平整洁净,如有蜂窝、麻面应填平,外露铁件应割除。

(5)651塑料止水阀接头采用电热器加热到180~200 ℃,使接触面熔化,略加压,将两端对接压在一起。

(6)三层石油沥青麻布的制作及安装应注意以下要求:麻布制作前应先用柴油浸泡,然后均匀涂上热沥青,成品麻布应达到表面平整、黏结沥青均匀。麻布与混凝土黏结前,应先刷一层冷底子油,然后再涂热沥青黏牢。固定麻布压板应连续,不得留有间隙,并保持麻布表面始终平整。

5.2.8.4 土工织物滤层的铺筑要求

铺筑土工织物滤层应符合下列规定:

(1)铺设应平整,松紧度均匀,端部铺设牢固,不能有局部凹凸。

(2)接头可用搭接缝,搭接长度根据受力和基础土质条件确定。

(3)存放和铺设时,不宜长时间暴晒,应尽快铺设保护层。

5.2.9 闸门工程质量控制

5.2.9.1 闸门制作

(1)按设计要求制作与安装,要符合相应的规范要求,闸门制作误差应符合有关规定,应全面清点和检查构件的预埋情况是否符合图纸要求和规范规定。

(2)闸门预制场地应平整坚实、排水条件良好。

(3)浇筑闸门前应检查埋件的数量与位置。

(4)每个闸门应一次浇完,不得间断,宜采用机械振捣。

(5)闸门浇制完毕后,应标示型号、混凝土标号、制作日期和上下面,并加强养护。

(6)闸门不得有掉角和扭曲及开裂等情况。

5.2.9.2　闸门尺寸偏差

钢筋混凝土闸门外形尺寸允许偏差和安装的允许偏差参照《水工建筑物金属结构制造安装及验收规范》有关规定执行,见表5-10。

表5-10　钢筋混凝土闸门允许偏差

序号	项目	允许偏差
1	预埋螺栓及预埋件位置	2 mm
2	面板厚度	1/12 板厚
3	保护层厚度	-3～+5 mm

5.2.9.3　闸门移运规定

(1)闸门移运时的混凝土强度应满足R_{28}强度要求,如设计方要求时不应低于设计标号的70%。

(2)闸门移运方法和支承位置应符合构件受力情况,防止损伤。

5.2.9.4　闸门吊装的注意事项

(1)根据安装部位及构件尺寸、质量、数量和运输道路等来制订吊装计划。

(2)吊装前,应对吊装设备、工具的承载能力等做系统检查,对闸门应进行外形检查。

(3)闸门在吊装前应校准中心线,其支承结构上也应校测和画中心线及高程。

(4)闸门起吊方法与设计要求相同,应按吊环起吊,起吊绳索与构件水平面的夹角不宜小于45°,如小于45°,应对构件进行验算。

5.2.10　闸门构件质量控制

5.2.10.1　构件的测试要求

构件的制作厂应提供下列技术资料:主要材料的质量保证书或材质证明、厂方检测记录、焊缝探伤报告、设计修改通知书、重大缺陷处理记录、构件发运清单。

5.2.10.2　监控要求

构件进场后应清点抽查、妥善堆放,若有变形应予矫正。固定埋件的锚栓或锚筋应按设计要求设置,留出部分长度使埋件有足够的调整余地。闸门门槽埋件及启闭机闸门件到场后要妥善保管。

5.2.10.3　各种构件的安装要求

1.预埋件安装

埋件尺寸、规格、数量应与设计要求相符,固定埋件的锚栓或锚筋应按设计要求设置,位置偏差应符合规范要求。

(1)埋件安装后,应加固牢靠,防止浇筑混凝土时发生位移。混凝土拆模后应对埋件进行复测。

(2)埋件安装后的质量标准应符合表5-11的要求。

表 5-11　埋件安装后的质量标准

项次	项目	允许偏差(mm)	检验工具	检验位置
1	主、反轨工作面间距离	-3～+7	钢尺	每 1 m 测 1 点
2	主轨中心距离	±3	钢尺	每 1 m 测 1 点
3	反轨中心距离	±8	钢尺	每 1 m 测 1 点

底栏的平面误差与主轨、侧轨、反轨、门楣的垂直平面度误差应符合图纸与规范要求或小于 2 mm。埋件安装程序是门栏—门楣—主轨—反轨—侧轨。主轨、反轨、侧轨由下向上逐节进行安装,埋件安装检查合格后,即浇筑二期混凝土,如间隔时间过长或遇到碰撞,应复测,合格后方可浇筑,浇筑时应防止撞击。

2.埋件安装的质量评定标准

(1)符合下列要求者应评为合格:主要项目全部符合标准;一般项目检查的实测点有 90%及其以上符合标准,其余基本符合标准。

(2)在合格的基础上,优良项目占全部项目的 50%及其以上者,应评为优良。

5.2.11　电气设备的监控

5.2.11.1　电气设备安装总要求

电气设备安装按照《电气安装装置工程施工验收规范》的有关规定执行。

5.2.11.2　线路架连

架空配电线路与建筑等地物交叉接近时的最小距离应按设计规定执行,设计无规定时按规范执行,但最低不小于 7 m。配电线路的埋件及管道的敷设应配合土建工程及时进行,接地装置的材料应选用钢材,在腐蚀性土壤中应用镀铜或锌钢材,不得使用裸线。

接地线的连接应符合下列要求:①宜采用焊接,圆钢的搭接长度为直径的 6 倍,扁钢的搭接长度为宽度的 2 倍;②有振动的接地线应采用螺栓连接并加设弹簧垫圈,防止松动;③钢筋接地与电气设备间应有金属连接,如接地线与钢管不能焊接,应用卡箍连接。

5.2.11.3　三相异步电动机的安装及调整控制细则

(1)电动机允许采用联轴器或正齿轮传动,当采用正齿轮传动时,齿轮的节圆直径不小于轴直径的 2 倍。

(2)长期放置不用的电动机在使用前必须以 500 V 兆欧表测量其定子绕组与机壳和轴间的绝缘电阻,低于 0.5 MΩ 的电动机必须进行处理。

(3)新的或长期放置未用的电动机在安装前首先应进行机械检查,检查各部件是否装配完整,紧固件是否松动,内部如果有灰尘应清理干净,必要时可用干燥的压缩空气吹净。

(4)为防止锈蚀,电动机在拆检后重新装配时,所有的配件面和带螺纹的紧固件(除接地螺栓外)可涂一层干净的防锈蚀油后再进行装配,并且所用的紧固件应有弹簧垫圈以免自行松脱,装配后,用手转动转子应能灵活转动。

(5)在转轴上安装联轴器或齿轮时,必须先将轴身上的防锈层清洗干净再进行安装,在安装时应防止过重敲击,以免损坏轴承。

轴伸缝键采用“B”型普通平缝，其尺寸如表5-12所示。

表5-12　“B”型普通平缝尺寸

机座号	尺寸(mm) $b \times h \times l$	机座号	尺寸(mm) $b \times h \times l$
112	10×8×56	250	18×11×80
132	10×3×56	280	20×12×100
160	14×9×80	315	22×14×100
180	14×9×56	355	25×14×125
200	16×10×80	400	28×16×140
225	16×10×80		

(6)电动机安装时，应校正电动机与被拖动设备转轴中心线的相对位置，调整后，旋紧地脚螺旋，使其可靠地固定于基础上。

(7)电动机在明显位置备有接地螺栓，并在附近标有接地符号，安装后应可靠地接地。

(8)锥形轴伸电动机上的联轴器后应紧接着旋紧螺母，以产生足够的夹紧力；双轴伸电动机，对未使用的轴伸端，需拆下轴伸键的轴头螺母及垫圈后再开车。

(9)电动机接线后，应试接电源使其转动，检查旋转方向是否符合要求；不符合时将任意两根电源线调换一下位置即可。

(10)在电动机安装完后，空转30~40 min，若情况良好再加入负载，并应检查电源的稳定性。当电源电压(频率为额定)与其定额值的偏差不超过±5%或电源频率(电压为额定)与其定额值的偏差不超过±1%时，电动机允许在额定状态下运行，此时电动机的温升允许超过有关规定，但超过的数值应不大于10 ℃。当电源电压与其额定值的偏差不超过-5%时，电动机仍能启动，此时电动机的性能与温升不能保证。

5.3　堤防防护工程质量控制

5.3.1　堤防项目施工进度计划的编制与控制

堤防项目施工进度计划的作用主要包括两个方面：一是科学研究组织施工，合理加快施工速度的基本途径；二是施工进度与计划的表现形式。其主要是按照流水作业原则编制的。

施工进度计划的总体思路是：必须根据河堤的断面尺寸、各工区的地质条件、工期要求、所选用的施工机械设备、施工方案，并参照由部门提出的月、旬作业计划和平衡劳动力计划，以及材料部门调配材料、构件和设备部门安排的施工机具的调度及财务部门的用款计划等编制；各项计划均需以施工进度计划为基础，并且反映预定的施工准备、形式计划、竣工计划等全部施工过程，以及各方面之间的配合关系及各分部分项工程、各工序之间的关系;应抓住关键、统筹全局,合理布置人力、物力,正确指导生产。

5.3.1.1 堤防项目施工流水作业的原则

堤防项目施工过程的组织主要是解决“施工空间组织”和“施工时间组织”这两个方面的问题。

施工过程的空间组织主要是解决施工单位的机构组织和人员配备问题,以及具体工程项目的各种生产、生活、运输、行政管理及临时设施的空间分布问题。

施工过程的时间组织主要是解决工程项目的施工作业方式和施工作业工序的安排及衔接问题。

堤防项目施工作业的方式主要有三种:平行作业、顺序作业、流水作业。

1.平行作业

堤防项目工程施工的作业面很长,因此根据各分工项目和施工技术的需要,分为几段或几个施工点同时按程序施工,这种作业方式可缩短工期。但堤防项目工程施工的工作面少,对于大而长的堤防项目,施工条件恶劣。为了加快施工进度,可以增加施工作业面和采用平行作业方式组织生产,加快施工速度及改善施工条件。

2.顺序作业

按施工程序安排作业和工艺流程,即按先后顺序组织施工操作。

3.流水作业

将堤防项目工程划分为若干个施工段或工区,以施工专业化为基础依次在各施工段完成一道工序,使前一个工序迅速为后一个工序让出工作面,从而加快工程进度。流水作业可以连续均衡施工,合理调配劳动力、机具、材料,从而提高劳动生产率和保证工程质量。

5.3.1.2 施工进度计划编制的表现形式

施工进度计划编制的表现形式主要是施工进度图,其可分为三种,即横道图、垂直图和网络图。

1.横道图

常用的工程施工进度横道图由两大部分组成,一部分是以分项工程为主要内容的表格,包括工程项目内容、单位、数量、定额、劳动量(工日)、每班平均人数、实际计划的工作日等;另一部分是指示图表,根据表格中的相关数据经计算得到。用横向线条形象地表示各分项工程施工进度,所画横线表示堤防项目施工期限和位置,横线上的数值表示劳动力的数量,不同的符号表示不同的作业队或施工段,并综合反映各分项工程相互间的关系,从而进行资源综合平衡调整。此种方法适用于绘制集中性的工程进度图、材料供应计划图或作为辅助性的图示。

2.垂直图

垂直图是一种用坐标图的形式绘制成的进度图,以横坐标表示河堤长度和以百米表示里程,以纵坐标表示施工年、月、日,用各种不同的线型表示各项不同工序,每条斜线都反映某一工序的计划进度情况,即开工计划日期和完工计划日期,各斜线的水平方向间隔表示工序的距离,其竖直方向间隔表示各工序间隔的时间,各工序均衡推进表示在进度图上为各斜线之间相互平行。垂直图法可用于堤防设计施工组织进度分析和控制。

3.网络图

网络图是表示一项工程或任务的工作流程图，可分为双代号网络图和单代号网络图两种。

网络图主要有双代号和单代号两种，单代号是在双代号基础上的简化。两者之间的区别是图形中的节点（○）与箭线（→）的使用方法不同。在双代号网络图中，箭线代表某项工作（工序），节点代表事件；在单代号网络图中，节点代表某项工作（工序），箭线代表事件。

5.3.1.3　施工进度计划编制的准备

1.编制工程项目

根据工程设计图纸，将拟建工程的各单项工程中的各分部分项工程施工前的准备工作、辅助设施及结束工作等一一列出，对一些次要项目，可作必要的归并。然后按这些施工项目的先后顺序和相互联系的程度进行适当的排队，依次填入进度计划表中。

进度计划表中工程项目的填写顺序一般为先列准备工作，然后填入导流工程、堤防工程、排水工程及其他工程。如各单项工程的分部工程，一般它们的施工顺序如下：基坑开挖、堤基处理、堤防施工、堤顶施工等。

列工程项目时注意不得漏项，列项时可参照水利部颁发的《水利基本建设工程项目划分》。

2.计算工程量

依据所列的工程项目计算建筑物、构筑物、辅助设施以及施工准备工作和结尾工作的工程量。工程量计算一般应根据设计图纸和水利部颁发的《水利水电工程设计工程量计算规范》规定计算。

5.3.1.4　施工进度计划的编制步骤

1.初拟工程进度

初拟工程进度是编制施工总进度计划的主要步骤。必须抓住关键，分清主次，合理安排，互相配合，要特别注意首先把与汛期洪水有关、受季节性限制较强或施工技术比较复杂的控制性工程的施工进度安排好。

在初拟进度计划时，对于围堰截流、拦洪度汛、蓄水发电类关键项目，必须进行充分论证，以便在技术、组织措施等方面都得到可靠的保证。

2.论证施工强度

在拟订各项施工进度时，必须根据工程施工条件和选用的施工方法，对各项工程，尤其是起控制作用的关键工程的施工强度，进行充分论证，使编制的施工总进度计划有比较可靠的依据。

论证施工强度一般采用工作类比法，即参照类似工程所达到的施工水平，对比本工程的施工条件，论证进度计划中所拟定的工程强度是否合理。如果没有类似工程可以对比，则应通过施工设计、施工方法、机械的生产能力、施工现场的布置以及施工措施和施工期间的均衡性来确定。利用劳动定额和机械设备的需用量计划，使用定额进行论证。

3.编制劳动力、材料和机械设备的需用量计划

根据拟订的施工总进度计划和有关规定的定额指标，计算劳动力、材料和机械设备等

的需要量,并提出相应的计划。需要量计划不仅应注意到它的可能性,而且要注意到在整个施工期间的均衡性,这是总施工进度计划是否完善的一个重要标志。

4.调整和修改

根据论证的数据,对初拟的施工总进度计划是否切合实际,各项工作之间是否相互协调、施工强度是否大体均衡等进行评价,如有不足之处和不完善的地方需要进行必要的调整和修改,形成较为合理并具有实际指导意义的施工总进度计划。

在实际工作中,编制完善的施工进度计划,需要将各项问题相互联系起来反复斟酌才能完成,并且以后还要结合单项工程进度计划的编制来进行修正。

5.3.1.5 施工进度图的编制方法及步骤

1.横道图的编制方法与步骤

(1)绘制空白图表。

(2)根据设计图纸、施工方法、定额、工程概(预)算进行列项,并按施工顺序填入空白表中。

(3)逐项计算工程量。

(4)逐项选定定额。

(5)逐项计算劳动量。

(6)按施工承包单位的施工力量及工作台班计算所需工期。

(7)按计算出的各施工过程的周期安排施工进度日期,具体方法是从开工到竣工日期,将各施工进度日期填入图的日程栏内,再计算周期,用直线或绘有符号的直线绘制进度图。

(8)绘制所计算的劳动力安排曲线。

(9)进行反复调整与平衡,最后择优选择。

2.网络图的编制方法与步骤

1)双代号网络图的绘制

对于一项大型工程,一般要绘制3种网络图,即总网络图、分网络图(局部网络图)和基础网络图。分网络图的进度安排必须符合总网络图的要求,而基础网络图必须符合分网络图的要求。

(1)绘制双代号网络图的原则

①网络图的节点编号应遵循两条原则:一条箭线箭头节点的编号应大于箭尾节点的编号;在一个网络图中,所有节点不能重复编号。

②在一个网络图中,不允许出现节点代号相同的箭线。

③在一个网络图中,只允许有一个起点节点和一个终点节点。

④网络图中不允许出现循环回路。

⑤网络图中一条箭线必须连接两个节点。

⑦网络图中不允许出现双向箭头或无箭头的线段。

⑦网络图应当正确地表达工作之间的逻辑关系,同时尽量没有多余虚工作。

(2)绘制网络图的方法与步骤

①勾画网络草图,其任务就是根据给定的工作间逻辑关系,将各项工作依次正确地连

接起来。其方法有顺推法和逆推法。顺推法即从起点节点开始，首先确定由起点节点直接连出的工作，然后根据工作间的逻辑关系，确定每项工作的紧后工作，这样把工程依次由前到后按网络逻辑连接起来，直到终点节点，即构成网络图。

②去掉多余虚工作，并调整箭线位置，尽量减少箭线交叉。

③检查编号。

另外，在进行网络图的节点编号时，应注意各工作的开始节点号必须小于结束节点号。

2）单代号网络图的绘制

（1）单代号网络图的绘制规则

绘制单代号网络图必须遵循一定的逻辑规则，这些规则如下：

①不允许出现循环回路。

②工作的编号不允许重复，任何一个编号只能表示唯一的工作。

③在网络图中不得出现双向箭线或无箭线的线段。

④单代号网络图在开始和结束时的一些工作缺少必要的逻辑联系时，必须在开始和结束处增加虚拟的起点节点或终点节点。其他所有节点，其前面必须至少有一个紧前工作节点，其后面必须至少有一个紧后工作节点，并以箭线相联系。

（2）单代号网络图的绘制方法

单代号网络图的绘制方法十分简单，即根据工作逻辑关系由前向后逐一将工作画出。

3）单代号网络图与双代号网络图的比较

与双代号图络图相比较，单代号网络图有以下特点：

（1）单代号网络图的绘制比双代号网络图的绘制简便。

（2）一般情况下，单代号网络图的节点数和箭线数比双代号网络图多。

（3）单代号网络图在使用中不如双代号网络图直观、方便。

（4）根据单代号网络图的编号不能确定工作时间的逻辑关系，而双代号网络图可以通过节点编号明确工作间的逻辑关系。

3.垂直图的编制方法与步骤

（1）根据堤防工程的开工、竣工日期，将进度日历绘于图表的纵坐标上。

（2）绘出图表轮廓及表头，将工程项目及工程量按相应的里程绘于图表上半部。

（3）进行列项，计算劳动量、生产周期、劳动力数、机械台班量等，可先列表计算，然后结合绘图，并进行反复调整，平衡优化进度计划。

（4）按已计算的施工周期，分别用钢笔绘制不同符号的工程线，并按施工紧凑的原则，使各进度线相对移动至最佳的位置。

（5）按以下要求做最后调整：①力求各进度线靠近而不相交；②劳动力需要量力求均衡，避免出现高峰与低谷等不合理的情况；③检查总工期是否符合规定要求；④补充图例和文字说明；⑤以黑线加深各进度线并进行总复核。

5.3.1.6 总说明书

总说明书的主要内容如下：描述河堤概况、地质条件和采用的施工方法，各项编制依据，合同工期要求，施工中可能遇到的困难和采取的相应措施，以及其他需要说明的问题。

5.3.1.7 施工进度计划的控制、检查与调整

为保证全面均衡地完成河堤的施工进度计划,避免施工过程中出现时松时紧而造成窝工现象或抢工现象,必须对施工进度计划进行控制。

1.基本要求

(1)加强生产调度工作、技术组织措施,开展劳动竞赛,进行经济核算,加强施工计划、工程质量和生产安全的检查工作,以保证河堤施工计划的顺利完成。

(2)执行按劳分配和各种奖惩制度,使职工工资福利与完成计划情况挂钩,同时还要进行深入细致的思想政治工作,以充分调动职工的生产积极性,为完成施工计划而努力。

2.施工计划的调度工作

(1)监督施工计划的执行,及时发现并解决执行过程中发生的问题,保证计划顺利实现。

(2)在施工进度计划执行过程中,经常出现新的不平衡,必须通过调度工作进行调整,使计划重新达到平衡,以达到施工单位的施工能力而使施工计划顺利进行下去。

(3)河堤施工生产调度一般以短期作业计划为中心,围绕完成计划目标进行调度。

(4)施工调度机构是施工第一线的指挥中心,施工总指挥的各项指示及所发布的施工调度命令应以保证河堤施工计划为中心,围绕完成计划目标进行调度。

3.施工的统计工作

统计资料是根据基层的施工原始记录,经计算、综合统计得来的,因此做好基层单位的原始记录是做好统计工作的根本保证。

施工统计资料是反映计划完成情况的系统资料,可以通过统计报表了解和检查计划执行情况,并从中发现问题,总结经验,据以决策和指导工作。

5.3.2 砌石筑堤(墙)监理控制

5.3.2.1 砌筑技术控制

(1)砌筑前,应在砌体外将石料上的泥垢冲洗干净,砌筑时保持砌石表面湿润和清洁。

(2)砌筑时,应采用坐浆法分层砌筑。铺浆厚宜为3~5 cm,随铺浆随砌石,砌缝需用砂浆填饱满,不得无浆直接贴靠,砌缝内砂浆应采用扁铁捣实,严禁先堆砌石再用砂浆灌缝。

(3)上下层砌石应错缝砌筑,砌体外露面应平整美观,外观(露)面上的砌缝应预留约2 cm深的空隙,以备勾缝处理,水平缝宽应不大于2.5 cm,竖缝宽应不大于2 cm。

(4)勾缝前必须清缝。用水冲净并保持缝槽内湿润,砂浆应分次向缝内填塞压实,勾缝砂浆标号应高于砌体,砂浆应勾平缝,严禁勾假缝、凸缝,砌筑完毕后,应保持砌体表面湿润,做好养护。

(5)砂浆配合比、工作性能等应按设计标准号通过试验确定,施工中应随时取样检测。

5.3.2.2 浆砌石工程质量检测项目与质量标准

(1)浆砌石勾缝工程质量检测项目与质量标准应符合表5-13的规定。

表 5-13 浆砌石勾缝工程质量检测项目与质量标准

项次	检查项目	质量标准
1	原材料	符合规程标准
2	砂浆配合比	符合设计要求
3	勾缝	无裂缝、脱皮现象
4	砌筑	空隙用小石填塞,不得用砂浆填充

(2)浆砌石单元工程质量检测项目与质量标准应符合表 5-14 的要求。

表 5-14 浆砌石单元工程质量检测项目与质量标准

项次	检查项目	质量标准
1	砌石厚度	允许偏差为设计厚度的±10%
2	坡面平整度	用 2 m 靠尺测量,凹凸不超过 5 cm
3	测点数量	沿堤轴线方向每 10~20 m 应不少于一个点次

(3)每单元工程砂浆取成型试样数目为 1~2 组,进行砂浆抗压强度试验。

(4)浆砌石单元工程的质量评定标准应符合以下规定:

①合格标准:质量检查项目达到标准且水泥砂浆的 28 d 抗压强度不小于设计强度的 80%。

②优良标准:质量检查项目达到标准且水泥砂浆的 28 d 抗压强度不小于设计强度的 90%。

5.3.3 耐特龙石枕的质量控制要求

5.3.3.1 耐特龙材料、规格的质量控制要求

(1)材料。所用材料应强度高、抗腐蚀并具有扭曲特点,其抗拉强度符合规范要求(4.82~5.17 kN/m),伸缩率符合规范要求,其扭曲特性强。

(2)规格。其规格要符合规范要求,即平网规格为 2.5 m×30 m(550 g/m^2),网孔大小为 60 mm×60 mm,网厚 5.9 mm。树脂种类为高密度聚乙烯(黑色)。

5.3.3.2 耐特龙石枕施工质量的控制

(1)耐特龙石枕外形尺寸及护底尺寸要求。外形尺寸:直径 0.75 m,长 5 m。护底尺寸:宽 1.5 m,高 1.5 m,直径 0.75 m。单枕长 5 m,按 1:1.5 坡度,分上下两层并列排放,底部高程按设计要求。

(2)耐特龙石枕现场制作要求。将网片截成 2.5 m×5 m 并卷成直径 0.75 m 的圆柱,两端用 0.84 m×0.84 m 网片经尼龙绳缝合后封堵,做成敞开(纵缝)柱状半成品备用。

(3)施工时的质量控制。用时将半成品石枕放于设计开挖位置后,人工填石排整,尼龙绳接缝即成石枕。根据实践经验,为使内外、上下枕免出直缝、通天缝,增加 2.5 m×7.5 m 类型石枕,有利于耐特龙石枕的最佳结合,起到更好的固基效果。

5.3.4 铰链式模袋混凝土沉排的质量控制

5.3.4.1 一般技术要求

模袋材料：一是要求有足够的强度，二是要求有一定的渗透性，三是要求孔径不能过大。基本要求：单层质量 340 g/m^3，单层厚度 0.55 mm，顶坡强度 1 618.7 N，有效孔径 0.088 mm，渗透系数 0.86×10^{-3}。

5.3.4.2 铰链式模袋混凝土沉排的工程结构

单个块体平面尺寸，纵横分别为 50 cm 和 100 cm，厚 25 cm，模袋内预埋 2 根或 2 组直径不同的锦纶绳，纵向 2 根、10 mm，横向 1 根、8 mm。将块体连接成为整体，每单元块体间隔 10 cm，块体间留有灌注混凝土的通道，通道直径为 10 cm，混凝土灌注成型后即为铰链式模袋混凝土沉排。

5.3.4.3 基本要求

（1）铰链绳的选定：选用目前国内较好的锦纶绳纵横向铰链，每 10 块体沿水流方向布设一根，断裂强度为 10.71 kN 的 8 mm 的锦纶绳。

（2）混凝土配合比：应根据设计要求，通过有资质的试验单位进行确定，一般水灰比采用 0.66，坍落度为（26±1）cm，一级级配。抗压强度等级为 C20，水泥采用普通硅酸盐水泥（425 号或 325 号），水泥：砂：石子为1：2.2：1.9，每立方米混凝土水泥用量为 378 kg。为了提高混凝土的和易性与抗冻性，有利于泵送和模袋内流畅扩散，应加适量的加气剂和减水剂，但必须经过试验后确定。

5.3.4.4 铰链式模袋混凝土沉排的施工质量控制要点

（1）场地平整的技术要求：水中施工时，对地形起伏过大且河床接近设计枯水位的河床需要进行平整，如出现断流，在对河床按沉排设计铺设的条件下，适当降低平整度（不平度应为±20 cm），以增加反滤布与排体的摩擦系数，但一般情况下沉排可直接铺在河床上。

（2）反滤布铺设注意事项：①水中铺设反滤布，在水深较大的部位应用船定位，在铺设反滤布的上下游位置垂直水流方向放置两只船，把反滤布折叠好后放于船的迎水一侧，边缘配重，将配重一边沉入水中，然后在上游船的控制下缓缓向下游移动，在水流和自重的作用下使反滤布均匀沉入河床；②在水深小于 1.5 m 的部位可在水中直接铺设。

（3）模袋布铺设原则：①模袋布的水下铺设较为复杂，既要考虑模袋定位准确，还要考虑模袋的充填过程中纵向和横向的收缩；②模袋布铺设一定要注意充填质量，铺放要展开，同一块模袋的搭接一定要按设计要求；③为了使铺设的模袋布在整个充填过程中保持平整，需要在岸边布设定位桩 5 个，上面各挂一个水葫芦。当水深较小时，可在水中直接铺设，当水深较大时，模袋布后端穿钢管，拉到岸边靠近护岸一侧上游，留足锚固部分及收缩量，固定在水葫芦上，每个模袋布灌注口处设浮标一个。模袋前端配重，沉入水中，模袋布铺设从下游向上游，充填完一块铺设一块。

（4）模袋充填的技术要求。①用泵输送水泥砂浆或细骨料混凝土充入铺设好的模袋中，模袋充填方法采用从下往上的方式，水深大于 1.5 m 的部位，采用流动度较好的砂浆充填。因模袋块体之间的通道较细,碎石容易在此被堵塞,从而影响下一块充填。为此,每个通道处要有专人负责踩压,以使混凝土顺利通过通道。插入灌注口的喷管左右移动,使模袋充灌均匀,质量饱满。充填时,还需要调整模袋压力,以免胀破模袋。②每充完一排灌注孔后,由于模袋纵向收缩,张拉大,这时需适当放松顶部控制横袋的手拉葫芦。③每天施工完后,对已完工的岸上模袋护坡应浇水养护,泵车停泵后必须用水将管道、泵车冲洗干净。

(5)铰链式模袋混凝土沉排的锚固要求:为了增加排体安全,在铰链及模袋上端增加锚固措施,即在开挖的锚钩内布设铆钉,并用混凝土浇筑锚钩,以增加抗滑力。

5.3.5　混凝土灌注桩护岸质量控制

在混凝土灌注桩形成过程中,可根据地质条件选择回转、冲击、冲抓或潜水等钻机,各种钻机的使用范围要符合设计要求。

5.3.5.1　护筒的埋设

(1)用回转钻机时,护筒内径宜大于钻头直径 20 cm,用冲击、冲抓钻机时宜大于 30 cm。

(2)护筒埋置应稳定,其中心线与桩位中心的允许偏差不应大于 50 mm。

(3)护筒顶端应高出地面 30 cm 以上,当有承压水时应高出承压水位 1.5~2.0 m。

(4)护筒的埋设深度要求:在黏性土壤中不宜小于 1.0 m,在软土或砂土中不宜小于 2.0 m,护筒四周应分层回填黏性土,对称夯实。

5.3.5.2　泥浆护壁和排渣

(1)在黏性土和壤土中成孔时,可注入清水,以原土造浆护壁、排渣泥浆的比重控制在 1.1~1.2。

(2)在砂土和夹沙层中成孔时,孔中泥浆比重应控制在 1:1.3,在砂卵石或易塌孔的土层中成孔时,孔中泥浆比重应控制在 1.3~1.5。

(3)泥浆宜选用塑性指数 $I_p \geqslant 17$ 的黏土调剂,泥浆黏土控制指标在 18~22 s,含砂率不大于 4%~8%,胶体率不小于 90%。

(4)在施工中应经常在孔内取样测定泥浆的比重并做好记录。

(5)钻机安置应平稳。不得产生沉陷或位移,钻进时应注意土层变化情况。

5.3.5.3　终孔检查

(1)孔壁土质较好且不易塌孔时,可用空气吸泥机清孔。

(2)用原土造浆的孔,清孔后泥浆比重应控制在 1:1左右。

(3)当孔壁土质较差时,宜用泥浆循环清孔,清孔后的泥浆比重应控制在 1. 15~1. 25,泥浆含砂率控制在 8%以内。

(4)清孔过程中,必须保持浆面稳定。

(5)清孔标准,摩擦桩的沉渣厚度应小于 30 cm,端承桩的沉渣厚度应小于 10 cm,其质量标准应符合:①孔的中心位置偏差,单排桩不大于 100 mm,群桩不大于 150 mm;②孔径偏差为+100~-50 mm;③孔斜率≤1%;④孔深不得小于设计孔深。

(6)钢筋骨架的焊接。其固定以及保护层的控制,应按下列规定:①分段制作钢筋骨架时,应对各段进行预拼接,做好标志,放入孔中后侧,钢筋对称施焊,以保持其垂度;②钢筋骨架的顶端必须固定,以保持其位置稳定,避免上浮;③控制钢筋混凝土保护层的环形垫块宜分层穿在加强箍筋上,加强箍筋与主筋的焊接。

(7)灌注水下混凝土的导管应符合下列要求:①每节导管长为2 m,最下端一节为4 m,导管底口不设法兰盘并配有部分调节用的短管;②导管应做压水试验,并编号排列,且写出试验报告,经监理批准;③拼装前,应检查导管是否有缺损或污垢;拼接时,应编号,连接紧密;④每拆一节应立即将其内外壁清洗干净;⑤隔水栓宜用预制混凝土球塞。

(8)配制水下混凝土应符合:①水泥标号不应低于425号,水泥性能除应符合现行标准要求外,其初凝时间不宜早于2.5 h;②粗骨料最大粒径应不大于导管内径的1/6和钢筋最小间距的1/3,并不大于40 mm;③含砂率一般为40%~50%,应掺入外加剂,水灰比不宜大于0.6;④坍落度和扩散度分别以18~22 cm和34~38 cm为宜,水泥用量一般不宜少于350 kg/m^3。

(9)灌注水下混凝土应符合:①导管下口至孔底间距宜为30~50 cm;②初灌混凝土时,宜先灌少量水泥浆,导管和储料斗的混凝土储料量应使导管埋入深度不小于1.0 m;③灌注应连续进行,导管埋入深度应不小于2.0 m,并不应大于5.0 m,混凝土进入钢筋骨架下端时,导管宜深埋并放慢灌注速度;④终灌时,混凝土的最小灌注高度应能使泥浆顺利流出,以保证桩的上端质量;⑤桩顶灌注高度应比设计高程高50~80 cm;⑥随时测定坍落度,每根桩留取试块不得少于一组。当配合比有变化时均应留试块检验。

(10)桩的质量可用破损检验法进行初验,必要时可对桩体进行钻芯取样检验。

5.3.6 土工合成材料施工质量监理

5.3.6.1 土工合成材料的划分

(1)土工织物。可分为机织、编织和针织3种。

(2)土工膜。

(3)土工复合材料。可分复合土工膜、复合土工织物、化学黏织物3种;按其用途又可分为复合排水材料、排水带、排水管、排水防水材料等。

(4)土工特种材料。主要有土工格栅、土工带、土工格室、土工网、土工膜袋、土工网垫、土工线织物膨润土垫(GCL)、聚苯乙烯板块(EPS)等。

5.3.6.2 施工前需控制的指标资料

(1)所有材料应具有国家或部门认可的测试单位的测试报告,材料进场后应进行抽检。抽检项目如下:①物理性能:单位面积质量、厚度(及其与法向压力的关系)、材料的密度、孔径等;②力学性能:条带拉伸、拉伸撕裂、顶破、CBR顶破刺破、直剪摩擦等;③水力学性能:垂直渗透性、平面渗透性、淤墙防水性等;④耐久性能:抗紫外线能力、化学性质稳定性和生物稳定性等。以上项目均应符合规范与设计要求。

(2)材料应有标志牌、商标、产品名称、代号、等次、规格、厂名、生产日期、毛重、净重等。

(3)材料运料过程中应有封盖,现场存放时应通风干燥,不得受日光照射并远离火源。

5.3.6.3　施工过程中的质量控制

(1)土工编织布分层铺设,加固土体的质量控制。采用土工编织布分层铺设措施,以加固土体的抗剪强度,降低土体的渗漏变形,坡面土层的多余水分通过土工布滤除排走,而土颗粒被土工布包裹以免于流失。为防止土工布包裹的坡面土体整体下滑,应采取加长土工布长度的措施,即由局部的土工布与土体间所产生的摩阻力来克服前部土体的下滑,保持坡面稳定。

(2)采用土工布袋砌筑,结合聚丙烯土工袋拉锚固定的技术要点,即采用拉锚结构防止滑坡。

(3)土工布砂袋砌筑,结合聚丙烯土工袋拉锚固定措施:要求砂袋在坡面形成贴坡式排水,降低土壤含水量,减少边坡土体的流失作用。

(4)用土工布砂袋砌筑的浅层砌筑措施的技术要求:将砂袋体插入边坡内的长度视施工实际情况决定,其机制是使堤坡土壤能够排除土体内多余水分和阻止地下水大量向坡面聚集,防止坡面发生滑坡。

(5)土工织物反滤措施的技术要求:铺设土工织物滤层,利用土工织物保土和过滤的特性,排除土体中多余的水分,使堤防边坡保持稳定。

(6)在堤防坡脚埋设土工布砂袋镇脚,主要使之起稳定坡脚的作用,同时又构成了一条排水暗沟,使坝坡面排出的水输送到下游沟中,此种结构形式可防止坝脚的不均匀沉陷。

5.3.6.4　检查验收

1.方法

(1)根据设计要求检查土工编织袋及其锚拉长度是否满足要求,即编织袋装土(或砂)后,其长、宽、高及堤边坡系数是否符合要求,对锚拉长度进行复核。

(2)坡面拉带长度与塑料编织袋选用情况:每根拉带的强度、伸长率是否符合规定,编织袋的型号、袋装质量是否符合设计及规范要求。

(3)检查土工布合成铺设层间距离、土工布坡面包裹砂(土)的尺寸是否符合设计要求。

2.工序

(1)主要内容包括清基、材料铺设方向和材料的接绳或搭接、材料结构尺寸、结构的连接、回填料压重和防护层等。

(2)施工时应有专人抽检,每完成一道工序应按设计要求及时验收,合格后方可进行下道工序,并检查埋设的观测设备是否完好。

3.土工织物反滤及排水工程质量验收标准

对反滤材料进行检测,反滤材料必须具有以下性能:

(1)保土性:防止被保护的土粒随水流流失。

(2)透水性:保证渗流水排走畅通。

(3)防堵性:防止材料被细料粒堵塞失效。

4.施工技术控制标准

(1)施工工序的检查。①当土表面为粗料时,应先铺薄砂砾层再铺土工织物,土工织物顶面应设防护层。②坡顶部与底部的土工织物应锚固,水下岸坡脚处土工织物应采取防冲措施。

(2)施工过程中的技术检测。场地平整、织物备料铺设回填和表面养护要达到设计要求,即平整碾压场地应清除地面一切可能损伤土工织物的大、尖、冷、硬物。填充凹坑、平整土面或修好坡面。备料按工程设计要求裁剪拼幅,应避免织物被损伤,保持其不受脏物污染。

(3)铺设应符合以下要求:①力求平顺、松紧适度,不得绷拉过紧,织物应与土面密贴,不留空隙;②发现织物有损,应立即修补和更换;③相邻织物块拼接可用搭接或缝接,一般可用搭接,平地搭接宽度可取 30 cm,不平地区或极软土地区应不小于 50 cm,水下铺设应适当加宽;④当预计织物在工作期间可能发生较大位移而使织物拉开时,应采用缝接,接缝形式符合设计要求,也可采用平接、对接、蝶形接等几种方法;⑤有往复水流时,宜在织物下铺厚 5~10 cm 的砂层,此时不宜用搭接,以免砂进入夹缝,使织物分离,有动力荷载作用时亦应先铺砂层;⑥流水中铺设时,搭接处上游织物块应盖在下游织物块之上;⑦坡面铺设一般自下而上进行,坡顶、坡脚应以锚固沟或其他可靠方法固定,防止其滑动;⑧铺设人员穿软底鞋,以免损伤织物,织物铺好后应避免受日光直接照射,随铺随填或采取保护措施;⑨坡结构物的连接处不得留空隙,要结合良好。

(4)回填应符合以下要求:①回填料不得含有损于土工织物的物质;②回填时,不得破坏土工织物,土工织物上至少有厚 30 cm 的松土层方允许压实,不得使用重型机械或振动碾压实;③回填料的压实度应符合设计要求。

(5)反滤料的准则。对于编织型土工织物保土性准则可以采用下列规定:①黏粒含量大于10%的黏壤土,在覆盖保护层块大(0.4 m×0.6 m)、缝隙小(如预制件)的条件下,可采用 $Q_{90} \leqslant 10d_{90}$。②黏粒含量小于10%的沙性土,在覆盖保护层块大(0.4 m×0.6 m)、缝隙小(如预制块)的条件下可采用 $Q_{90} \leqslant (2\sim5)d_{90}$。当浪高小于 0.6 m 时取大值,否则取小值。$Q_{90}$表示编织型土工织物的等效孔径。

(6)施工控制要点:①有往复水流时,织物后的土料不易形成天然滤层,需要铺厚砂层予以改善;②土工织物是聚合材料,紫外线直接照射会引起降解等破坏作用,故应尽早覆盖保护。

5.3.7 水泥土防渗质量控制

5.3.7.1 水泥土配合比

水泥土配合比应通过试验确定,并应符合下列要求:

(1)温和地区水泥土的抗冻等级不宜低于 D_{12},允许最小抗压强度与允许最小干容重应满足表 5-15、表 5-16 的要求,水泥土用量宜为 8%~12%。

表 5-15　水泥土允许最小抗压强度

水泥土种类	运行条件	28 d 抗压强度(MPa)
干硬性水泥土	常年过水	2.5
塑性水泥土	季节性输水	4.5

表 5-16　水泥土允许最小干容重

水泥土种类	最小干容重(g/cm^3)			
	含砾土	沙土	壤土	风化页岩渣
干硬性水泥土	1.9	1.8	1.7	1.8
塑性水泥土	1.7	1.5	1.4	1.5

(2)塑性水泥土应按设计要求经过试验确定。当土料为微含细粒土块和页岩风化料时,水泥土的含水率宜为 20%~30%;当为细粒时,水泥土的含水率宜为 25%~35%。

(3)水泥土防渗层厚度宜采用 8~10 cm,水泥土预制板的尺寸应根据预制板抗压实功能、运输条件和堤防断面尺寸等因素按设计要求确定。每块预制板的质量不宜超过 50 kg。

(4)对耐久性要求高的堤防水泥土防渗层,宜用塑性水泥土铺筑。表面用水泥砂浆、混凝土预制板、石板等材料做保护层。水泥土水泥用量可适当减少,但水泥土 28 d 抗压强度不低于 1.5 MPa。

(5)水泥土的渗透系数不应大于 1×10^{-6} cm/s。

(6)干硬性水泥土含水率应按下列方法确定:当土料为细粒土时,水泥土的含水率宜为 12%~16%。

5.3.7.2　施工前的质量控制

(1)就近选定符合设计要求的取土场。

(2)根据施工进度要求,选定土料的风干、粉碎、筛分、储料等场地。

(3)将施工材料分批运到现场,水泥应采取防潮、防雨措施。

(4)根据施工方式、工艺,准备好运输、粉碎、筛分、供水、称量、搅拌、夯实、排水、铺筑养护等设备和模具。

(5)土料应风干、粉碎并过孔径 5 mm 的筛。

5.3.7.3　施工过程中的质量控制

(1)水泥土防渗层现场铺筑应按下列步骤进行:

①进行水泥土拌料与铺设或装模成型,时间不得大于 60 min。

②铺筑塑性水泥土前,应先洒水湿润堤基,安设伸缩缝、模板,然后按先堤坡、后堤底的顺序铺筑,水泥土料应摊铺均匀,浇捣拍实,初步抹平后,宜在光面撒一层厚度为 1~2 mm的水泥,随即揉压抹光。铺筑时,应连续,每次拌和料从加水至铺筑,宜在 1.5 h 内完成。

③铺筑干硬性水泥土,应先立模,其保护层应在水泥土初凝前铺完。后分层铺料夯实,每层铺料厚为10~15 m,层面间应刨毛、洒水。

④铺筑保护层。塑性水泥土的保护层应在塑性水泥土初凝前完成。

(2)水泥土预制板的生产和铺砌,应按下列步骤进行:按规范要求拌制混凝土;将水泥土料装入模具中,压实成型后拆模,放在阴凉处静置24 h后,洒水养护;将堤基修正后,按设计要求铺砌预制板,板间应用砂浆挤压、填平并及时勾缝与养护。

5.4 堤防防护工程验收

5.4.1 一般要求

(1)审查监理单位、设计单位、施工单位的工作报告,质量监督项目站向建设单位提供单项工程质量报告。

(2)检查监理单位、施工单位的内业资料,重点检查单元工程、分部工程及隐蔽工程验收签证,及施工中发生的质量缺陷或质量事故的处理情况。

(3)检查工程质量,项目法人应委托经省局认定的水利工程质量检测单位对工程质量进行一次抽检。

(4)对工程质量做出评价,起草初步验收工作报告。

(5)检查工程结算情况是否按合同条款进行。

(6)提出竣工验收日期。

5.4.2 堤防土方工程初步验收的程序

(1)组织初步验收工作组成员,成立初步验收工作组。

(2)听取项目法人、设计、施工、监理、质量监督项目站等单位工作报告。

(3)看工程声像文件资料。

(4)检查工程现场。

(5)召开初步验收工作组会议,讨论并形成初步验收工作报告一式6份,待竣工验收后分送各有关单位。

(6)抽检工程。

5.4.3 各项工程检测的具体抽检办法

(1)土方填筑工程。土方填筑工程主要抽检干密度和外观尺寸,每2 000 m抽检一个断面(单项工程不得少于3个断面)。每个断面抽检堤轴线、堤顶高程、堤顶宽度、戗台高程、戗台宽度、堤坡坡度、干密度,每个断面的干密度指标抽检2层,每层不少于3点,且不得在顶层取样,每个单位工程抽检样本点数不得少于20个,如表5-17所示。

表 5-17　土方填筑工程验收抽检质量评定表

单位工程名称				施工单位			
主要工程量				抽测时间		年　月　日	
抽测断面	序号	检测项目	允许偏差	检测结果			评定结果
				测点数	合格点数	合格率(%)	
	1	堤轴线	15 cm				
	2	堤顶高程	0～15 cm				
	3	戗台宽度	-10～15 cm				
	4	戗台高程	-10～15 cm				
	5	堤坡坡度	0～0.05 cm				
	6	堤顶宽度	-5～15 cm				
	7	干密度	大于设计值				

(2)机淤固堤工程。单项工程全部完成后进行验收,每 2 000 m 抽检一个断面(单项工程不得少于 3 个断面)。每个断面抽检淤顶高程、淤区宽度、淤区平整度、包边厚度、盖顶厚度,如表 5-18 所示。

表 5-18　机淤固堤工程验收抽检质量评定表

单位工程名称				施工单位			
主要工程量				抽测时间		年　月　日	
抽测断面	序号	检测项目	允许偏差	检测结果			评定结果
				测点数	合格点数	合格率(%)	
	1	淤顶高程	0～+30 cm				
	2	淤区宽度	1.0 cm				
	3	淤区平整度	在 50 m^2 范围内高差小于 0.3 m				
	4	包边、盖顶厚度	人工运土±30 mm 机械运土±50 mm				
总检测点数		见上		合格率			
检测人			记录人		检测审核人		

(3)干丁扣坦石工程(含干丁扣险工改建工程)。①抽测不少于 1/2 的堤段数,每段堤抽检 1～2 个断面,每个断面抽检砌体总高、砌体总宽(封顶石宽度)、坡度;②对工程外观应检查石料大小、缝宽等项目;③记录结果如表 5-19 所示。

表5-19 干丁扣坦石工程验收抽测质量评定表

单位工程名称				施工单位			
主要工程量				抽测时间		年 月 日	
抽测断面	序号	检测项目	允许偏差	检测结果			评定结果
				测点数	合格点数	合格率(%)	
	1	砌体总高	±10 cm				
	2	砌体总宽	±5 cm				
	3	坡度	±3%				
	4	石料	长 30 cm、宽 20 cm,连续不超过4块				
	5	缝宽	2 m² 内 15 mm,不超过总长的30%				
总检测点数				合格率			
检测人		记录人			检测审核人		

(4)乱石粗排坦石工程验收。①抽检不少于1/2的堤段,每段堤检1~2个断面,每个断面抽检砌体总高、砌体总宽(封顶石宽度)、坡度;②检查石料大小、缝宽等项目;③检测工程的裹护长度、围堤长;④记录结果见表5-20。

表5-20 乱石粗排坦石工程验收抽测质量评定表

单位工程名称				施工单位			
主要工程量				抽测时间		年 月 日	
抽测断面	序号	检测项目	允许偏差	检测结果			评定结果
				测点数	合格点数	合格率(%)	
	1	砌体总高	10 cm				
	2	砌体总宽	5 cm				
	3	坡度	平顺,在2 m² 内不大于10 cm				
	4	石料	单块重不小于20 kg 且厚度不小于15 cm				
	5	缝宽	在2 m² 内总长不超过30%				
	6	裹护长度、围堤长	不小于设计值				
总检测点数				合格率			
检测人		记录人			检测审核人		

(5)散抛乱石护坡工程验收。①抽检不少于 1/2 的堤段,每段堤检 1~2 个断面,每个断面抽检砌体总高、砌体总宽(封顶石宽度)、坡度;②检查石料大小等项目;③检测工程的裹护长度、围堤长;④记录结果见表 5-21;⑤散抛乱石位移查对表见表 5-22。

表 5-21 散抛乱石护坡工程验收抽测质量评定表

单位工程名称				施工单位			
主要工程量				抽测时间		年 月 日	
抽测断面	序号	检测项目	允许偏差	检测结果			评定结果
				测点数	合格点数	合格率(%)	
	1	砌体总高	水上 10 mm,水下 25 cm				
	2	砌体总宽	10 cm				
	3	坡度	大致平顺,无明显凹凸坑				
	4	石料	单块重不小于 25 kg				
	5	裹护长度、围堤长	不小于设计值				
总检测点数				合格率			
检测人			记录人		检测审核人		

表 5-22 散抛乱石位移查对表

块石重	水深(m)											
	10				15				20			
	流速(m/s)											
	0.5	0.8	1.1	1.4	0.5	0.8	1.1	1.4	0.5	0.8	1.1	1.4
30	3.6	5.7	7.9	10.0	5.4	8.6	11.8	15.1	7.2	11.4	15.7	20.1
50	3.2	5.2	7.2	9.2	4.9	8.0	10.8	13.8	6.6	10.5	14.4	18.5
70	3.1	5.0	6.9	8.7	4.7	7.5	10.3	13.1	6.3	10.0	13.8	17.4
90	3.0	4.8	6.6	8.4	4.5	7.2	9.9	12.5	6.0	9.6	13.1	16.7
110	2.9	4.6	6.4	8.1	4.4	7.0	9.6	12.2	5.8	9.3	12.7	16.2
130	2.8	4. 5	6.2	7.9	4.2	6.8	9.3	11.8	5.6	9.0	12.4	15.8
150	2.7	4.4	6.0	7.7	4.1	6.6	9.0	11.5	5.5	8.8	12.1	15.4

(6)截渗墙工程。因竣工验收时,只能检测回填土方工程的外观尺寸,所以执行土料填筑工程抽检内容,对抽检数量规定为 300 m 抽测一个断面,单项工程不得少于 3 个

断面。

(7)堤防道路工程验收。①每2 000 m抽检一个断面(不得少于3个断面),检测断面宽度、坡度、平整度、堤轴中心线高程;②检测沥青混凝土压实度、厚度;③检查路缘石单块尺寸、平顺度等。验收抽检表见表5-23。

表5-23 堤防道路工程验收抽检表

单位工程名称				施工单位			
主要工程量				抽测时间		年 月 日	
抽测断面	序号	检测项目	允许偏差	检测结果			评定结果
				测点数	合格点数	合格率(%)	
	1	堤轴中心线高程	0~15 cm				
	2	宽度	±5 cm				
	3	坡度	±3%				
	4	平整度	3 m直尺顺堤测10个点				
	5	压实度	缝隙大于2 cm不超过3处				
	6	厚度	±5 cm				
	7	路缘石尺寸	宽度、高度±5 mm、长±5 mm				
	8	路缘石安装	直顺度20 m、接线缝隙150 mm				
总检测点数				合格率			
检测人			记录人		检测审核人		

第 6 章　河道和滩区综合整治

6.1　黄河下游河道治理方向

6.1.1　黄河下游河道的治理方向与前景

6.1.1.1　黄河下游河道的治理方向

实测资料分析表明,游荡性河道的河槽形态随着来水来沙变化,会发生相应的调整,来沙量大幅度减少,河槽冲刷趋向窄深;小水带大沙淤积河槽;高含沙洪水塑造窄深河槽;较大的清水基流冲刷塌滩。在游荡性河道比降陡、水沙变幅大的情况下,各种水沙相互制约、相互破坏,使游荡性河道经常呈现宽浅散乱的形态,河势变化呈现随机性,在目前整治条件下不能形成稳定的中水河槽。

河槽宽浅河段输沙能力低是造成目前高含沙洪水在黄河下游严重淤积的主要原因。同时,河槽宽浅,无法约束洪水期河势的突然变化,常造成平工出险,险工脱流,产生十分被动的防洪局面。因此,从减淤与防洪河道整治上考虑,都需要把宽浅游荡河道治理成具有窄槽宽滩的规顺河道。

6.1.1.2　改造宽浅游荡河段的可行途径

对于宽浅游荡河段的改造,首先要改变来水来沙条件,控制小水淤槽,泥沙应主要由洪水输送,自行塑造窄深河槽,然后充分利用其输沙入海。从渭河、北洛河形成的水沙条件与黄河下游高含沙洪水期间河槽形态的调整分析上看,是经济可行的,只要能人为地产生历时较长、流量比较稳定的高含沙洪水,则可产生显著的改造河道和减少淤积的结果。

6.1.1.3　小浪底水库调水调沙的任务与运用方式

由于近年来黄河水沙条件的不利变化引起下游河道萎缩,产生一系列的严重问题,应主要通过水库调水调沙改变进入下游的水沙组合来解决。这是因为冲积河流具有自动调整的功能,即水流塑造河槽,河槽约束水流。河槽特性决定水流强弱,从而决定河流的输沙特性。小浪底水库应当承担此项调沙任务。

从黄河下游河道输沙规律、防洪和水资源充分利用出发,小浪底水库调水调沙的任务是:尽量把黄河小水挟带的泥沙调节成主要由大流量高含沙量洪水输送,防止小水挟沙过多淤积河槽。为此,应采取泥沙多年调节的运用方式,平枯水年蓄水拦沙,兴利发电,在丰水年的洪水期,流量大于 3 000 m^3/s 时集中进行泄空冲刷,形成黄河泥沙主要由大流量高含沙洪水输送,利用其滩淤槽冲改造宽浅河道为窄深河槽,并利用窄深河槽在大水时输沙能力大的特点,输送高含沙洪水入海。使输沙用水量集中在小浪底水库无法调节利用的丰水年的洪水期,一般年份取消输沙用水。

6.1.1.4 加速宽河道整治的必要性

在制订小浪底水库调水调沙运用原则时,虽然按照冲积河流形成的原理,根据不同的来水来沙条件会形成不同的河槽形态,从而发展成不同的河型,选择最优的水沙组合宽浅河道进行改造,尽量控制小水挟沙对河槽造成的淤积。但河流的调整与稳定往往需要较长的时间,其中游荡性河道比降陡、河岸抗冲能力差的特点,在短期内不会有大的改变,且流量小于 1 500 m^3/s 的清水进入下游河道还会造成上段河道冲刷,艾山以下河道的严重淤积;流量较大的清水基流会造成游荡性河段塌滩,破坏新河槽的稳定。因此,需要对游荡性河段双岸同时进行整治。双岸整治可防止水库运用初期清水冲刷塌滩,有利于形成具有较大滩槽高差、窄槽宽滩的新河道。既有利于河道输沙,又可利用滩地滞洪,使出库的高含沙洪水能长距离稳定输送大量泥沙入海,而不淤积河槽。可基本控制下游河道长时期内不淤积。同时,由于窄槽对河势的控导作用,游荡性河道也可以逐渐稳定,使河型发生根本性变化。泥沙淤积与防洪问题都能得到较为彻底的解决。

6.1.2 对黄河下游河道输沙能力的再认识

6.1.2.1 高含沙水流特性

黄河高含沙水流之所以具有强大的输沙能力,是由于细颗粒的存在改变了流体的性质,使水流黏性大幅度增加,粗颗粒的沉速大幅度降低,使得很粗的泥沙颗粒在高含沙水流中输送也变得很容易。而河床对水流的阻力没有明显的改变,仍可用曼宁公式进行水力计算,在同样比降、水深的情况下,产生的流速不会减小。因此,利用黄河高含沙水流特性输送黄河泥沙是十分经济理想的途径。

6.1.2.2 多沙并非一定形成坏河

以黄河中游发源于粗泥沙区的主要支流渭河、北洛河下游河道为例。渭河、北洛河下游河道的流量与比降均比黄河干流小,含沙量比黄河高。以流量最小的北洛河为例,多年平均流量仅 25.4 m^3/s,含沙量 128 kg/m^3,与黄河下游相比,流量差 5.3 倍,含沙量差 3.4 倍;河道比降为 1.7,略缓于黄河下游。但是前者却形成窄深稳定的弯曲性河流,而后者却形成宽浅游荡性堆积的河道。这是什么缘故?

根据对北洛河、渭河水沙条件与河床演变资料进行分析,由于来水来沙组合有利,其泥沙主要由高含沙洪水输送,含沙量大于 300 kg/m^3 的洪水挟带的泥沙量分别占年总沙量的 72.4%和 40.3%,丰沙年份常达 80%甚至 90%以上。而造成塌滩的低含沙洪水很少发生,平水期流量小,含沙量低,河床不仅不淤,还会发生冲刷。造成坍滩的低含沙洪水,北洛河从 1958 年至 1988 年的 30 年中,仅于 1976 年、1983 年发生两次。在这样特殊的条件下,塑造出比渭河更窄深的断面形态,河宽与水深的比值甚至小于 10,看上去宛如一条规顺弯曲的渠道。显然这样的窄深河槽适合高含沙洪水的输送。由此可见,在一定的条件下,含沙量高的河流也可形成稳定的河流。

6.1.2.3 窄深河槽的输沙特性

系统分析黄河主要干支流不同河段大量实测资料得知,河道具有窄深河槽是保证高含沙洪水长距离稳定输送的必要条件。

低含沙洪水期粗泥沙的输移特性表明,在流量大于 2 000 m^3/s 以后,随着流量的增大，平均河底高程不断降低，0.05~0.1 mm 的粗颗粒泥沙在洪水期也可顺利输送，水库若利用洪水期排沙，就不必拦粗排细。

以上分析计算表明，目前的山东河道出现流量 3 000 m^3/s 的洪水时，不仅能够顺利输送 200 多 kg/m^3 的含沙量，即使含沙量增加到 300~800 kg/m^3，也能顺利输送。黄河窄深河槽存在的巨大输沙潜力，为解决黄河下游泥沙问题指明了方向。

6.1.2.4　淤区放淤作用

针对黄河下游“二级悬河”不断加剧、堤河串沟隐患犹在、村台标准多未达标、低洼地段常年积水、沙荒区域遇风弥漫、控导工程单薄难助、坑塘（村塘）星罗棋布的现状，在黄河下游有计划地实施滩区放淤，是治理黄河的重要举措之一，通过引洪放淤，特别是挖河与淤滩相结合，可以达到主河槽与滩地同步治理的目标。黄河下游淤区放淤与逐步消除“二级悬河”、塑造维持中水河槽、增强黄河堤防安全、提高控导工程抵御洪水能力、改善滩区安全建设等息息相关、相辅相成。

1.逐步消除“二级悬河”

黄河以“善淤、善决、善徙”闻名于世，下游河道长期处于强烈的淤积抬升状态，河床平均每年抬高 0.05~0.10 m，现行河床一般高出堤外两岸地面 4~6 m，最多高出 100 m 以上，形成“地上悬河”。采用自流引洪放淤技术是治理“二级悬河”的有效途径。黄河下游滩区引黄灌溉工程较多，利用在控导工程或险工下延修建的引水闸，有计划地开展滩区放淤，不断抬高低滩地面高程，可逐步减小“二级悬河”带来的潜在威胁。

2.塑造与维持下游中水河槽

塑造与维持下游中水河槽是一项长期的治黄任务。靠调水调沙与采用人工扰沙解决卡口段过流能力小的问题，是受条件限制的。主河槽河床泥沙一般较粗，被冲起的较粗泥沙还会在一定的距离内重新淤积在河床上，参加造床作用。要改善河床粗化局面，达到治本的目的，就要在卡口河段实施挖河试验，将较粗泥沙淤筑到堤河、串沟，可实现增大河道行洪能力、提高堤防安全、改善滩区生态环境的多重目标。因此，黄河下游滩区放淤是形成中水河槽的重要途径之一。

6.2　河道放淤技术

6.2.1　放淤沿革及其作用

6.2.1.1　放淤技术的发展历史

利用天然河流中的泥沙资源进行淤地改土或肥田浇灌作物，是泥沙处理和利用的有效途径之一。引洪淤灌、放淤在我国有着悠久的历史，它为综合利用水沙资源开辟了新的途径并积累了丰富的经验。

郑国渠是我国古代著名的大型高含沙引水淤灌工程，始建于战国末年秦王政元年（公元前 246 年），历时 10 年竣工。郑国渠渠首，自瓠口（今渭北礼泉县北屯）引泾河水横过清峪河、冶裕河、石川河至洛河，全长 126 km，淤灌面积 7.3 万 hm^2。灌区跨今泾阳、三原、高陵、富平和蒲城县境。灌区主要是盐碱荒滩不毛之地，而淤灌改土之后，增产效果十分明显，每亩产量达 125 kg。据《汉书·沟洫志》记载："举臿（音插，即锹）为云，决渠为雨。泾水一石，其泥数斗；且灌且粪，长我禾黍，衣食京师，亿万之口。"又据《书记·河渠书》记载："用注填止阏之水，溉泽卤之地四万馀顷，于是关中为沃野，无凶年，秦以富国，卒并诸侯。"由此可见，引洪淤灌或高含沙引水淤灌在当时取得了巨大的经济效益和政治效益。郑国渠的建成，表明当时对高含沙水流的运动规律有了初步的认识。

汉武帝时期，山西引汾水及黄河水淤灌河东、汾水以南地区，面积约为 0.933 万 hm^2，其中引黄工程因引水口脱流而失败，这是最早的直接引黄淤灌记载。

白渠建于汉武帝太始二年（公元前 95 年）。因与郑国渠渠道相通，故常合称为白渠。白渠渠首在郑国渠渠首的上游，渠道长 110 km，淤灌面积约为 2.07 hm^2。该渠至唐末湮废。其原因：一是渠道特别是渠首淤塞；二是将渠道据为私有，堵截争水。渠道受到严重破坏。其后，在白渠的基础上，引泾淤灌工程时有兴废，后由著名水利专家李仪祉先生于 1930 年主持兴建泾惠渠，使用至今。

据宋史记载：嘉祐五年（公元 1060 年），山西多引雨洪浊水灌溉，绛州淤田 500 余顷，其他州亦推广，凡九州二十六县，是年竣工，编成《水利图经》，为历史上最早的浊水灌溉总结。

汴渠建于东汉时期，上游引黄河水，下游连接淮水，为唐宋时期漕运要道。由于汴水"温而多泥，肥比泾水"，因此在两岸设立斗门进行淤灌和放淤，每年影响漕运达 3~4 个月。北宋人沈括在《梦溪笔谈》中记载："唐人凿六陡门发汴水以淤下泽，民获其利，刻石以颂刺史之功，则淤田之法其来久矣。"

北宋熙宁年间，大兴农田水利，而淤灌、放淤又是农田水利的主要措施，专门成立淤田司。群众引北方多沙河流（如黄、汴、漳、滹沱等河）的洪水淤灌农田，在历史上形成放淤肥田的高潮，淤田面积达 7 万顷（有重复上奏者）。同期，山西有的地方已开始利用"谷水"（山丘地面径流）淤灌。

明、清两代，黄河及渭、洛、漳、南运河等流域放淤较为流行，范围涉及今陕、晋、甘、宁、蒙、豫、鲁、冀、苏等省（区）。

6.2.1.2 放淤实践与研究情况

人民治黄以来，黄委根据黄河水沙特性，在总结前人治河思想的基础上，提出了"宽河固堤"的治黄方略。自 20 世纪 50、60 年代以来，下游两岸引黄淤灌（稻改）基本填平了近堤坑塘，改盐碱地为良田。另外，采用放淤固堤，将汛期挟带的大量泥沙在两岸滩地或堤背后洼地落淤，以达到巩固堤防的目的。

黄委以"维持黄河健康生命"治河新理念为指导，提出了"稳定主槽、调水调沙，宽河固堤、政策补偿"的黄河下游的治理方略。黄河下游河道调水调沙方略的主要内容是：通过辅以河道整治措施，塑造出一个相对窄深、稳定的主河槽，实现小洪水时不漫滩，大洪水和特大洪水时漫滩行洪，淤滩刷槽，以标准化堤防约束洪水，不致决口成灾，洪水在滩区造成的灾情，国家给予政策性补偿。黄河下游槽、滩、堤是辩证统一的关系，存在着"淤滩刷槽、滩高槽低、槽稳滩存、滩存堤固"的自然规律。可以认为，滩区放淤是"维持黄河健康生命"的又一重要治河实践。

1.引洪放淤

引洪放淤是指在汛期引用黄河高含沙洪水入洼地,沉沙排清,从而利用泥沙的措施。由于洪水中所含泥沙以粉土和黏土为主,可用于巩固堤防和淤填洼地。泥沙淤积后引洪放淤的引水口位置多选择在滩区的上部。从放淤口门的形式看,分为临时性放淤和永久性放淤两种形式。

2.温孟滩提水淤滩改土

小浪底工程温孟滩移民安置区位于小浪底工程坝址下游约 20 km,安置区长 40 km,南北宽 1~4 km,占地面积 53 km^3。温孟滩提水放淤改土采用如下方式。

1)泵站配合明渠输水改土

移民安置区为淤筑填高区,地势平坦,设计采用泵站配合明渠输水的方式进行淤改,并在后来的改土工程施工中取得了成功。

2)船泵抽淤改土

船泵抽淤改土就是采用活动泵站(以船作为载体,其上架设混流泵群)及吸泥船抽取黄河表层浑水至淤改区,使泥沙落淤,以起到改良土壤的作用。

根据需改土的位置,船泵淤改方案中的输水采用以下几种方式。

(1)管道输水

吸泥船或活动泵站抽取黄河浑水入管道,管道输水至格田。格田处的管道出水口设计成软管,以便放淤时能够经常移动管口位置,从而达到均匀落淤的目的。采用这种淤改方式的多是低滩区,因其距大河较近,且在淤筑填高时,已布置成格田形式,当其填筑到实际高程,稍加平整,可直接进行淤改。

(2)条渠输水淤改

条渠输水淤改多用在邻近低洼的高滩改土区,如逯村—开仪高滩Ⅲ区、开仪—化工高滩Ⅱ区等。因这些区块距大河较远,采用管道输水排距远,水头损失大,功效低。为解决这些问题,设计采用管道输水至渠道,再由渠道进入淤改格田。

(3)渠道输水

大玉兰移民下界低滩区,淤改土面积为 1.994 km^2,改土厚度为 0.3 m,淤改土方59.82 万 m^3。该区是淤筑填高后再进行放淤改土的。设计引水流量 8 m^3/s,淤改土取水方式为活动临时泵站和岸上临时泵站两种。活动泵站载体为布设在大玉兰工程 33~35 号坝间的 5 条铁船,各重 40 t,每条铁船上安设 6 台 30HW-8 型混流泵;另在大玉兰工程连坝七架设 10 台配水设备,采用续灌(淤)、轮灌(淤)方式。

3)机械改土

机械改土就是采用挖土机械挖取黄河嫩滩淤土至改土,按设计厚度盖淤压沙以达到改良土壤的目的。移民安置区采用机械改土的区块都分布在距离大河较远且又分散的高滩区。机械改土共完成改土土方 283 万 m^3,占总改土工程量的 38%。

3.机械放淤固堤

黄河下游自 20 世纪 50 年代开始了利用洪水泥沙淤平堤后潭坑的实践。1955 年,济南王家梨行和杨庄等堤段建成一批虹吸工程,淤平了杨庄背河 353 hm^2 常年积水的洼地,淤填了王家梨行 1898 年黄河决口遗留下来的潭坑。1956 年,河南省郑州市利用花园口淤灌闸淤填了面积 166.7 hm^2、水深达 13 m 的大潭坑。

20 世纪 70 年代初开始，黄河职工根据多泥沙的特点，自制了简易挖泥船，在黄河河道中挖取泥沙，利用管道将泥沙输送至大堤背河侧沉放，将黄河大堤加宽 50~100 m，取得了显著效果。这种加固大堤的方式称为机械淤背固堤，简称机淤。1974 年 3 月，国务院转发了黄河治理领导小组《关于黄河下游治理工作会议的报告》，将放淤固堤正式列为黄河下游防洪基建工程。

放淤固堤经过几十年的实践得到了快速发展，先后采用了自流放淤固堤、扬水站放淤固堤、吸泥船放淤固堤、泥浆泵放淤固堤及组合机泵式放淤固堤等形式。

放淤固堤作用显著。对易出现险情的堤段进行淤背固堤，使得出现的险情大为减少，特别是最为危险的漏洞、管涌和滑坡，在进行淤背固堤后的堤段已得到消除。所以，黄河下游淤背固堤工程的建设，对提高堤防的防洪能力作用显著，取得了巨大的防洪效益。机械放淤固堤技术有许多优点：在河道挖取的泥沙多为沙性土，渗透系数大，至于大堤背河侧有利于背河导渗；由于淤背区一般较宽，可有效地延长渗径、提高堤防强度、增强堤防的整体稳定性；淤背固堤主要在河道中取沙，对河道有一定的疏浚作用；符合以黄治黄的治河方针，在黄河治理中减少了挖毁农田，有显著的社会效益；用挖泥船等多种水利机械进行水力充填施工，质量均匀可靠，接头少，施工易于管理；使用劳动力少，减轻了人们的劳动强度；单位土方的能耗低、造价相对较低；淤背固堤完成后，由于宽度相对较大，有利于进行工程的综合开发利用，实现较好的综合效益。

截至 2000 年底，黄河下游已完成机械淤背固堤土方约 6 亿 m^3，通过填平背河低洼坑塘，加大了堤防宽度，对 807 km 的堤防进行了不同程度的加固，有效地提高了堤防防御洪水的能力。实践证明，凡是进行淤背固堤且达到加固标准的堤段，发生大洪水时在背河处都没有险情发生，取得了巨大的防洪效益。按照规划，为确保黄河下游防洪安全，近期标准化堤防建设按 100 m 宽度淤筑；远期要结合黄河下游的挖河疏浚，将大堤淤筑到足够的宽度，最终形成相对地下河。因此，在黄河下游开展挖河固堤将是一项长期的治理任务。

4.挖河固堤工程

鉴于黄河中、下游主河槽挖河疏浚还缺乏实践经验和深入的科学技术研究，黄委于 1997 年 11 月 23 日首先在黄河下游山东窄河段开展了挖河固堤启动工程，对挖河减淤效果、固堤作用及其有关技术问题开展了研究。

山东黄河挖河固堤启动工程位于东营市河口段朱家屋子—清 2 断面，全长 24.4 km，其中朱家屋子—清 6 断面长 11 km，为挖河段，清 6 断面—清 2 断面长 13.4 km，为疏通段。挖河段开挖底宽 200 m，平均挖深 2.5 m；疏通段开挖底宽 20 m；边坡均为 1∶3。挖河固堤土方 548.41 万 m^3，加固大堤长度 10 km，加固宽度 100 m。

挖河工程实施后，取得效果如下：

（1）挖河固堤对于子堤的加固有明显的作用，河口地区挖河对利津—清 6 河段，在一段时间内也有一定的减淤作用。综合分析各方面的资料，在朱家屋子—清 6 断面和清 6 断面—清 2 断面两个河段共挖沙 548.41 万 m^3，在 1998 年 6~10 月的水沙条件下可以使研究河段（利津—清 6 河段）减淤 700 万~800 万 m^3，挖沙减淤比为 0.69~0.78，即每减 1 m^3 泥沙需要挖沙 0.69~0.78 m^3。1998 年 6 月 6 日至 10 月 9 日，利津站来水量为 22.2 亿

m^3,来沙量为 3.719 亿 t(合 2.861 亿 m^3,是挖沙量的 50 多倍),挖河段的上、下河段都发生了不同程度的溯源冲刷和沿程冲刷;挖河段逐渐回淤,但并没有淤平。非汛期 1998 年 10 月至 1999 年 5 月,利津站来水量为 22.2 亿 m^3,来沙量为 0.057 亿 t,研究河段淤积 376 万 m^3,与 20 世纪 90 年代以来平均情况相比,来水来沙量偏枯,淤积量也相差不大,说明此时段内挖河减淤的效果已不明显。

(2)通过挖河,汛期同流量水位明显下降。研究河段 1998 年汛后与 1996 年汛后相比,3 000 m^3/s 水位除丁字路口外,其余各断面的水位下降 0.3~0.5 m;与 1998 年汛期前相比,挖河段与丁字路口断面水位有所上升,其余河段的水位均有下降趋势,说明挖河对降低水位有一定的作用。1999 年 5 月与 1998 年 10 月 100 m^3/s 水位相比,利津以下各站下降 0.1~0.3 m。

(3)挖河后,其断面形态 B/H 经过汛期几场洪水的调整,较挖河前变得相对窄深,除个别断面外,同流量下宽深比较小。挖河段的宽深比随着回淤的发展,断面宽深比不断增大,但汛后的宽深比仍比挖河前的小。

(4)挖河以后,汛期河道水面比降调整明显,挖河段过流初期水面比降较非挖河段平缓,随着挖河段的回淤,必将逐渐变陡,上、下两河段比降则由陡变缓,最终使整个研究河段的比降趋于平顺。

6.2.2　放淤技术

6.2.2.1　滩区放淤条件

实施滩区放淤,除必须具备一定的水沙条件、滩区地形条件和社会经济条件外,还必须具备放淤工程条件、机械设备和管理技术。

1.水沙条件

小浪底水库是以防洪、防凌、减淤为主,兼顾供水、灌溉和发电,确保黄河下游防洪(凌)安全、处理黄河泥沙的控制性工程。水库总库容为 126.5 亿 m^3,其中防洪库容 40.5 亿 m^3,调水调沙库容 10.5 亿 m^3,拦沙库容 75.5 亿 m^3,其减淤效益相当于黄河下游河床 20 年不抬高。

近年来,黄河下游来水来沙情况发生了较大变化。在汛期,除进行调水调沙外,其他情况下一般下泄清水。所以,在近 20 年内,要尽量利用水库泄放大流量且有一定含沙量的水沙条件,特别是在调水调沙期间,及时实施引洪放淤。例如,2004 年 8 月中旬,受中游降雨影响,小浪底水库及时进行调水调沙,24 日花园口水文站洪峰流量为 3 550 m^3/s,最大含沙量为 394 kg/m^3,洪水历时 13 d。根据黄河水情信息网站资料计算,花园口断面输水量为 17.4 亿 m^3,输沙量为 1.51 亿 t。像这样的洪水,对引洪放淤十分有利。

2.地形条件

由于黄河下游滩区纵横比降较大,对自流引洪放淤十分有利。放淤(灌溉)闸依托控导护滩工程或险工下延工程而建。渠道可纵向、横向布置,基本上都满足渠道比降要求。如在东明县南滩王夹堤至老君堂长约 20 km 控导护滩工程上建有王夹堤、马庄、大王砦、王高砦、辛店集、李焕堂和司胡同等引黄闸,为该滩区引洪放淤创造了条件。在其他滩区也有类似情况,如东明的西滩堡城闸和北滩的冷砦闸、鄄城葛庄滩的安庄闸和董口闸等。

3.工程条件

引洪放淤工程包括渠首引水工程和淤区工程两部分。

1)渠首引水工程

永久性引洪放淤必须有渠首引水工程控制,这是放淤安全的重要保证。黄河下游中低滩区灌溉引水工程依托控导护滩工程或险工下延工程建闸,其中一部分引水闸按淤灌结合模式设计,其渠首闸和输水干渠具有灌溉、放淤的功能。渠首闸的设计同时应符合对引洪放淤的引水流量和枯水季节灌溉引水水位的要求。

2)淤区工程

滩区引洪放淤根据淤筑部位(或目的)可分为淤临固堤、淤滩改土、淤村塘洼地、淤串沟、淤沙荒地等类型。其针对性较强,不同的放淤目的有不同的放淤标准和要求,所采用的放淤技术措施也不尽相同。根据地形和淤区实际情况,需对淤区进水口门、围堤、退排水及交通衔接工程等进行一一规划。

4.机械设备

随着科技的发展,机械设备开发研制水平不断提高,适用于黄河下游河道疏浚和淤滩的机械设备也在不断改进和完善。目前,放淤机械设备主要有如下几种。

1)清淤及绞吸式抽沙泵

河道射流清淤是在清淤船上配置一系列射流喷嘴,由水泵形成高速水流,将河底泥沙冲起,然后由河道水流将冲起的泥沙送往下游。其作用包括冲起泥沙、增加河道的输沙量,也包括为河道水流创造良好的边界条件,提高河道水流的输沙能力,促进河道洪水冲刷。射流清淤船由船舶载体(作业平台)和射流系统两大体系组成。

LQS 250-35-1 绞吸式抽沙泵是 2004 年黄河第三次调水调沙试验期间由河南黄河河务局、黄河水利科学研究院等单位引进开发的比较适合黄河下游情况的一种扰沙、抽沙设备,不仅适用于边流区作业,同时适用于主流区作业,并已通过专家鉴定。该泵标称流量为 250 m^3/h,扬程为 35.0 m,总功率为 45 kW,单泵扰沙能力为 300 m^3/h。

2)绞吸式挖泥船

绞吸式挖泥船工作系统主要包括船舶载体(作业平台)和泥沙搅动系统。绞吸式挖泥船在国内外江河湖泊疏浚中均有广泛的应用,通过其绞刀搅动河床泥沙,形成高含沙量的泥浆,利用泥浆泵和输沙管道将搅动起的泥沙输送到预定地点。

目前,我国江河疏浚放淤使用的大中型挖泥船主要有海狸 1600 型、海狸 600 型、B1600 型、国产 120 型和 80 型五种型号,其中海狸船型由荷兰生产,其他船型多为我国生产。近年来,国内外江河湖泊及港口疏浚使用的挖泥船以海狸 1600 型、海狸 600 型和国产 120 型挖泥船为多。

3)泥浆泵组合接力设备

泥浆泵组合接力施工方法就是利用高压水泵形成高压水流,通过水枪将土冲成泥浆,用若干小泥浆泵将泥浆吸出,然后集中起来,再由大泥浆泵将泥浆输送到指定位置。利用水力开挖,并用泥浆泵输送是一种广泛应用的施工方法,常用于河道疏浚、堤防加固等。泥浆泵组合接力则是将大小泥浆泵有机组合在一起,进行远距离输送,以达到开挖、运输、填筑的施工目的。在黄河河道嫩滩上挖河淤滩具有运行成本低、效率高的特点。

5.管理技术

多年来,黄委在防汛指挥、调度、工程运行管理方面积累了丰富经验,尤其是黄河小北干流放淤实践,为大规模实施放淤调度提供了经验和科学依据,对黄河下游滩区放淤具有重要的借鉴作用。

对引洪放淤全过程实施科学管理是保证放淤工程顺利运行的关键。首先,应成立放淤指挥部,按放淤计划和分工,各司其职。其次,放淤工程要有专人负责,加强对淤区进水闸、输水渠、围堤、退水闸的巡查,遇到险情及时上报,并采取有效措施加以抢护。对涉及淤区淹没和退排水问题,应按有关政策统筹解决,安排好群众生产生活。

6.2.2.2　引洪淤滩技术

引取高含沙水流通过自流方式进行放淤称为引洪放淤。引洪放淤主要应用在背河洼地、盐碱地、沙荒地和滩区的洼地、堤河、串沟、坑塘等处。

1.淤区设计原则

引洪淤滩技术是一项系统工程,放淤效率与引水引沙条件和沉沙、放淤控制技术等有关。放淤工程规划设计遵循如下原则:

(1)要综合利用江河水沙资源,充分发挥粗沙固堤填洼、细泥沙改土肥田、一水多用的综合效益。

(2)通常分区分期轮番放淤,力争当年放淤、当年耕种。

(3)健全排水和截渗系统,消除或减小放淤对附近地区地下水位的影响,避免次生盐碱化,并要考虑大量引洪放淤对干流河道用水和通航的影响。

(4)选择地势低洼、土地贫瘠、人烟稀少、引水排水条件较好的地方作为放淤区,并要尽量利用原有的引水和排水设备,不改变自然流势,还要尽量利用原有的堤防、高岗作为围堤,减少工程投资。

(5)力求放淤区落淤分布均匀,土壤颗粒级配良好,利于农业耕种。

2.放淤工程

引洪放淤针对性较强,不同的放淤目的有不同的放淤标准和要求,所采取的放淤技术措施也就不尽相同。放淤工程包括引水口门、输水渠道、围隔堤、退排水及交通衔接工程等,利用已有的渠首引水闸和输水干渠进行放淤,可以节约大量工程投资。

1)引水口门

黄河下游中低滩区灌溉引水工程均建在控导护滩工程或险工下延工程上,其中一部分引水闸按淤灌结合模式设计,这种引水闸为砌石和混凝土混合式的永久性涵闸。淤灌引水闸的设计既要满足引洪放淤的引水流量要求,又要考虑枯水季节灌溉引水水位。例如,菏泽地区黄河滩区的一些灌区引黄闸,设计引水放淤流量一般为 20 m^3/s,灌溉引水的设计引水水位为大河枯水流量 400~450 m^3/s 时对应的水位。在东明县南滩 12.64 km 的控导护滩工程上,建有大量引水闸。其他滩区也有类似情况。这些工程的修建,为黄河下游引水淤临固堤、淤滩改土实施控制提供了可靠条件。

在一些需要引洪放淤的滩区,只要有控导护滩工程依托,就可根据淤筑地段的引水和淤筑条件,因地制宜地进行引水闸的设计。

2)输水渠道

根据引洪放淤要求,采用输沙冲淤平衡原理设计断面尺寸和比降,确定渠道的水流挟沙能力。渠道断面采用梯形水力最佳断面,渠道的设计流速应满足不冲和不淤条件。设计时以临界不冲流速条件为依据,用临界不淤流速作为核验。在引洪放淤完成以后,按灌溉面积所需的引水能力修改渠道断面。

(1)渠道断面设计

引洪渠道的横断面设计主要是设计渠道的横断面形状。由于引洪渠道自身的特点决定了其在横断面设计上具有以下特点:①为了保持水流的稳定,对于坡度大的渠道一般采用宽浅式断面,水深最多不超过 1.5 m,对于坡度较小的渠道则以窄深式断面为宜,以减少渠道的淤积;②渠道边坡比清水渠道要陡些,一般来说,黏性土壤渠床采用1:0.3~1:0.5、壤土或砂性壤土渠床采用 1:0.5~1:1的边坡较好;③渠道的超高和顶宽可比清水渠道略大一些,使渠道有较大的安全值;④引洪渠道横断面的形状可视渠道材料采用矩形或梯形断面,以增加稳定性,一般不提倡采用 U 形断面;⑤渠道表面可根据使用时间长短和地基土质状况,采用不同的衬护防渗形式或不必衬护。

(2)渠道允许不冲流速

渠道允许不冲流速是指渠床土粒将要移动而尚未移动时的临界流速,是渠道允许过流的上限值。计算允许不冲流速值的经验公式很多,如适用于砂质土、砾石土、砂卵石渠床的列维公式,适用于黄土渠床的沙玉清公式和西北水利科学研究所公式,以及适用于缺乏有关水力要素时的吉尔什坎公式等。这些公式都有一定的适用条件,不可盲目使用。对于渠道允许不冲流速值的计算可参考相关规范。

(3)渠道水流挟沙能力计算

渠道水流在某一特定条件下能够挟运某种粒径泥沙不致使渠道发生淤积的最大数量,称为渠道水流挟沙能力,或称渠道水流饱和含沙量。渠道水流的挟沙能力与水流流速、水力半径、泥沙粒径及沉降速度有关。由于水流中泥沙运动规律的复杂性,目前还没有完善的理论计算公式,而用于计算渠道水流挟沙能力的经验公式虽然比较多,但都有一定的局限性。

沙玉清公式适用于黄河中游地区渠道泥沙中值粒径为0.02 mm 左右及水流弗劳德数 $Fr \leqslant 0.8$ 的情况;当 $Fr>0.8$ 时,这一公式不能使用。黄河水利科学研究院公式适用于黄河中、下游地区,但因适用范围覆盖的面积很大,条件很复杂,因此按这一公式计算的结果,误差会大一些。山东省水利科学研究院公式仅适用于黄河下游地区的衬砌渠道,适用范围相对更窄一些。

3)淤区布置形式

淤区的布置形式分为湖泊式、条渠式和格田式等。

(1)湖泊式淤区系沿洼地边缘围堤而成,其形状均不规则,当含沙水流进入淤区后,突然扩散,流速骤减,泥沙大部分在较短的流程内呈扇形淤积,横向淤积分布递减较快。

(2)条渠式淤区流速在纵向、横向的分布都较均匀,纵向淤积发展快,横向淤积厚度差异小。条渠式又分带形、菱形和香蕉形三种。带形宽度基本上沿程不变,两端呈喇叭口状;菱形两头窄中间宽,状似织布梭;香蕉形外形略呈弯曲,可使主流始终靠近凹岸。上述三种形式中以香蕉形较理想,淤区流速沿程减小,有利于泥沙淤积的沿程均匀分布。

(3)格田式淤区系由许多格堤围成的格田组成,外形一般不规则,而淤积发展均匀。

4）围堤、隔堤

淤区围堤分基础围堤和后续围堤两种，一般用推土机推淤土堆筑。基础围堤用壤土或黏土修筑，分层夯实；后续围堤是在基础围堤所控制的淤区淤满后，逐次向上加高的围堤。当淤区接近计划淤筑高程时，需用好土修筑封顶围堤，以防围堤工程被风雨侵蚀坍塌而造成淤区水土的流失。淤区隔堤设计与围堤相同。围堤设计应符合下列规定：

（1）对于陆地围堤，可采用泥土围堤、沙土围堤、塘土围堤、土工织物袋装围堤和混合材料围堤等形式，应本着经济实用的原则就地取材建造，必要时应考虑地基处理。

（2）对分期、分区竣工的淤区，以及为了淤筑土沉淀需要分隔的淤区，应根据工程要求设计子围堤。

（3）当淤筑厚度较大需要分层淤筑时，为了节省围堤投资，当条件允许时，宜采取分期、分层筑埝的方式进行设计，同时要采取措施，利用淤筑土修筑围堤。

5）退排水工程

退排水工程是淤滩工程的重要组成部分，也是放好淤的保证。要求退排水渠道畅通，必要时可修建临时工程。退排水形式有两种：一种是退水直接入河流，不能自排时由机泵提排；另一种是结合穿堤涵闸排入背河，供堤外农田灌溉或城市工矿利用。但在淤区末端进入穿堤涵闸前，需要修建退水闸，以控制淤区水位，保证淤积均匀和退水安全。

3.引水引沙

引洪放淤流量及淤积量是控制放淤和检验淤积效果的重要指标。在中小洪水有控制地引洪放淤之前，应对淡水区进行地形测量，然后根据来水来沙情况，做好放淤计划安排。引洪放淤一般采用动水或动静水结合方式，在放淤过程中要利用渠首闸进行控制，以保持一定的流量。进入淤区的引水量和泥沙淤积量需根据渠道引水流量、水流含沙量、引洪时间、放淤面积、淤深等因素计算。

随着小浪底水库的投入运用，黄河下游来水来沙情况发生了较大变化。在汛期，除水库来水来沙满足调水调沙条件时相机进行调水调沙外，其他情况下均下泄清水。滩区引洪放淤要抓住小浪底水库调水调沙的有利时机来进行。

小浪底水库下泄清水时，可采用如下两种方法进行引洪放淤：

（1）在引洪放淤口门附近的河道内，利用高速射流原理，实施人工扰动，塑造含沙水流，使入渠水流含沙量达到渠道设计挟沙能力。

（2）在引水口附近，利用绞吸式吸泥船，通过其绞刀搅动河床泥沙，形成高含沙量的泥浆，利用输沙管道将搅动起的泥沙输送到输沙渠中，与输沙渠水流汇合后，输送到淤区。

4.输水输沙

在放淤过程中，一是要防止引水口脱流，保证适时把水沙引入闸后输沙渠道；二是将引进的水沙及时有效地送到淤区，使泥沙在进入淤区以前的渠道中不淤或少淤。前者为引水口位置选择和闸前防淤问题，后者为输水输沙总干渠的设计问题。引水口脱流和闸前泥沙淤积可通过射流清淤船加以疏通。输沙渠道设计一般按设计的引水引沙条件和要求，用输沙平衡的原理计算渠道的断面尺寸和挟沙能力，以保证渠道的正常通水和不淤。实际情况是，由于种种原因，引水引沙量的变化很大，所设计的渠道断面尺寸很难适应这种多变的引水引沙过程，输沙渠道极难避免不发生淤积。

为了减轻输沙渠的淤积,根据长期引黄灌溉的经验,采取调整渠道比降和进行硬化衬砌渠道,以加大渠道比降和流速来增大渠道的挟沙能力。但是,对引洪放淤而言,硬化衬砌渠道投资较大,采用编织布衬砌是可行的。温孟滩在放淤过程中,对输沙渠进行编织布衬砌,渠道糙率降低,渠道水流的挟沙能力较土渠提高20%左右。

泥沙在淤区的分布与淤区挟沙水流的分选作用有关。主流区流速较大,含沙量沿程变化小,滩边流速较小,含沙量均沿程降低。河南开封淤区实测资料表明,粒径大于0.01 mm的泥沙颗粒90%以上沉积在入口淤积三角洲上,粒径小于0.01 mm的泥沙颗粒仅有40%左右继续向下游扩散。由于水的分选作用,淤沙粒径沿程变化的趋势,都是逐渐减小的,只是在挟沙能力显著增加的局部地区例外。

5.淤区调控

黄河下游滩区放淤区按其平面形状可分为带形、菱形和湖泊形三种形式。不同形式的淤区内水流演进和泥沙运动情况不同,其沉沙效果也不相同。带形或菱形沉沙池一般用于淤筑堤河和串沟,只要求将粗颗粒泥沙沉下,细颗粒泥沙则送往河道;湖泊形淤区多用于淤滩改土,其粗细颗粒泥沙大部分沉淀下来,出淤区水流的含沙量很小,沉淤后的土地有良好的耕种条件。应根据引黄沉沙实践,获得较好沉沙效果时引水流量同条池长度及主要水力因素的关系。人民胜利渠的实测资料表明,当条池长5 000 m、宽80~120 m时,其初期运用的拦沙效率可在70%以上。

黄河下游滩区引洪放淤需由工程控制,进水口用引水闸门控制引水量,在一个大的淤区内,还可划分成若干个小淤区,由隔堤分开,实行轮淤。在淤区出口处利用叠梁闸控制水位,可以调节淤区内水沙运行情况和泥沙淤积部位。在放淤过程中,根据大河流量、水位、河势情况、含沙量的变化,及时观测进水、退水的含沙量、流速等参数,控制进水、退水口门的流量,调节淤区的蓄水量,以达到最佳效果。

6.2.2.3 机械淤滩技术

1.挖沙机械的选择

在黄河下游淤背固堤工程中经常使用的机械有简易冲吸式挖泥船、绞吸式挖泥船、水力冲挖机组、挖泥泵以及挖掘机、自卸汽车,这些机械设备都具有各自的特点。在机淤形成相对窄深河槽的施工中,要想取得最大的效益,需要根据工程的具体情况择优选择。

1)选择原则

(1)因地制宜

黄河淤滩工程建设的主要目的是形成相对窄深的主河槽,对土质的要求并不十分严格。应该说,在河道中能取到的所有土质基本都能满足工程建设的需要。但是,在淤填完成以后,要对淤筑体进行盖顶,对盖顶土质的要求就相对严格,需要具有一定的黏粒含量。如前所述,冲吸式挖泥船仅适用于沙性土,若选择用其放淤盖顶,就很难达到工程建设的目的。由于在开挖河槽方面水下作业是主要形式,应根据河底土质和河道形态选择所要使用的机械设备。

(2)技术上可行

不同的机械在作业条件、技术性能、适应范围等方面都会有所差别,在选择时必须予以考虑。对于一定的工程条件和施工环境,必须首先考虑施工机械可行与否。机淤形成相对窄深河槽的第一项作业是挖取河道中水下泥沙。因此,考虑施工机械技术上是否可行,主要是看其技术性能能否适合挖河这一客观的工作条件和作业范围。据此,选择不同的船型和泵型,采取不同的开挖方式。

(3)经济上合理

在技术可行的前提下,用尽量少的工程投入能够达到同样的工程建设目的,是选择施工机械应遵循的最基本原则。在同样可行的施工机械中,选择工程投入最少的那种装备,往往具有十分现实的意义,也是人们普遍追求的目标。特别是对于施工企业,用较少的资金投入完成工程建设,可以降低工程成本,增加企业的直接经济效益。

2)选择方法

选择施工机械应遵循的技术路线是:从技术可行方面着手,在造价合理方面作经济比较,在社会影响和环境影响方面进行评价,综合考虑,选择最优方案。技术可行是前提,失去了技术上的可行性,就失去了选择的基础。如果通过分析,只有一种机械可行,此时的选择就变得十分简单。但在实际生产中,有时往往是几种机械在技术上都是可行的,而且就其中某一种机械而言,也有若干种具体的施工方案。这是因为在实际中存在着较多的影响因素,尤其是对工程造价的影响因素较多。如:不同的机械具有不同的作业效率和运转费用;不同的取沙地点会带来不同的排距(输沙距离),而排距的远近也直接影响设备的效率和运转费用;取沙地点的不同,对应的土质会有所不同,同样会影响生产效率;不同的方案也会带来其他费用的变化,如附属设施、场地占用和施工赔偿等。

对于工程量较大的项目,由于受地理、环境、施工单位的设备、挖河地点的土容量和其他客观情况等因素影响,有时采用单一的施工机械计算出的最低工程造价并不一定是最优方案,也可能存在使用两种或两种以上的机械进行组合方案为最优。因此,对于工程量较大的工程,其具体的实施方案往往还需要在工程造价分析的基础上,根据运行情况进行必要的组合方案分析,从中选取最优方案。这时,利用运筹学原理在可行的若干方案中进行优选应是比较明智的。表 6-1 列出了不同设备的适用情况,在实际生产中可以参考。

表 6-1　不同设备在黄河淤滩工程中的适用情况

设备	适应土质	工作条件	适用情况
简易冲吸式挖泥船	沙性土	水下开挖	在河槽内或靠近水流的边滩施工,主要是挖沙淤滩。排距较小者优先采用,排距较大时可以考虑进行接力输送
绞吸式挖泥船	各种土质	水下开挖	在河槽内或靠近水流的边滩施工,适用于排距较近,且因土质原因简易船不易施工的河段;可挖取含黏粒量较高的土质用于淤区的盖顶
水力冲挖机组	沙性土、壤土	水上开挖	有施工水源,大河断流时可开挖河槽,水小时可开挖边滩、嫩滩,沙性土可用作淤滩,黏性土可用做包边盖顶
挖泥泵	沙性土、壤土	水下开挖	挖取水下泥沙,适用于静水区,也可在靠近水流、流速较小的边滩处施工,主要用于挖沙淤滩。在距离电网较近时也可考虑接力输送

2.挖沙技术

挖沙技术随着挖沙地点、挖沙时间和挖沙条件的不同,又分为水下挖沙、半水半旱挖沙和旱地挖沙三种方式。

1)水下挖沙技术

水下挖沙技术主要用于从黄河河道、灌区内排水沟河和沉沙池中取沙。挖沙工具主要有冲吸式挖泥船、绞吸式挖泥船和挖泥泵三种。冲吸式挖泥船适宜在黄河河道内挖沙,主要用于沙性土河床,其主要设施为一艘载重机船,配以10EPN-30、YZNB250等型号的泥浆泵和相应的电机或柴油发电机,以及冲淤和输泥管道等。这类泵型的设计泥浆浓度(相对浓度)为10%,产量为80~150 m^3/h,设计排距为1 000~2 500 m。随着淤临淤背由险工段向平工段发展,泥浆输送距离增加,挖土范围扩大,如挖滩区的黏性淤土盖淤封顶,又建造了不同型号的绞吸式挖泥船。这种挖泥船适宜挖取河道、沉沙池和滩区的黏质性淤积物或中轻两合土淤积物,主要机型有260型、JYP250型和开封、郑州等地自来水厂挖沉沙池淤泥的较大型挖泥船。这些绞吸式挖泥船的设计泥浆浓度(相对浓度)一般为10%,产量为80~250 m^3/h,运距为500~2 000 m。挖泥泵适用于静水区,也可在流速较小的边滩处施工,主要挖取沙性土、壤土。

2)半水半旱挖沙技术

半水半旱挖沙技术是一种半机械半人力性质的施工,只要有一定的水源供需,就可在旱地和半水半旱条件下开展群众性的机械施工。它可以挖滩,挖沉沙池中的泥沙和输沙渠、排水沟河等旱地机械难以进入场地的淤沙(均在停水期)。在目前机械化程度尚不十分普及和劳力资源比较丰富的情况下,这种半机械半人力施工方式在挖滩、清淤、挖塘中具有广泛的用途。20世纪80年代初开始采用的是4PNL-250型泥浆泵,近期已发展到6PNL-265型。它具有产量高、排沙距离适中、造价低、施工容易、维修简单、易搬迁移动、活动范围广泛等优点。机组由动力供应、抽水、水力冲泥造浆和管道输送泥浆等部分组成。即在电网或柴油机发电供应动力条件下,先由高压清水泵抽水冲淤造浆,再由泥浆泵将泥浆通过管道或明渠送到堆沙淤筑区。该机组扬程在10 m以下,输距在200 m内,产量为20~30 m^3/h。利用该机组施工的灵活性,尚可组织群众大规模挖沙清淤。同时,亦可由大小泵组成的群泵施工,即组合泵施工。其组成形式为:小型泥泵清淤造泥,把泥浆先送至集浆池,然后由大型泥浆泵把集浆池的泥浆抽送到较远的淤筑区,这样不仅能充分发挥大小泵各自的特长与作用,同时对提高施工效率,加快施工进度也有很好的效果。目前,此种施工技术已在黄河下游沿黄两岸平原的沟河、坑塘、滩区、河口挖淤中广泛推广使用,并成为除机船水下挖淤外的重要清淤手段。

3)旱地挖沙技术

随着清淤和各类淤筑工程的增多及机械化水平的逐步提高,旱地挖沙输沙的机械化程度也在不断提高。下游沿黄地区河道堤防修筑、灌区清淤及其他水利和交通道路等的施工,均大量使用挖掘、推土、铲运等机械进行土源开挖、泥沙输运,在平整土地和淤区围堤修筑中发挥了重要的作用。同时,一些地区广泛利用挖掘机配以拖拉机、载重汽车等运送土料和小型翻斗车短距离挖土、运土,代替了大量人力。一些灌区还采用中小型移动式抓斗机械清淤的方式。这说明,在各种吹填、清淤工程中利用和配以适当的旱地施工机械不仅必要，而且可以促进淤筑工程施工机械化的全面发展，其施工效率也可大大提高。

3.输沙技术

在下游淤筑工程中，泥沙或泥浆的运输一般通过管道和旱地输送。由于挖淤性质不同，输送泥沙的方式各异。

1）管道输沙

管道输沙方式主要适用于在河道、沉沙池和排水沟渠的机船水下挖淤中，半水半旱挖沙中也大都采用此方式输送泥浆。管道输送的泥浆一般是200 kg/m^3 以上的高浓度泥浆，其输送距离除与机泵性能有关外，与泥浆浓度、泥沙颗粒粗细和管道本身的规格、管材质地等也密切相关。一般情况下，当泥浆颗粒细、浓度低、管道光滑、阻力小时，输送的距离远。目前，所采用的管材主要是钢管，80 m^3/h 挖泥船输沙管道规格以直径300 mm为主，胶管只在接头或局部弯头上使用，若不经常拆卸搬运，采用水泥管道输送泥浆的效果也较好，因其阻力系数小，寿命也长。山东黄河河务局的观测试验表明：山东河道陶城铺以上，河道河床质泥沙的中值粒径为0.1 mm，陶城铺至泺口河段河床质的中值粒径为0.09 mm，泺口以下河段的中值粒径为0.08 mm；用80 m^3/h 挖泥船配300 mm管道的最大运距分别为2 000 m、2 200 m和2 500 m。

为满足远距离淤筑，可采用双泵接力输送泥浆的方式，即采用同型号的机泵，其中一台泵在挖淤点挖输，另一台泵在其后的近中点位置接前泵把泥浆输送至淤区。根据河南黄河河务局和山东黄河河务局的试验结果，这种接力输沙方式可把泥浆输至3 000~5 000 m。

2）旱地运输

在未开展机械化施工以前，黄河下游平原筑堤和灌区清淤的土料输送均靠人力肩挑或以独轮车、架子车等作为主要的运土工具。部分大型复堤和清淤场地，亦有采用辘轳绞车和兽力车代替人力输运。随着机械化施工的发展，筑堤、清淤的土料输运便有了较大进步。近距离施工多数以铲运机、推土机把土料直接铲推至用土点；远距离挖淤施工则以挖掘机配以载重汽车或拖拉机搬运至用土点；中近距离的小规模挖淤和运输，一般以人力挖土配以翻斗车运土。总之，视运距和施工条件采用不同的运具。

4.淤筑技术

机械淤筑包括淤填和包边盖顶两部分。

1）淤填

淤填包括淤区分块、淤区设计标高计算、放淤施工土方量计算、淤区围堤修筑、淤区排水及质量控制等技术环节。

（1）淤区分块

为使淤筑质量均匀和淤面平整，淤区分块不宜过大过长，以便不同含沙浓度和不同粒径组成的含沙水流能均匀地在淤区落淤。根据经验，一般淤块的长度为150~200 m，宽度则以淤区大小而定。同时，确定淤区分块还应考虑淤填方式，即串淤和轮淤。串淤效率较高，但要通过上下淤块，当距离过长时，水流泥沙分选使用使落淤不很均匀；轮淤效率较低，但能补充串淤之不足，故淤筑时宜根据实际情况灵活采用淤填方式。

(2)淤区围堤修筑

围堤按修筑的时间顺序可分为基础围堤和后续围堤两种。对于基础围堤,要求用壤土或黏土修筑,分层夯实,高约2.5 m,顶宽为2.0 m,临水坡为1:2.0,背水坡为1:1.0,超高为1.0 m。后续围堤是在基础围堤所控制的淤区淤满后,逐次向上加高的围堤。一般利用推土机推淤土堆筑,每次围筑的高度为0.5~1.0 m。当淤区接近计划淤筑高程时,即需修筑封顶围堤,此围堤一般高1.0~1.5 m,内、外边坡均为1:2.0,顶宽为1.0 m,土料以亚黏土、壤土为宜,以防围堤工程被风雨侵蚀坍塌造成淤区水土流失。

(3)淤区排水

为保证淤区进水、排水、渗水的平衡,防止周边地区发生内涝积水和次生盐碱等,淤填以后的清水要有计划地退排到排水河(或用于灌溉)。为此,在淤筑区的外侧20~30 m处修建截渗沟,截渗沟与地区排水沟道连通,以利于水的顺利排泄。

(4)质量控制

质量控制主要是指合理控制一次淤筑的最大土层厚度和间隔的淤筑时间,这是保证淤筑体长期稳定的重要环节。因为淤筑体的沉降、固结要经过含水量降低、密度增大、孔隙水压力消散和强度增强等过程。时间短了,土体难以沉降固结,淤筑体不稳定,在此基础上连续向上淤筑极易造成滑塌等安全问题。在下游挖河、挖滩淤筑中,对于黏粒含量低于15%的沙性淤土,一次可淤厚3.0 m左右,经过5个月时间即基本固结。因此,在黄河下游堤防淤筑中,多按此标准控制堤防淤筑层次和淤筑的间隔时间。若淤筑土料黏粒含量大于15%,沉降固结的时间还应适当延长。最后,应在表层淤上一层厚0.5 m以上、黏粒含量大于15%的壤土或黏土,以利于耕作和固沙。

2)包边盖顶

包边盖顶是淤筑工程的最后一道工序,目的是防止淤区土壤沙化并使新淤出的土地更好地为农业生产服务。所以,对淤区包边盖顶的土料选择和淤筑技术应十分重视。根据长期淤临淤背和沉沙筑高区土地还耕的经验,封顶土料以两合土或高于两合土的较黏土为好。抽洪水盖淤需掌握黄河洪水水沙特性和选择好船泵的设置位置,以能抽到适合盖顶的土料和提高抽洪盖淤效率。盖淤前,应事前平整淤区,划分淤块,修筑淤区围堤和格田,采用轮换放淤方式淤平淤匀。挖土包边盖顶宜分层填筑。同时,要注意做好淤区的排水、水土保持和土地的整体利用规划,以便适时恢复淤区土地的利用。从土地利用角度来看,盖土比盖淤似更有利,但要视土源条件,才能取得投资少、见效快的效果。

5.综合放淤技术

在黄河下游滩区开展放淤,主要采用引洪放淤和机械放淤。这两种形式各有不同的适用条件和自身特点。综合放淤技术是将引洪放淤和机械放淤有机结合,达到节约投资、缩短周期、事半功倍的效果。综合放淤技术在时空上优势明显。

1)时间上的优势

黄河下游东坝头—陶城铺河段现有堤河长302.23 km,全部淤平需土方0.83亿m^3。由于堤河远离大河,大多数在4.0 km以上,有的甚至达到8.0 km。从淤筑投资来看,引洪放淤是比较经济的。

引洪放淤主要靠引用汛期洪水泥沙资源,由于小浪底水库运用初期的20年内,除汛期水库来水来沙满足调水调沙条件时及时进行调水调沙外，其他情况下均下泄清水。因此，满足引洪放淤的水沙条件发生了变化，只有利用小浪底水库调水调沙来实现，而且调水调沙的时间是有限的。非调水调沙期间，利用挖泥船将高含沙水流输送到渠道里，与渠道低含沙水流（1~3 kg/m³）汇合后输送到淤区。上述方法引洪放淤将不受调水调沙时间的限制。需要指出的是，在进行人工加沙时，由于此时的泥沙颗粒较粗，因此必须对输沙渠道进行设计，选定合理的渠道断面、流量、加沙量等，尽量使渠道能达到断面稳定、冲淤平衡。

2）空间上的优势

淤筑堤河处距大河多在4 km以上，在有引洪放淤条件时，可先采用引洪放淤方式，当淤筑高程达不到设计要求时，可在引洪放淤的基础上采用机械淤筑的方式淤填，直至淤面达到设计高程。机械放淤受排距、扬程的限制，需要根据情况，采取加力措施。机械淤筑堤河在垂直尺度上一般能满足工程设计要求。

6.3　引洪放淤数学模型

众所周知，黄河是世界上著名的多泥沙河流。由于泥沙淤积，黄河下游河道高悬于两岸地面之上，洪水威胁十分严重。处理和利用黄河泥沙是治理黄河的重要途径。黄河下游滩区放淤是继小浪底水库调水调沙后，在处理黄河泥沙问题上的又一重大战略措施。黄河下游滩区放淤数学模型研究，以引黄灌溉沉沙池泥沙运动规律和调控运用为研究基础，利用Visual Fortran语言开发工具建立沉沙池（淤区）泥沙数学模型，结合黄河水沙特性和调控运用要求，修改、调试模型，并根据淤区设计边界条件和水沙过程资料，为滩区放淤工程提出一套优选的淤区平面布置和淤区运用方式，为大规模开展黄河下游滩区放淤提供了技术支撑。

6.3.1　研究内容

黄河下游滩区放淤数学模型研究开发分为模型建立及验证和模型调试及应用两个阶段，主要研究内容包括以下几个方面：

（1）收集引黄灌区沉沙池及黄河下游放淤资料，主要包括：①边界条件，如纵断面、沿程横断面资料、阻力系数等；②水文资料，如进出口流量、水位和水温等；③泥沙资料，如进出口断面含沙量、泥沙颗粒级配、泥沙容重、沉降系数等。

（2）根据水力学、泥沙运动理论，利用准静水沉降法、一维超饱和不平衡输沙法、二维超饱和不平衡输沙法等方法，推算沉沙池各断面水位，计算各断面水力因素（水深、流速为断面平均值）、水面宽及水力半径、悬移质泥沙运行及颗粒级配，并对沉沙池纵横断面进行修正。

（3）淤区数学模型验证。利用实测资料与计算值进行误差分析，调整计算方法和有关模型参数，通过水面线、出口含沙量、出口泥沙粒径和拦沙量的验证，使模型有较高的输出精度。

（4）建立黄河下游与引黄灌区沉沙池水沙特性的相关关系，对计算方法和有关模型参数进行合理性调整,完成对黄河淤区数学模型的调试。

(5)根据淤区设计边界条件和水沙过程资料,对淤区不同平面布置进行泥沙淤积计算,分析计算粗、细颗粒泥沙的淤积分布及出口含沙量和悬移质颗粒级配,根据不同平面布置方案计算结果,分析、确定较优的平面布置方案。

(6)在淤区平面布置确定的条件下,根据不同引水引沙及悬移质颗粒级配,计算出口在不同水位流量条件下的淤区内沿程泥沙淤积分布和泥沙颗粒级配沿程分选,在保证"淤粗排细"的前提下,确定较优的淤区运用方式。

(7)在淤区平面布置确定的条件下,根据不同的引水水沙、悬移质颗粒级配及出口水位流量关系,分析计算淤区内淤积分布和分组泥沙淤积分布。

(8)根据放淤试验工程的实测资料,对淤区数学模型作进一步率定,并不断完善淤区数学模型。

6.3.2　泥沙数学模型研究现状

国内外已对含沙水流的数学模型开展了很多的研究工作,提出了很多泥沙数学模型。国外比较著名的模型有 HEC-6 模型、杨志达流管模型及张海燕模型等。国内有韩其为、清华大学、武汉大学水利水电学院、陕西机械学院、黄河水利科学研究院等研制的泥沙数学模型,这些模型都有各自的特点和适用性。一般来说,国外数学模型仅适用于少沙河流,国内数学模型使用范围限于一些特定河流。例如,韩其为数学模型适用于长江,清华大学和黄河水利科学研究院数学模型根据黄河中、下游特点而建立,适用于黄河中、下游。目前,黄河上开发研制的泥沙数学模型很多,主要包括:龙门、华县、河津、洑头至潼关一维恒定流和非恒定流泥沙数学模型,三门峡水库和小浪底水库一维恒定流泥沙数学模型,黄河下游一维恒定流和非恒定流泥沙数学模型,黄河河口二维潮流泥沙数学模型等。下面对一些具有代表性的数学模型作一简要介绍。

6.3.2.1　HEC-6 模型

美国陆军工程兵团水文中心开发研制的 HEC-6 模型是一个基于水动力学的一维泥沙数学模型,该模型的主要特点有以下几个方面:

(1)水面线计算基于一维恒定水流运动方程,并且考虑了分流和汇流计算,在水力学计算中的阻力问题采用固定糙率。

(2)采用固定的动床和定床。将每一河床断面划分为动床部分和定床部分,冲淤仅限于动床部分。

(3)考虑了床沙交换问题,采用床沙分层计算,将每一河床断面和水流状态引入平衡深度的概念,把动床部分的河床分成上、下两层,即深度小于平衡深度的活动层和大于平衡深度的不活动层,所有冲刷和淤积都发生在活动层内。

(4)部分地考虑了不平衡输沙,模型对黏土、粉沙采用平衡输沙计算,对粗沙则在某种程度上采用不平衡输沙计算方法。

(5)挟沙能力公式采用 Toffaleti 公式、改进的 Mauren 公式、杨志达河流公式、Duboys 公式及经验公式等 5 种。

6.3.2.2　三门峡库区数学模型

武汉大学水利水电学院河流模拟教研室给出的三门峡库区数学模型是一维恒定非饱和输沙模型。计算区域分为两种情况：第一种情况，模拟河段的上边界条件为进口控制断面龙门站流量过程线、悬移质含沙量过程线等水沙条件，下边界条件为出口控制断面潼关站水位过程线；第二种情况，计算区域选择了龙门、华县、河津、洑头到三门峡坝址作为研究区域。其特点如下：

(1)对河道断面进行概化，分滩槽为计算单元。

(2)在水面线计算中，采用固定糙率计算阻力。主槽糙率变化范围为0.008~0.012，滩地糙率变化范围为0.018~0.024。

为了模拟非均匀沙的挟沙力，采用李义天从平衡状态下悬沙平均含沙浓度与河底含沙浓度的级配关系以及泥沙与床沙的交换关系推导出分组挟沙力级配与床沙级配的关系。

(3)床沙级配随泥沙冲淤进行不断调整。

(4)滩槽含沙量分配是用含沙量之比与水流挟沙力之比建立关系的。

6.3.2.3　龙门—上源头一维恒定流数学模型

陕西机械学院给出的数学模型是一维恒定流，计算河段为龙门—上源头，不包括汇流区，其主要特点如下。

1.高含沙不平衡输沙模式

将高含沙水流分为高含沙均质流和高含沙非均质流。对于高含沙均质流，已没有挟沙力概念，其输沙规律按有关公式确定；对于高含沙非均质流，泥沙的沉速要进行修正，并采用不平衡输沙模式。

2.游荡性河道处理

对于游荡性河道，认为河道形态随时序发生变化，因而对于有足够滩地变化区的冲积河段，河床变形计算必须考虑其横向变形。“揭河底”冲刷形成一窄深河道后，逐年坍滩展宽，展宽量呈衰减趋势，同时河底逐年抬高，抬高量也呈衰减趋势。这一过程一般需要5年以上才能形成具有相对稳定性的游荡性河道，再揭底冲刷、再展宽抬高，周而复始。根据这一特点，提出三种典型断面概化：一是初始断面的概化；二是“揭河底”冲刷后断面的概化；三是“揭河底”冲刷后第6年相对稳定河道断面的概化。在模型中，计算到“揭河底”冲刷时，一次性改变断面为“揭河底”冲刷后的概化断面，之后分5年展宽和抬升，其值依据实际资料按经验关系进行分配，即逐年以第6年概化断面河宽与断面河宽之差的30%、25%、20%、15%、10%展宽，相应的河底抬升值是以展宽时侧蚀坍塌面积乘以折减系数除以河宽得到的。

3.“揭河底”冲刷横向泥沙输移规律的计算

根据“揭河底”冲刷横向泥沙输移规律，对泥沙的连续方程加上一个侧蚀项，其值在“揭河底”冲刷发生时作为断面总冲淤量和槽内冲淤量之差，在“揭河底”冲刷后的5年内分别按“揭河底”冲刷时的-30%、-25%、-20%、-15%、-10%考虑。

6.3.2.4　黄河下游一维数学模型

张喜明、余奕卫给出的一维数学模型是根据黄河下游特点建立的，其主要特点如下：

(1)沿程各站流量的推求。洪水在演进过程中受槽蓄的影响很大。下断面 $n+1$ 时刻的出流是由上断面 n 时刻的流量乘以 C_1,上断面 $n+1$ 时刻的流量乘以 C_2,以及下断面 n 时刻的流量乘以 C_3 组成,C_1、C_2、C_3 为流量系数。存在问题是水沙不同步,容易造成大冲大淤。

(2)滩槽断面划分。将每一个断面划分为滩、槽子断面,分别进行泥沙冲淤计算。

(3)阻力计算。冲积河流的河床为动床,床面阻力主要包括沙粒阻力。Engelund 研究提出了河床总阻力与沙粒阻力的关系,仅与水流条件有关。清华大学王士强研究发现,河床阻力与水流强度的关系不是单一关系,而与床沙粒径 d 有关。本方法用于数学模型的阻力计算,克服了以往数学模型用固定糙率或 $n—Q$ 的关系,是一个很大的进展。

(4)床沙级配随泥沙冲淤进行不断调整。

(5)滩、槽水沙交换。在水面线的计算过程中,可以同时得到主槽及滩地的流量,然后考虑质量交换,合理地进行滩、槽水沙交换。

(6)采用不平衡输沙模式。

6.3.2.5 黄河中游水库数学模型

梁国亭、张仁给出的数学模型属于黄河中游水库泥沙冲淤数学模型,为一维水动力学恒定流泥沙冲淤数学模型,研制目的主要在于模拟水库水流、泥沙运动过程,预测各种水库运用方式下库区泥沙冲淤变化及出库水沙变化过程。该模型采用非耦合解的方法进行水流计算和泥沙计算,其中水流计算考虑了断面不同部位的水力特征,泥沙计算既考虑了不平衡输沙,又考虑了泥沙的非均匀组成,并适用于明流及异重流不同输沙状态的计算。模型特点如下:

(1)黄河中下游河道形态十分复杂,为了反映河道断面不同部位的水力特征和冲淤性质,水流计算分子断面进行冲淤计算视冲淤结果按水面下一定宽度等厚分布。

(2)适合黄河的来水来沙特点,能较好地模拟水库高含沙洪水的造床过程。

(3)采用分粒径组的方法计算泥沙冲淤,考虑了非均匀沙的影响及悬沙与床沙的交换,从而使整体的计算结果更趋合理。

(4)模型可根据进出口水沙条件以及断面冲淤量大小自动划分时段,避免了河床变形剧烈时断面之间冲淤交替跳变的缺陷,对库区强烈的溯源冲刷模拟也有较大的改善。

(5)用三门峡水库 1960~1990 年共 30 年的实测水沙系列对模型进行了验证计算,结果在冲淤总量、冲淤过程以及沿程冲淤分布等方面均与实测资料拟合良好。

(6)小浪底水库支流淤积计算模式程序设计简单,计算结果可靠,而且可使水库模型所具备的分组计算功能不受影响。

综上所述,各个模型都具有各自的特点,有许多好的处理方法值得吸取和改进,但是这些模型用于黄河下游滩区放淤还存在一系列问题,需要针对放淤特性作进一步研究。

6.3.3 黄河数学模型发展趋势

根据"数字黄河"工程建设要求,黄河数学模型系统研发主要内容如下:

(1)一维模型系统构建。全面整合现有黄河中游水库和下游河道一维水动力学模型，同时与水质构件、流域产流产沙构件、河冰构件耦合，建立流域、水库及河网模拟系统。水库一维非恒定流水沙模型在考虑水库防洪运用和调水调沙运用方式后，可以用于黄河中游四库联合调度；若考虑浑水水库环境下泥沙群体沉降和异重流爬高行为下动能与势能转化过程，可以作为浑水水库模型；流域产流产沙构件主要考虑分布式水文模型，河冰构件可以采用已有构件。

（2）二维模型系统构建。二维河道洪水演进模型拟采用质量及动量守恒性较好的有限体积法，通过求解黎曼近似解构造相应数值格式，同时考虑游荡性河道河岸冲刷和崩塌模拟，并与滩区及滞洪区灾情评估模型耦合；开发污染物迁移转化模拟构件，并作为共用构件；在二维河道模型的基础上，将模拟区域和功能适当扩展，开发水库泥沙输移和污染物迁移模型，主要进行库区水沙输移、库岸坍塌以及库区污染物对流扩散、水温、泥沙吸附、浮游植物和 pH 值模拟等。黄河口平面二维潮流输沙模型主要模拟盐水侵蚀、潮流、风生流、波浪流以及变化环境下海岸带动力变化过程。中游淤地坝溃坝分析模型作为水库安全评价及风险分析的主要工具，模拟分析中游大量淤地坝的安全情况和溃坝后洪水变化过程。

（3）三维模型系统构建。开发多沙河流河道及水库三维水沙数学模型，建立小浪底库区三维模型，全面模拟干流洪水实时调度和水库调水调沙运用环境下，支流“拦门沙”形态、异重流产生及输移、浑水水库输沙变化、满足水库和下游河道减淤排沙洞、孔板洞和明流洞等泄水建筑物不同运用组合下出库流量、含沙量和级配过程。河道三维水沙模型将为河道整治工程规划、跨河桥涵建筑物设计和取水工程布设提供空间动力场。

黄河泥沙数学模型的发展方向是在进一步改进和完善一维泥沙数学模型的同时，研究和开发二维泥沙数学模型及三维泥沙数学模型。新近研制开发的基于 GIS 的黄河下游二维水沙数学模型，为黄河下游数学模型可视化提供了强大的技术支撑。

随着近几年黄河泥沙数学模型的迅速发展和不断完善，黄河泥沙数学模型已在黄河流域规划、工程建设和管理运用等生产中得到应用。随着黄河滩区放淤数学模型的研究、开发，将不断扩大数学模型的应用范围，更好地为治理黄河服务。尤其是数学模型、物理模型和原型黄河的相互验证，也有利于数学模型精度的提高。

6.3.4　开发环境及模型设计

黄河淤区数学模型包括编程软件选择及应用平台和模型设计两项内容。

6.3.4.1　开发环境

Visual Fortran 是美国 Compaq 公司下属的 DEC 公司推出的功能强大的 Fortran 开发工具。Visual Fortran 基于 Microsoft 公司的 Developer Studio 集成开发环境，因此除具有 Fortran语言擅长的科学计算的优势外，还可以像 Visual C++甚至 Visual Basic 一样轻松开发基于 Windows 风格的用户界面，这无疑为科学计算的用户提供了极大方便。Visual Fortran 具有创建应用程序（包括动态链接库）、编辑和链接程序、调试和优化程序、创建对话框、使用图形模块、与其他语言混合编程、创建多线程以及使用 IMSL 数学库和统计库等功能，可满足黄河淤区数学模型研究需求。

6.3.4.2 模型设计

黄河淤区数学模型研究以引黄灌溉沉沙池泥沙运动规律和调控运用为研究基础，利用 Visual Fortran 语言开发工具建立沉沙池(淤区)泥沙数学模型，结合黄河淤区调控运用要求，修改、调试模型，并根据淤区设计地形及水沙资料，为第一阶段(2004 年)放淤试验工程提出了一套优选的淤区平面布置和淤区运用方式。随后进行的放淤野外观测为淤区数学模型的改进和率定提供了比较系统完整的资料，同时与物理模型试验、原型观测进行对比验证，进一步解决了淤区数学模型中存在的理论问题和实际问题，并使之不断完善，从而为大规模开展黄河放淤提供了技术服务。

6.3.5 淤区数学模型基本理论

水动力学泥沙数学模型是以水力学、河流动力学和河床演变学为基础建立的，由质量守恒定律和动量守恒定律推导出水流连续方程、水流运动方程、泥沙连续方程和河床变形方程。

一般把来水来沙过程划分为若干时段，使每一时段的水流接近于恒定流。同时，根据淤区形态把来水来沙过程划分为若干段，使每一段内的水流接近于均匀流，然后按恒定流、均匀流进行计算。

为了将其应用于二元流动的微小流段，需将方程两边沿水深积分，并根据边界条件简化整理得恒定流动的平均含沙浓度沿程变化的基本方程。

6.3.6 程序结构化设计

黄河滩区放淤数学模型采用结构化程序设计。结构化程序设计是当今程序设计的先进方法和工具，是一种仅仅使用三种基本控制(顺序、选择和重复)结构实现程序的设计方法。结构化程序设计遵循模块化原则、自顶向下原则和逐步求精原则。

要使应用系统具有良好的可扩充性、可复用性和可维护性，系统的结构应该非常灵活，也就是说，要做到模块化。模块化的软件构造方法可以使得设计人员通过组合简单的软件元素来构成复杂的软件系统。

在淤区数学模型结构化程序设计中，把程序要解决的总目标分解为分目标，再进一步分解为具体的小目标(模块)。

根据黄河滩区放淤数学模型结构化程序设计，将淤区数学模型分解。

6.3.6.1 水流运动模块

(1)断面水力要素模块：存储计算横断面、纵断面地形资料，横断面水位、流量、水温等数据。

(2)断面概化模块：将主槽和滩地概化成阶梯形断面，概化后的断面应尽量符合实际。

(3)水面线计算模块：在淤区下游断面水位已知的情况下，根据一维恒定能量方程式，用试算法计算上游断面的水位。

6.3.6.2 泥沙运动模块

(1)断面泥沙要素模块：存储、计算横断面含沙量、泥沙颗粒级配、泥沙密度、沉降系数等数据。

（2）泥沙沉速计算模块：由于黄河含沙量变幅大，特别是在高含沙水流情况下，对泥沙颗粒沉速的影响很大，一般在水流挟沙力计算中对沉速计算进行修正，计算床沙质和冲泄质沉速。

（3）河床阻力计算模块：根据实测流量资料，运用恒定水流能量方程推求淤区主槽、滩地糙率。由淤区主槽糙率变化特点，提出用分流量级的办法推算其平均糙率，然后根据滩槽不同部位确定各子断面的初始糙率。

（4）水流挟沙力计算模块：利用黄河中下游实测挟沙力基本资料，用全沙床沙质进行线性拟合，确定挟沙力公式指数和系数，并进行断面挟沙力计算。

（5）悬移质颗粒级配沿程计算模块：主要计算淤积过程中悬移质颗粒级配的分选和冲刷过程中悬移质颗粒级配的变化。

（6）断面形态计算模块：淤区冲淤变化引起断面不断调整，断面宽度变化及沿横断面冲淤变化量用冲淤高度计算。

6.3.6.3　计算结果输出模块

断面水、沙要素计算结果保存或打印。

程序设计的步骤为问题分析、确定算法、编写程序和调试程序。问题分析是按程序开发书中用户要求进行具体的分析，确定编程的目标；确定算法就是选择较好的计算方法解决问题；而编写程序是按选定的计算机语言（淤区数学模型采用 Visual Fortran 语言）和确定的算法进行编码，最后把编好的程序输入计算机运行，并反复调试检查，纠正错误，直到输出正确的结果。

6.3.7　计算方法与模拟

黄河滩区放淤数学模型的主要功能是在给定淤区设计边界条件和水沙过程的情况下，可计算出淤区各断面的流量、水位、含沙量变化过程和各淤区、各时段的滩槽及粗、中、细各粒径组冲淤量。淤区数学模型的计算区域是进水闸、退水闸之间的淤区。淤区初始条件为沿程各实测大断面资料和床沙级配。进口控制条件为淤区进水闸的流量过程线、含沙量过程线以及悬移质颗粒级配过程线；出口控制条件为退水闸的水位过程线。为此，模型的计算方法与模拟技术采用了如下处理手段。

6.3.7.1　断面概化

断面概化正确与否对淤区数学模型的水力计算和河床变形计算影响很大，概化后的断面应尽量符合实际。黄河引黄灌区沉沙池（淤区）地形复杂，其类型有湖泊式、条渠式两种。沉沙池（淤区）内水流宽浅散乱，沙滩密布，主流摆动不定，不同断面的主槽宽度和滩槽高差各不相同，一般中小流量时，水流在主槽内流动，冲淤均发生在主槽内；大流量时，水流漫滩，主槽中水流的流速和水深较大，相应的水流挟沙力也较大，而滩地上的水流流速和水深较小，其挟沙力也小。因此，主槽和滩地的水力特性有较大差异，冲淤往往朝不同的方向发展。为了模拟沉沙池（淤区）这一冲淤特性，根据各个断面实际情况，在计算中就必须将沉沙池（淤区）断面划分成主槽和滩地两部分。由于放淤流量变幅较大，因此为了使模型适应每一级的流量，将主槽和滩地概化成阶梯形断面。

6.3.7.2 水面线推算

在淤区下游断面水位已知的情况下,根据一维恒定流能量方程式,用试算法计算上游断面的水位。

1.沿程水头损失

沿程水头损失是由于克服摩擦阻力做功消耗能量而损失的水头,它是随着流程的增加而增加的。

2.局部水头损失

由于边界形状的突然改变,使流动结构进行急剧的调整,水流内部摩擦阻力所做的功增加了,这种在流动急剧调整过程中消耗能量所造成的水头损失称为局部水头损失。

3.水面线推算

推算水面线从下游向上游逐段进行。沿程各断面的流量以及出口断面的水位为已知条件。

6.3.7.3 泥沙沉速计算

由于黄河含沙量变幅大,特别是在高含沙水流情况下,对泥沙颗粒沉速的影响很大,一般在水流挟沙力计算中对沉速计算进行修正。常用费祥俊给出的公式对沉速进行修正。

6.3.7.4 动床阻力变化的模拟

淤区的河床为动床,床面阻力主要由沙粒阻力组成,它随着淤区冲淤在不断地发生变化。当淤区发生淤积时,床沙细化,床面阻力减小;反之,当淤区发生冲刷时,床沙粗化,床面阻力增大。因此,模型考虑了淤区阻力随淤区冲淤不断变化这一特点。

6.3.7.5 水流挟沙力计算

利用黄河中下游实测挟沙力基本资料,用全沙床沙质进行线性拟合,其回归系数 K 和 m 分别为 0.52 和 0.81,相关系数为 0.91。

6.3.7.6 悬移质颗粒级配沿程变化的模拟

悬移质颗粒级配沿程变化可从两个方面加以分析:①淤积过程中悬移质级配的分选;②冲刷过程中悬移质级配的变化。本模型采用韩其为提出的非平衡输沙悬移质级配沿程变化的计算方法。

1.淤积过程中悬移质级配的分选

悬移质在淤积时,总是粗颗粒沉得快,细颗粒沉得慢,结果使其级配沿程变细,出现分选现象。

实际水流情况甚为复杂,特别在岸边常有滞流区,只有细沙才能进入,应考虑这种情况。

2.冲刷过程中悬移质级配的变化

由于冲刷时细沙冲起得多,粗沙冲起得少,从而使床沙级配逐渐发生变化,相应地补给含沙量级配变粗。

6.3.7.7 断面形态模拟

1.河相关系

河相关系有两种不同的类型:一种是反映不同河流,或者同一条河流上下游之间,由于水流、泥沙和边界条件的不同所引起的河床形态的变化,称为沿程河相关系,它是通过平滩流量或某一个频率的流量把不同断面的资料统一起来的;另一种是研究某一个短淤区段或某一个断面在不同流量下断面尺寸和坡降的变化,称为断面河相关系。通过以往大量沿程河相关系经验公式,可以知道沿程河相关系主要与河道的平滩流量和来沙量有直接关系,来沙量的影响主要反映在河流的比降上。

2.河宽变化模拟计算

假设 ΔA 为本断面的冲淤面积(冲刷取负值、淤积取正值),A、B、h 分别为本时段主槽的面积、宽度和水深,则利用河相关系可以计算出新的主槽宽度 B_c。

3.河床断面形态模拟

横断面的冲淤厚度沿湿周的分布通常是不均匀的,一般而言,淤积趋于从最低处开始。由于淤积时泥沙趋向于逐层水平分布,因此淤积时的横向分布比较均匀,并通常伴以河流的展宽。与此相反,河床的冲刷沿周界变化较大,一般在深泓线附近冲刷量较大。在冲刷过程中河槽逐渐刷深,所以常伴以河宽的减小。当河流向新的平衡发展时,这种河流调整的特点会有效地减小水流功率沿程的差异。在本模型中,假设在一个计算时段 Δt 内,沿横断面冲刷或淤积的分配遵循有效拖曳力的幂函数。

各点床面的改正量 Δz 随所在处拖曳力的变化而变化,或者随水深而变化。对每一计算时段 Δt,需重新确定 β 值,以便通过断面的调整尽快达到水流功率损失沿程均匀化,或者水面线趋于线性化。

6.3.8　淤区数学模型验证

淤区数学模型在理论分析和具体概化计算的基础上已初步建立,由于没有淤区实测资料,根据河流模拟理论,利用几何尺寸相似的黄河下游人民胜利渠沉沙池资料进行验证。

6.3.8.1　人民胜利渠概况

1952 年建成的人民胜利渠是新中国引黄灌溉第一渠。灌区位于河南省北部,总面积 1 183 km^2。主要浇灌新乡、焦作两市的 8 个县(市、区)45 个乡(镇)的土地,并承担新乡市城市供水的任务。设计灌溉面积 5.91 万 km^2,实际灌溉面积 4 km^2。设计引水流量 60 m^3/s。灌区有渠灌、排水,从最低处开始。由于淤积时泥沙趋向于逐层水平分布,因此有沉沙、井灌四套工程系统。黄河是多沙性河流,引黄灌溉必然带进大量泥沙。在渠首附近利用低洼地开辟沉沙池沉积泥沙,沉粗排细,能有效处理泥沙。

6.3.8.2　沉沙池观测内容

1953 年 11 月到 1955 年 8 月间,黄河水利科学研究院组织专业人员对沉沙池第二、第三、第四条渠进行了测验,测验的目的是研究沉沙池的淤积情况及规律。

测验内容包括水力因子(如流速、比降、水位)、泥沙因子(如悬移质含沙量、河床质及泥沙颗粒沉降速度)、断面因子(如水面宽、水深)、风向、风力、水温,并测取淤积土容重。

第四条渠为较规则的条形沉沙池,断面宽度为 60~90 m,长度为 5.45 km。沉沙池出口由溢流堰和叠梁闸调控。

6.3.8.3 数学模型验证

淤区数学模型验证采用人民胜利渠沉沙池第四条渠试验资料。第四条渠于1955年6月5日至8月4日共放水两次,第一次为6月6日至7月2日,第二次为7月22日至8月4日(7月31日没有放水),共40 d。

1.水面线验证

对水面线计算值与1959年6月13日和25日两次实测资料进行了对比。

模型计算水位与实测水位相比,最大绝对误差小于0.1 m,满足模型精度要求。

2.淤积量验证

模型计算淤积量与实测淤积量相比,其相对误差为-0.2%。

3.泥沙粒径验证

对不同时间计算的悬移质平均粒径与实测的悬移质平均粒径沿程变化过程进行了比较。

淤区数学模型比较好地反映了淤区水位、淤区泥沙的运动规律和淤积分布,以及悬移质平均粒径沿程随时间的变化。模型可以用于黄河下游滩区淤区运用方式的研究。

6.4 滩区放淤模式及试验

6.4.1 滩区放淤模式及淤筑潜力

6.4.1.1 滩区淤滩模式

黄河下游滩区由于客观原因,形成了唇高、滩低、堤根洼的特殊地形,造成大水漫滩后,洪水很难自排。因此,通过滩区放淤,有计划地淤筑堤河、串沟、村台、洼地、坑塘、沙荒地及控导工程淤背,降低滩面横比降,减缓或消除“二级悬河”,使漫滩洪水能够自排入河。不同的淤筑部位和范围,不仅有淤筑量和淤筑后滩区形态的差别,而且对河道洪水演进有不同影响,因此滩区放淤模式按淤筑部位或范围区分,并分述如下。

1.全滩淤筑模式

黄河下游河道内槽高、滩低、堤根洼,“二级悬河”发育明显,尤其是东坝头至陶城铺河段最为严重。目前,滩唇一般高于黄河大堤临河地面3~5 m。其中,东坝头至陶城铺河段滩面横比降达1‰~20‰,而河道纵比降为0.14‰,是下游“二级悬河”最为严重的河段。由于“二级悬河”的存在,河道横比降远大于纵比降,一旦发生较大洪水,滩面过流增大,更易形成“横河”“斜河”,增加了主流顶冲堤防,产生顺堤行洪,甚至发生“滚河”的可能性,严重危及堤防安全;同时使滩区受淹概率增大,对滩区群众生命和财产安全也构成威胁。

基于以消除黄河下游“二级悬河”为目的的全滩淤筑模式,是在一个自然滩区内,以滩唇高程为控制点,由滩区上段向下逐段淤筑,最终达到新淤筑的滩面纵比降,与河道纵比降相同,横比降逐步趋于零。这一淤筑途径,从长远上讲,可以消除黄河下游“二级悬河”造成的危害,但涉及的社会制约因素较多,需统筹考虑。

2.堤河淤筑模式

堤河是指靠近堤脚的低洼狭长地带。其形成原因:一是在洪水漫滩时,泥沙首先在滩唇沉积,形成河槽两边滩唇高、滩面向堤根倾斜的地势;二是在培修堤防时,在临河取土,降低了地面高程。堤河常年积水、杂草丛生,无法耕种。由于堤河的存在,洪水漫滩后,水流顺堤河而下,形成顺堤行洪,对堤防防守极为不利。采用引洪放淤或机械放淤途径,将堤河淤至与堤河附近滩面平,可消除或减缓漫滩洪水顺堤行洪对黄河大堤的影响。堤河淤平后表层用耕植土盖顶,以满足群众复垦需要。因此,淤筑堤河可提高堤防抗渗能力,减缓顺堤行洪威胁,改善临河生态环境,具有显著的社会效益和经济效益。

3.串沟淤堵模式

串沟是指水流在滩面上冲蚀形成的沟槽。滩地上的串沟多与堤河相连,有的直通临河堤根,有的则顺河槽或与河槽成斜交。洪水漫滩时,则顺串沟直冲大堤,甚至夺溜而改变大河流路。据初步统计,黄河下游滩区较大的串沟有 89 条,总长约 368.5 km,沟宽50~500 m,沟深 0.5~3.0 m。当洪水达到平滩流量时,易发生串沟过水情况,应在洪水到达之前进行淤堵。由于串沟多属独立存在的沟槽,进行淤堵时需根据串沟距河槽距离、进退水条件分别规划设计,淤堵途径采用机械淤筑或引洪放淤途径进行。考虑到实用性、经济性以及淤筑体的自然沉降,淤积面高程以高于邻近滩面 0.5 m 为宜,淤堵工程宽度按串沟实际宽度实施,长度以 500 m 为宜。

4.村台淤筑模式

黄河下游滩区村庄较多,安全建设标准偏低,许多村庄很难搬迁到堤外,特别是大滩。要想解决其防洪保安全的问题,可在滩区中部淤筑长 1 km 左右、宽 300~500 m 的村台,将附近的村庄集中搬迁到村台上居住。利用黄河泥沙淤筑村台,一方面可疏浚河道,改善河道淤积状况;另一方面可提高滩区群众居住村台标准。

村台的设计防洪标准为 20 年一遇,相应黄河花园口站洪峰流量 12 370 m^3/s,台顶设计高程为设计洪水位加超高 1.0 m。新建村台台顶设计面积以 18 m^2/人计,村台周边增加 3 m 的安全宽度,边坡为 1:3.0,台顶和周边用壤土包边盖顶,盖顶厚 0.5 m,包边水平宽 1.0 m。

5.洼地淤筑

黄河下游滩区不少地方地势低洼,漫滩积水和降雨积水长期难以自排,影响滩区群众的生产、生活,易造成土地盐碱化,需要进行放淤改土,抬高滩面,增加耕地面积,提高土壤肥力,改善滩区生态环境。洼地淤改一般采取自流放淤方式,利用已建的滩区灌溉渠系,临时修筑淤区围堤、隔堤、退水等工程。

6.坑塘淤筑

在黄河下游中低滩区,修建避水村、房台需大量取土,村庄四周形成许多坑塘(村塘),小则 1 hm^2 左右,大的可达 10 余 hm^2。这些坑塘常年积水或季节积水,既影响土地利用,又为漫滩洪水淹没村庄提供条件,宜充分利用黄河洪水泥沙资源适时引洪淤平,改善滩区群众的生存环境。

7.沙荒地淤筑

黄河下游滩区沙荒地的形成,一是由于河流决口泛滥留下的大片沙荒,二是因洪水漫滩或临时分洪在滩唇附近遗留下的局部沙荒。沙荒地土地贫瘠,作物难以生长,是下游主要风沙来源区。沙荒地地势较高,一般采用机泵淤筑,并进行壤土盖顶,以满足保水保肥的耕作要求。

8.控导工程淤背模式

黄河下游控导工程(简称控导工程,下同)是为引导主流沿设计治导线下泄,在凹岸一侧的滩岸上按设计的工程位置线修建的丁坝、垛、护岸工程。控导工程在控制主溜稳定河势、减少不利河势的发生、减少平工段冲塌险情方面发挥了无可替代的作用。

黄河下游控导工程修建于不同时期,由于受河道冲淤变化的影响,黄河下游各处控导工程设计水位所对应的设计流量发生了较大变化,总体上同水位下的流量趋于减少。当黄河下游发生漫滩洪水时,大多数控导工程因抢险道路淹没而处于"孤岛"状态,抢险人员和设备进场、撤离以及抢险料物的供应十分困难,特别是抢险作业场地狭小,无法满足抢大险的要求。

针对上述情况,在控导工程背水侧,淤筑宽 50 m、长度与工程相等的带状淤筑体,可起到加固控导工程的作用。同时,若有可能,还可以结合村台建设进行淤筑。

6.4.1.2 放淤模式评价

黄河下游滩区放淤涉及因素较多,主要涉及工程量和投资、防洪生态环境影响,各种淤筑模式的综合评价。于黄河防洪安全出发,考虑到生态环境影响和技术条件的可行性,滩区放淤近期重点应放在堤河淤筑、串沟淤堵和村台淤筑上;控导工程淤背一方面可提高工程防洪能力,另一方面可结合淤筑村台,有事半功倍之效。

6.4.1.3 滩区放淤潜力分析

黄河下游滩区放淤潜力分析,依据 1999 年 1:10 000 黄河下游河道电子地图,采用 GIS 空间分析原理,对滩区不同放淤模式进行了计算。

1.全滩淤筑

在小浪底—花园口河段进行全滩淤筑,主要指温孟滩淤筑,淤区西面为洛阳吉利,东面为沁河入黄河口,北面为黄河大堤和清风岭,南面为临黄防护堤。温孟滩放淤与下游放淤不同,主要结合小浪底运用处理泥沙。在诸多淤筑方案中,仅列出淤筑高度与黄河大堤(防护堤)平齐方案。经分析计算,温孟滩淤筑滩区面积为 372.7 km^2,淤筑泥沙量为 15.059 4亿 m^3,平均淤深为 4.04 m,其他河段淤筑高度与滩唇平齐。

济南北店子以下滩区,由于"二级悬河"发育不明显,未予计算统计。经过对花园口以下滩区 89 个自然滩分析计算,全滩淤平库容为 28.734 4 亿 m^3,淤筑沙量为 37.354 7 亿 t(泥沙干容重取 1.3 t/m^3,下同),淤筑滩区面积为 2 085 km^2。

2.堤河淤筑

黄河下游滩区堤河分布较广,主要堤河共计 186 条,累计长度为 815.1 km,堤河淤筑库容为 4.150 8 亿 m^3,淤筑沙量为 5.396 0 亿 t。

3.串沟淤堵

历史上黄河下游发生大的漫滩洪水后,在滩面上留下很多大大小小的串沟。黄河下游滩区较大的串沟有 89 条,其中陶城铺以上较大的串沟有 72 条。串沟一般宽 50~500 m,深 0.5~3.0 m,总长 368.5 km。多数串沟都与堤河贯通,遭遇大洪水,很有可能从串沟直接顶冲大堤,造成顺堤行洪,危及堤防安全。因此,淤堵工程宽度和长度均按照串沟实际宽度和长度实施。淤堵串沟首先在口门处进行,利用机械放淤方法将其淤平。经分析计算,淤筑串沟需利用泥沙量1.278 6亿t。

4.村台淤筑

黄河下游小浪底—利津滩区,按照现状水平年(2005年)统计,除堤外安置、已经达标的村台和临时撤离外,还有约79.37万人需要修筑村台就地(就近)安置,其中河南省约52.97万人,山东省约26.40万人。

滩内就地(就近)安置措施包括房屋拆建、淤筑村台占地、居民点基础设施建设、搬迁运输、原村庄占地复垦等内容。鉴于滩区现状经济发展落后,为创造好的生产生活环境,新建村台考虑集中建镇方式。

就地(就近)安置按防御花园口站20年一遇(12 370 m^3/s流量)洪水为标准。根据《村镇规划标准》,参考滩区现状村庄人均宅基地和居住面积,村台顶部面积采用80 m^2/人的标准。村台顶高程为花园口流量12 370 m^3/s相应设计水位加1.0 m的超高。

根据滩区实际情况,需淤筑村台111个,台顶面积为6 351万m^2(按2005年水平),淤筑库容为3.174 8亿m^3,淤筑沙量为4.127 2亿t。其中,河南省新建64个村台,解决507个村庄约52.97万人的安置问题;山东省新建47个村台,解决366个村庄约26.40万人的安置问题。淤筑村台共需土方31 989万m^3,其中淤筑土方24 364万m^3,包边盖顶土方7 625万m^3。附属工程包括27.9 km村台辅道,辅道土方填筑109万m^3;草皮护坡111.2万m^2;村台边坡排水沟401.4 km;台周防护林带357.2 km等。

5.洼地淤筑

黄河下游滩区洼地是指一个自然滩内滩地高程低于滩区末端滩唇高程,洪水漫滩后无法排入河道或通过穿堤涵闸排入背河的积水区域。目前,黄河下游滩区洼地共计365.38 km^2,淤筑库容为5.568 2亿m^3,淤筑沙量为7.238 7亿t。

6.坑塘淤筑

目前,黄河下游共计坑塘面积45.99 km^2,坑塘深度为1~3 m,按平均深度2 m计算,坑塘淤筑库容为0.920 0亿m^3,淤筑沙量为1.196 0亿t。

7.沙荒地淤筑

黄河下游滩区淤筑沙荒地,淤筑高度包括盖顶在内,达到1 m时能起到保水保肥的耕作要求。目前,黄河下游共计沙荒地面积85.35 km^2,淤筑库容为0.853 5亿m^3,淤筑沙量为1.109 6亿t。

8.控导工程淤背

黄河下游共有控导护滩(护岸)工程230处,工程累计长度为421.7 km。利用疏浚河槽的泥沙,对控导工程淤背,提高控导工程抵御洪水的能力。根据防洪需要,淤筑标准按2000年4 000 m^3/s水位控制,淤筑宽度为50 m,平均淤筑高度按4 m计算,淤背库容为0.843 4亿m^3,淤筑沙量为1.096 4亿t。

6.4.1.4 放淤综合潜力与放淤规划

根据黄河下游滩区不同放淤潜力,重点分析黄河下游滩区放淤综合潜力,提出近期(2008~2050年)和远期(2050~2107年)黄河下游滩区放淤规划。

1.滩区放淤综合潜力

在黄河下游滩区放淤中,消除黄河下游"二级悬河"的全滩淤筑实施以后,在花园口—利津河段内进行堤河、串沟、坑塘、洼地与全滩一并淤筑,滩区放淤潜力中仅包含村台淤筑、控导工程淤背和沙荒地淤筑。由于全滩淤筑实施后滩面抬高,村台淤筑高度可按3 m计算。沙荒地本身地势较高,应考虑其淤筑量。在小浪底—花园口河段和利津—清6断面河段,由于不考虑全滩淤筑,还应增加堤河淤筑、串沟淤筑、洼地淤筑、坑塘淤筑。黄河下游滩区放淤潜力工程量为43.254 9亿t(不包括小浪底—花园口河段的温孟滩放淤量)。

2.近期滩区放淤规划

短期内实施全滩淤筑有一定困难,因此暂不考虑,仅考虑堤河淤筑、串沟淤筑、坑塘淤筑、洼地淤筑、控导工程淤背、沙荒地淤筑和村台淤筑。

1)淤筑能力分析

在黄河下游滩区放淤中,实施堤河淤筑、串沟淤筑、坑塘淤筑、洼地淤筑、控导工程淤背、沙荒地淤筑和村台淤筑后,总的淤筑量为21.442 5亿t。

2)近期滩区放淤规划

在黄河下游滩区放淤泥沙中,按照2008~2020年、2020~2030年、2030~2050年三个时段进行安排。不同时期适度规模泥沙处理主要考虑年平均方案和逐年增长方案。

(1)年平均方案

在2008~2050年42年中,总处理泥沙量为21.442 4亿t,以年均处理泥沙0.510 6亿t为基数,进行不同时期泥沙处理。

(2)逐年增长方案

根据黄委近年来(2005~2007年)黄河下游基建规模统计情况,结合黄河下游滩区放淤处理能力,起始年(2008年)确定为0.3亿t是合理的,按照年增长2.42%测算,到2050年,放淤处理泥沙能力为0.799 4亿t。

逐年增长方案:2008~2020年黄河下游滩区放淤可处理泥沙4.119 8亿t,占总量的19.2%;2020~2030年可处理泥沙4.461 1亿t,占总量的20.8%;2030~2050年可处理泥沙12.861 5亿t,占总量的60%。

(3)方案比选

在近期放淤方案中,年平均方案每年处理泥沙0.510 6亿t,与现阶段处理泥沙能力相当;逐年增长方案,以起始年(2008年)处理泥沙0.3亿t为基数逐年增大。在黄河下游滩区实施放淤,应以典型示范、逐步推广为原则,因此推荐逐年增长方案作为黄河下游滩区放淤优先实施方案。

3.远期滩区放淤计划

在远期滩区放淤方案中,以黄河下游滩区综合放淤潜力工程量为基础,扣除近期滩区放淤量部分。2050~2107年远期放淤中,实际放淤量为21.812 3亿t,年均放淤量为0.382 7亿t。

6.4.2 滩区放淤试验方案

黄河下游滩区放淤是维持黄河健康生命的又一重要实践。因此,有必要对淤筑模式进行综合分析评价,客观合理地分析典型河段试验方案,为滩区放淤的实施提供技术支持。黄河下游滩区放淤试验方案着重分析论证对防洪工程影响较大的堤河淤筑、串沟淤堵试验方案和漫滩洪水对滩区群众威胁最大的村台淤筑试验方案。

6.4.2.1 试验方案选择

1.试验河段选择原则

黄河下游滩区放淤试验河段应在符合如下条件的河段中选择:

(1)易发生夺溜、滚河、顺堤行洪的河段。

(2)“二级悬河”态势严峻的河段。

(3)串沟直通堤河,洪水漫滩后难以自排的河段。

(4)洪水漫滩后对滩区群众影响较大的河段。

2.试验方案

根据上述选择条件,结合现场调查情况,提出3个试验方案:

(1)范县陆集滩河段挖河试验方案。

(2)东明南滩村台淤筑方案。

(3)引洪放淤辅助人工加沙淤筑堤河试验方案。

6.4.2.2 范县陆集滩河段挖河试验方案

长期以来,由于受河道淤积萎缩的影响,黄河下游河道行洪能力不断降低。根据2004年汛前大断面测验资料分析,黄河下游河段平滩流量为:花园口以上4 000 m^3/s左右,花园口—夹河滩3 500 m^3/s左右,夹河滩—高村3 000 m^3/s左右,高村—艾山2 500 m^3/s左右,艾山以下3 000 m^3/s左右。其中,由于自然情况下泥沙在下游河道淤积的空间分布不合理,高村—艾山河段主河槽淤积偏多(或冲刷偏少),平滩流量较小,部分断面平滩流量小于2 600 m^3/s(2 600 m^3/s为一般含沙水流在黄河下游河道冲淤的临界流量),尤其是邢庙—杨楼(其间有史楼、李天开、徐码头、于庄等断面)和影唐—国那里(其间有梁集、大田楼、雷口等断面)平滩流量不足2 400 m^3/s,徐码头和雷口断面平滩流量分别只有2 260 m^3/s和2 390 m^3/s,是两个明显的卡口“驼峰”河段,徐码头河段(邢庙—杨楼)和雷口河段(影唐—国那里)长度分别为20 km和10 km。

2004年6月19日至7月13日小浪底水库进行调水调沙期间,在徐码头河段和雷口河段进行了人工扰沙试验。扰沙方式主要采取抽沙扬散和水下射流相结合的措施。

试验过程中,高村水文站流量为2 900 m^3/s时扰沙河段未出现漫滩,与扰沙前徐码头断面、雷口断面平滩流量(分别为2 260 m^3/s、2 390 m^3/s)相比,两河段平滩流量至少增加了510~640 m^3/s。

由于卡口段的形成是泥沙长期淤积的结果,虽然经过调水调沙,河段过流能力已恢复至3 000 m^3/s左右,但卡口段仍是防洪能力薄弱的河段。

卡口段的治理是一项长期任务,采用人工扰沙的方法是有条件的,受调水调沙时间的限制。主槽河床泥沙一般较粗,被冲起的粗颗粒泥沙还会在一定的距离内重新淤积在河床上,参加造床作用。要改善河床粗化局面,达到治本的目的,就要在卡口河段实施挖河试验,将较粗泥沙淤筑堤河、串沟,实现既增大河道行洪能力,又改善滩区生态环境的双利目标。

1.试验河段选择

徐码头河段位于雷口河段上游,两处均为"二级悬河"卡口地段,卡口河段河道、卡口河段滩区。

由上述两河段河道、滩区情况的分析比较可知:徐码头河段"二级悬河"较为严重,平滩流量比雷口河段小;徐码头河段中的陆集滩堤河较长,串沟淤区与堤河相连,洪水漫滩后可直通堤河,堤河常年积水无法自排;徐码头河段滩区人口多,房台、村台多数达不到设防标准。

徐码头河段符合滩区放淤试点选择原则,由此确定徐码头河段为挖河试验河段,范县陆集滩为淤滩试点。

2.试验内容

1)挖河方式

目前,挖河方式主要包括水挖和旱挖两种,水挖方式的施工工具主要为挖泥船和泥浆泵,旱挖方式的施工工具主要有挖掘机、自卸汽车及推土机等。在徐码头河段采用挖泥船疏浚河槽方式。

2)淤筑项目

试点工程位于河南省范县的陆集滩。该滩从邢庙险工到于庄闸,对应大堤桩号为125+000~141+200,长16.2 km。滩内近堤处形成了一条堤河,对应的大堤桩号为128+000~140+275,滩内有两条大的串沟,一条为宋楼南串沟,自宋楼起至前张庄止,长4 km,宽100 m,深1.4 m;另一条为白庄串沟,自白庄起至李菜园,全长12 km,宽200 m,深1.2 m。两条串沟的下游均止于堤河前。

陆集滩试点工程主要开展堤河、串沟的淤筑项目。

此次试验工程,计划安排堤河、串沟淤筑,淤筑量共计479.3万m^3,2年内完成。

3.工程设计

工程施工现场总体布局要满足以下两个方面的要求:一是满足工程设计的要求,既要满足疏浚断面的要求,又要满足淤填堤河、淤堵串沟的要求;二是要满足现场施工条件的要求,既在水中采用挖泥船施工,又在旱地采用泥浆泵疏浚河槽。根据设计和现场的具体情况,淤填堤河区划分为16个工段,每个工段架设独立的排泥管线。管线布设在考虑绕开建筑物的情况下,力求保证顺直,以减少沿途水头损失。共布设各类管线16条,管线总长度为80 km。

宋楼南串沟、白庄串沟各淤堵500 m,在中部设横向格堤一道,设计中选用2艘80 m^3/h挖泥船施工。

1)设计标准

(1)疏浚河槽实际标准

采用2004年汛前实测断面成果。点绘徐码头断面上下游实测河槽深泓线、左右岸滩唇线。以调水调沙期间高村水文站实测成果为依据,推算4 000 m^3/s时该河段的设计水位,原则上以不超过河道实际深泓点并与设计流量相应水面比降一致为控制条件,通过开挖河槽,使该河段河槽过流能力扩大到与小浪底枢纽运用方式基本相适应。以前经验证明,疏浚段偏短,减淤效果并不明显,建议挖河长度控制在10~12 km。

（2）淤填堤河设计标准

淤填堤河位于相应黄河大堤桩号128+000～140+275的临河侧，长度约12.3 km。堤河淤筑体顶部高程比当地滩面高约0.5 m，淤面宽度以堤河实际宽度为准，在90～260 m，北边线紧靠临河堤脚，南边线以堤河南岸为基准。为保证淤区的完整性，淤面纵比降与滩面纵比降一致。

围堤和格堤：围堤布置在淤区南侧和工程的端头，堤顶高于相应位置处淤面高程0.5 m，堤顶宽度为1.0 m，临、背水侧边坡均为1∶2；格堤共11条，堤顶高程和设计断面同围堤。

淤区退水：退水渠距围堤1 m，断面尺寸如下：渠底宽2.0～2.5 m，边坡为1∶2，退水渠底比降与滩面纵比降基本一致，约为0.015‰。渠道最大断面深度经计算取为1.7 m。

盖顶解决方案：为满足土地复耕的土质要求并节约投资，放淤前将淤区表层土推除40 cm，其中一部分用来修做围格堤，另一部分作为淤区表层盖土，考虑到土料损耗，淤区盖顶厚度为30 cm。

（3）淤堵串沟设计标准

淤面高程：为达到小水不漫滩的治理目标，考虑工程完工后当地群众可以耕种的要求，淤面高程与临近滩面平。

淤堵范围：考虑到淤堵土方来源及其他因素，淤堵宽度按宋楼南串沟、白庄串沟的实际宽，长度为串沟沟口处500 m。

2）淤区设计

排泥场是指淤区内不再设置格堤，其尺寸即通常所说的小淤区的大小。排泥场尺寸的确定以能使进入排泥场的泥沙落淤为原则。

为了使泥沙充分沉淀，一般取排泥场的长度为泥沙沉降距离的2～3倍。但淤区又不宜过长，过长的淤区会带来自然分选问题。

（1）围堰高度

当吹填泥沙的黏粒含量小于10%时，因沉沙固结较快，所以上部围堰和格堤一般是边淤筑、边用淤区沙土加修，围堰比淤区顶面超高0.5～1.0 m；当吹填泥沙黏粒含量大于10%时，因沉沙固结较慢，中间不能加修，围堰和格堤应按确定的高度一次修够标准。

（2）淤区退水

退水能力与进水能力应相适应，力求退清不退浑。泄水口宜布置在排泥场泥浆不易流到的地方，同时应远离排泥管出口。泄水口不应少于2个，结构应稳定、经济、易于维护，运用中能调节淤填区水位，通常采用溢流堰结构形式，也可采用跌水式或涵管形式。启动工程淤填土属沙性土，退水含沙量要求不超过3 kg/m^3。根据以往观测经验，工程初期尾水含沙量能达到标准，后期尾水含沙量增大，严重淤积在排水渠中。为此，应增加富裕水深，抬高泄水口高程，从而降低出口含沙量。

4.设备选择

实施淤堵堤河和串沟工程的目的一方面是要消除洪水隐患，更重要的一方面是要疏浚河槽并且塑造出一个合适的中水河槽，所以在工程设备选择上应优先选取挖泥船直接从河床中挖取泥沙。另外，由于试验河段较长，淤填工程要分段进行，采用船淤法便于设备的整体移动并且无需临时占用滩地,减少赔偿。

考虑到该河段整治河宽范围内可能有嫩滩,为加快施工进度,提高效率,可选择组合泵施工作为淤填工程的后备方案。

总体来讲,徐码头河段淤填工程的设备选择为挖泥船结合组合泵。设备选型上主要参考濮阳"二级悬河"治理和标准化堤防施工中的成熟设备。

1)挖泥船选择

应结合徐码头河段各个疏浚地点的施工条件,分别选用绞吸式挖泥船、冲吸式挖泥船和潜水泥浆泵组。由于施工期水深较浅、挖泥厚度较薄、泥沙回淤快等,因而所选船型不宜过大,也不宜过小。船型过大容易搁浅,船型过小又不能满足较长排距要求。由于黄河不同于一般的清水河流,挖河任务艰巨,施工条件极其复杂,挖泥船选择应满足如下要求:

(1)减小船体的吃水深度。由于疏浚河段水深较浅,为避免挖泥船搁浅,保证施工的顺利进行,要求船体的吃水深度要小,船体吃水深度宜控制在1.0 m左右。可考虑适当增加浮箱的宽度或长度,以减少吃水深度,改进后浮箱的尺寸应满足运输的要求。

(2)提高船体的抗流速能力。由于黄河挟带大量泥沙,水流速度较大。根据黄河下游施工经验,国产120型挖泥船适宜在大河流量为1 500 m^3/s、流速小于2.1 m/s条件下施工。为保证挖泥船的施工天数,应提高船体的抗流速能力,初步考虑将挖泥船适宜的最大施工流速提高至1.7~2.0 m/s。

(3)挖泥船的功率分配。现有挖泥船泥泵和铰刀功率分配是为了适应多种土质的清淤要求而设计的,而黄河泥沙密度小,易松动,泥浆浓度容易保证。因此,在船的总功率确定以后,可适当降低铰刀功率,增大泥泵功率,以提高挖泥船的产量。

(4)优化泥泵及排泥管特性。由于疏浚河段河床土质为非黏性粉细沙、石的不利因素,应优化泥泵的内特性和管路的外特性,如适当加大吸、排泥管直径,降低管内流速,以减少管内水头损失,达到远距离输沙的目的。

对于淤填堤河施工,由于堤河远离河槽,排距较长,采用120 m^3/h绞吸式挖泥船加接力泵的方案;对于淤堵串沟施工,由于淤堵长度仅有串沟口处的500 m,距离河槽相对较近,采用80 m^3/h型绞吸式挖泥船。

2)挖泥船辅助配套设备选择

为了保证挖泥船的正常施工,必须配置一定数量的辅助配套设备,如辅助船舶、排泥管、浮筒等,对于排距较远的河段,还要配置接力设备。

(1)排泥管选择。排泥管内径应与挖泥船的排泥管内径相同,选用管径为300 mm的钢管,排泥管长度参照实际排距,并考虑备用,每条船需配置的排泥管长度为3 000~6 000 m;胶管按排泥管长度的1/20配置;浮筒用于排设水上排泥管,其数量依水上浮管长度确定。

(2)接力设备选择。由于挖河排距较远,为保证船的挖泥效率,需要增设接力设备进行加压,以延长排距。目前加接力设备主要是陆地加压,即在输泥浆管道的适当位置处串联一台泥泵进行接力,接力设备安置在排距的40%处,泵船距离在1 100~2 500 km,其优点是安装简单,增加了排距,提高了输沙能力。每只挖泥船配接力泵2套,接力泵型号选用250ND-22型或10EPN-30型。

3)组合泵选择

组合泵站具有结构简单、轻便灵活、操作方便、成本低、见效快等优点,其挖泥机具一般采用6PNL-265型泥浆泵,输泥机具常用250ND-22型与10EPN-30型接力泵。

4)辅助设备

除以上施工设备外,还需以下施工辅助设备:

(1)推土机:道路施工、围堤修筑、淤区填土碾压平整和退水渠开挖需要配备推土设备,如湿式推土机、东方红推土机等。

(2)拖船:挖泥船施工应配备拖船1艘,完成生产与生活供应、拖带挖泥船进入施工区和进行抛锚、起锚等工作。

5.施工布置

1)挖泥船数量确定

假设每条挖泥船台班生产率为P_t,则可得

$$P_t = P_s t k_1 k_2 \tag{6-1}$$

式中 P_s——挖泥船台时生产率,m^3/h;

t——每个台班工作时数,一般取8 h;

k_1——台时利用率;

k_2——台班利用率。

挖泥船台日生产率P_r为

$$P_r = P_t t k_3 k_4 \tag{6-2}$$

式中 k_3——台日利用率;

k_4——一个台日的台班数。

其余符号意义同前。

因此,挖泥船的数量如下:

$$n = W/TP_r \tag{6-3}$$

式中 n——挖泥船的数量;

W——开挖方量,m^3;

T——施工工期,d。

2)挖泥船定位与抛锚

绞吸式挖泥船采用定位桩定位,在驶近挖槽起点20~30 m时,航速应减至极慢,待船停稳后,应先测量水深,然后放下一个定位桩,并在船首抛设两个边锚,逐步将船位调整到挖槽中心线起点上,船在行进中严禁落桩,横移地锚必须牢固,当逆流向施工时,横移地锚的起前角不宜大于30°,落后角不宜大于15°,当挖泥船抛锚时,易先抛上风锚;当收锚时,应先收下风锚,后收上风锚。

3)挖泥船布置及施工方式

由于开挖河段较长,断面较宽,需分段分条开挖。为减少暗管拆移,将暗管布置在两工段中间,再按二段施工,暗管固定不动,靠船的500 m浮管可随船的移动加长。

4)排泥管线的架设

排泥管布置要保证排泥管线顺直,弯度力求平缓,避免死弯,尽管缩短管道距离。应

尽量沿路边布设,以减少压占耕地。出泥口伸出围堤坡脚以外,且不宜小于 5 m,并应高出排泥面 0.5 m 以上。整个管线接头不得漏泥、漏水,若发现泄漏,应及时修补或更换。水旱排泥管连接应采用柔性接头,以适应水位变化。水上浮筒排泥管线应力求平顺,为避免死弯,可视水流条件,每隔适当距离抛设一只浮筒锚。

6.施工安排与要求

(1)根据黄河下游放淤固堤的实践,施工月份一般在 3~6 月和 10~12 月。

(2)利用淤区内的 40 cm 的表层土推作淤区围堤,淤区淤成后,所推表层土作为淤区表层盖土。

(3)淤区淤填采用分块(条)交替淤筑方式,以利于泥沙沉淀固结。淤区施工按照自上而下的顺序分段施工。

(4)退水口高程应随着淤面的抬高不断调整,以保证淤区退水通畅,并控制退水含沙量不超过 3 kg/m^3。

(5)淤区的施工排水均通过设在防浪林内的排水渠排入于庄引黄闸。排水渠堤一次修筑到设计高程,施工采用推土机就近推土、履带式拖拉机碾压。

7.试验河段的观测与分析

1)测验断面布设

测验断面布设要符合挖河减淤效果分析要求,目前在邢庙—杨楼河段有史楼、李天开、徐码头、于庄等 4 个观测断面,在疏浚河段内,达到每 1 000 m 一处观测断面;在试验河段的下游还要适当布置观测断面。

2)观测要求

河槽疏浚的过洪能力与减淤效果观测,主要是通过观测河道断面变化、沿程水位变化、控制断面输沙率增减,了解疏浚河段及其上下河段的冲淤变化,了解试验河段的过洪能力变化,研究不同挖沙疏浚情况下的河道演变及减淤效果。

3)河道过洪能力及减淤效果分析内容

河道过洪能力及减淤效果分析内容包括:①河势变化;②平滩流量变化;③同流量水位变化;④河底高程变化;⑤减淤效果分析。

第 7 章　水库防洪除险加固

20 世纪以来建设的水库大坝，其预期的正常工作年限，或者说大坝寿命，目前国内和国际上还没有一个通用的标准。有关文献表明，1 000 年以前人类曾建设了大量低于 30 m 的各种大坝，至今很少有存在的，绝大多数都溃决破坏了，寿命是比较短的，主要原因是设计、施工和补强、加固水平比较低，如防洪标准低，大坝结构在应力、稳定性等方面有明显的设计和施工缺陷，运行维护技术有限等。20 世纪以来，水库大坝设计、建设比较规范，补强、加固技术比较先进，因此寿命普遍比较长。水库大坝的寿命不仅取决于大坝自身的质量，还与环境、社会需求等有关，同时也与补强、加固关系密切。

影响水库大坝补强、加固的重要因素是大坝的环境寿命。环境寿命有时会明显短于大坝的自然寿命，同时影响大坝的经济使用寿命。例如，国内外都有一些泥沙淤积比较严重的河流，泥沙淤积直接影响兴利库容，虽然疏浚、运行调度如异重流、调水调沙等措施在有些情况下可以减缓泥沙的淤积，但总的来看，多泥沙河流上的水库寿命有时是比较有限的，甚至短于 100 年。水库的废止会导致大坝功能包括经济使用寿命的终止，也会对补强、加固方案产生根本的影响。

我国水利水电工程的大规模建设和管理已历经 50 多年，在补强、加固方面积累了很多行之有效的方法和经验。在施工期、运行期对水库大坝各种缺陷进行及时、彻底的补强、加固，可以有效避免重大病险，有效延长大坝的经济使用寿命。对于达到经济使用寿命的大坝，通过对各种参数的重新评估，运用仿真分析、观测资料分析、反分析等手段，可以对大坝长期安全性进行评价，并根据评价结果选用综合的全面治理方案。

7.1　水库大坝除险加固

7.1.1　水库混凝土坝加固

水库大坝的全面治理包括基础加固治理和坝体加固治理。基础部分加固的措施有锚固、置换、灌浆、堵漏及降低扬压力等，与岩土基础处理和边坡等的治理有类似之处。坝体的加固治理分为日常的运行维护维修、小规模的除险加固和问题比较严重的、规模比较大的全面治理，前者多是大坝运行初期或者例行的工作，后者是指大坝有比较严重的功能或者安全问题，需要比较大的资金投入进行修复，多数情况是运行多年的大坝。本节重点介绍后一种情况的全面补强、加固，日常和小规模的除险可以参考相应的措施。

大坝全面治理的可靠性和有效性既取决于大坝长期安全性评价成果，也取决于综合技术措施的选择，这一过程具有很大的困难，它需要考虑许多因素，包括技术、经济、环境以及实践经验等。全面治理的目的多是解决大坝遇到的突出病害，并使大坝结构的安全余度或功能基本恢复到一座新坝的水平，使大坝进入新的经济使用寿命周期。

大坝经过几十年的运行,有的工程存在渗漏,有的混凝土耐久性差,有的混凝土施工质量与整体性差,有的大坝抗滑稳定及结构安全余度偏低等,也有的个别工程,各种缺陷都不同程度地存在,一般不能采用同一种技术措施完全解决,必须采用不同技术措施进行综合治理。老混凝土大坝综合治理一般有三个方案,即:①放空水库或在上游面做围堰从而形成干地施工;②原坝作为围堰,在坝后适当地方重新修建一座新坝;③水下特殊施工技术。上述三个方案都有成功的实践经验,但采用比较多的是第三个方案,因为治理工作不影响或很少影响电站的正常运行,亦能保证大坝的泄洪能力和对下游的供水要求,具有较好的经济指标。

老混凝土大坝比较普遍的一个问题是渗漏。对大坝进行全面治理一般都需要探索在不同的条件下对大坝进行防渗,然后采取配套措施对大坝其他病害进行治理,从而形成完整的综合治理方案。

大坝全面治理加固通常以防渗为主要难点,综合国内外经验,由于防渗措施的不同,第三个方案又可细分为四大类型,即:①坝体上游面水下施工防渗方案;②坝体内部混凝土防渗方案;③坝体上游面干场施工防渗方案;④特殊病害治理措施。

采用任何方案,都可以根据条件进行多种组合,对大坝进行有限或全面的治理。不同的方案,难点和适应性有比较大的区别。

老混凝土重力坝一般存在多方面的问题,单一的方案难以满足彻底治理的要求,除上游面防渗综合治理外,一般还需要考虑以下措施:

(1)在坝体下游面外包高性能混凝土,以提高安全余度,提高抗冻胀、抗冻融等能力。对于运行几十年的大坝,如果大坝安全余度不足,或需要提高地震参数,或有比较严重的冻胀、冻融等问题,一般就要考虑大坝加厚。加厚的设计需要考虑将安全余度提高到一座新坝的水平,同时满足抗冻等要求,厚度可根据现场取芯结果和安全余度分析等综合研究后确定,如丰满大坝,安全余度要恢复到一座新坝的水平,需在坝下游面加厚5 m左右。

(2)新老混凝土之间加设排水。

(3)安装预应力锚索,增强大坝的整体性和抗滑稳定性。

(4)对坝体内混凝土质量很差、渗漏严重的部位进行局部灌浆。

(5)对局部坝基防渗帷幕进行补充灌浆,并增设坝基和坝体排水,以降低坝基和坝体扬压力。

(6)大坝加高。除前面提到的设计目的改变或防洪要求外,有时大坝顶部比较严重的冻胀、冻融和渗漏也应考虑大坝加高措施。

大坝加高、加厚都有新老混凝土结合、防止脱开及新混凝土表面保温的问题,一般需要专门研究和分析。

影响很多大坝耐久性的根本病害是坝体渗漏,而最直接、有效的防渗加固措施是在大坝上游面进行防渗处理。在无法进行水下施工,且没有可靠的措施在大坝上游面提供有效干作业场地的情况下,需要采取修筑上游围堰的措施,使坝体上游面完全处在干地上施工,即降低库内水位,抽除坝前基坑内的积水,使坝体处在干地上进行防渗处理,这需要对水库进行放空。对已建成的水库进行放空,一般可通过利用、改造原有的泄洪建筑物或新建放空洞泄放库内水量进行。

水库放空涉及放空的工程技术措施、施工导流方案、围堰设计、对国民经济及各行业影响评价等诸多问题。有的工程进水口高程高于坝基高程，并且在低水位时泄流能力有限，为放空库容，仍需通过新建放空洞放空水库。

大坝坝前形成干地施工条件后，加固处理的方案比较多且易于达到安全、经济和可靠。可以采用沥青混凝土、PVC复合柔性防渗系统、混凝土面板防渗等方案。例如，河南宝泉抽水蓄能电站下水库大坝全面加固时就采用了放空水库修补加固方法。宝泉水库坝址位于峪河峡谷出口处，大坝为浆砌石重力坝。宝泉水库作为抽水蓄能电站的下水库，建筑物级别由3级提高至1级，洪水标准按百年一遇洪水设计、千年一遇洪水校核，设计坝顶高程268 m，最大坝高107 m，溢流坝段长109 m，堰顶高程257.5 m，堰顶加设2.5 m高橡胶坝。自1973年7月至1994年6月，分三期建成。坝体采用浆砌粗料石加水泥灌浆防渗，但在施工过程中，因有部分坝基未实施帷幕灌浆，故坝体局部防渗体质量存在问题，导致大坝防渗体本身存在渗漏隐患。坝体及坝基存在渗漏问题，最大渗漏量达8 L/s。由于导流洞淤死，因此水库水位仅能放至190 m高程，给坝体防渗补强方案的选择带来了一定难度。经过多年论证和试验，最终选定了将水库放空并现浇混凝土面板的方案，大坝上游面形成了干作业施工场地。

7.1.2　水库大坝灌浆防渗加固

采用灌浆进行修补加固可以直接在坝上进行，对水库正常运行基本上没有影响，很多混凝土坝修补加固都采用了该方法。如我国福建水东水电站碾压混凝土坝补强加固、修补加固工程中都采用过灌浆技术，有的取得了较好的效果，但有的未达到目标。

当工程漏水量比较大，有明确的漏水通道或裂缝时，大坝灌浆防渗是首选方案，国内外都有大量成功的工程实例。通过大量的实践，大坝灌浆技术在浆液的种类、浓度、灌浆孔的密度、灌浆压力等的选择和适用条件方面已取得了不少进展，尤其是新的混凝土坝的堵漏防渗，成功的把握比较大。

但采用灌浆方法未能解决问题的工程也比较多，尤其是老工程的修补加固。如德国布兰德巴哈坝，采用灌浆方法进行防渗加固，未达到预期效果，后来在坝体上游面安装PVC复合柔性防渗系统；奥地利Pack坝修补加固，多次采用灌浆方法进行补强加固，也未达到预期效果，后来放空水库在坝体上游面重新做混凝土防渗层才彻底解决。老的混凝土重力坝多数存在坝体浸润线高等问题，通过多年的灌浆处理，测得的漏水量有时是比较小的，完全依靠一道或两道灌浆帷幕很难解决坝体浸润线高的问题，今后仍需进行研究。

7.1.3　土石坝加固

土石坝是我国数量最多的坝型，也是出现病险问题最多的坝型。从我国病险水库除险加固规划来看，土石坝一直是除险加固的重点。由于土石坝工程情况复杂，材料、施工机具等多变，其病害表现有所不同。根据土石坝工程病险的不同部位、病害成因及产生机制，可将土石坝加固技术分为六类，即防洪加固、防渗排渗加固、滑坡加固、裂缝加固、防液化加固和其他病害与破坏的加固。可见，土石坝加固技术形式多样，具有技术复杂、涉及专业门类多、综合加固处理难度大的特点。

土石坝加固技术很多,各种技术都有其适用范围、局限性和优缺点,对每一个具体工程病害,都应进行仔细分析,从工程病害情况、加固要求(包括加固后工程应达到的各项指标、加固范围、加固进度)等方面进行综合考虑。

确定土石坝加固技术时,应根据工程病害的具体情况对几种加固技术进行技术、经济、施工比较。合理的土石坝加固技术应技术上可靠、经济上合理且能满足施工要求。通过比较分析,可采用某一种加固技术,也可采用由两种或两种以上的技术组成的综合加固技术,以提高工程加固的效果和水平。

7.2 大坝降渗排水

老的混凝土重力坝,有的漏水量是比较小的,采取一定的降渗加固措施可以缓解大坝浸润线高的问题,对缓解冻融冻胀也有好处。大坝降渗加固方案主要包括对原有坝体排水孔进行清孔处理、加密坝体排水孔、在下游坝块增设排水廊道、在新增排水廊道内沿下游坝面斜向上方钻设排水孔。

原坝体排水孔清孔在坝体上游基础廊道内施工,可保证排水孔与上游基础廊道有效畅通。沿原排水幕轴线,在原有坝体排水孔基础上,加密坝体排水孔,将排水孔孔距缩小,新增的排水孔可在坝顶施工,采用垂直钻孔。

在坝体下游侧可增设平行于坝轴线的排水廊道,考虑廊道内钻排水孔及施工需要,廊道断面尺寸可采用 2 m×2.8 m(宽×高),并采用城门洞型。排水廊道内壁采用钢筋混凝土衬砌,衬砌厚度采用 30 cm,沿廊道内表面双向配置钢筋,环向钢筋采用A 20 mm,水平向钢筋采用A 16 mm,钢筋间距均为 20 cm。考虑坝体局部混凝土质量较差,另外设置部分锚筋。

例如,结合丰满大坝加固提出的降渗加固工程主要由廊道工程、排水孔、灌浆等工程组成,其中清扫排水孔、钻孔灌浆施工等采用常规的施工方法即可,施工难点在于廊道开挖。目前,在混凝土内进行开挖主要有控制单响药量爆破开挖、静态爆破开挖、混凝土切割开挖等方法。考虑到丰满大坝已运行多年,坝体混凝土质量较差,控制单响药量爆破开挖方法虽理论上可行,但实际施工中爆破控制非常困难,切割开挖造价又过高,综合考虑,推荐采用静态爆破的方式开挖廊道混凝土。详细方法如下:采用手风钻钻孔,人工装填静态破碎剂静态破碎,再用风镐解小、清撬、破除,在破碎过程中无震动、无飞石、无噪声和无污染,对于坝体没有震动影响。该方法的缺点为静态破碎剂受温度影响较大,爆破实施过程时间较长,开挖进尺较慢;其优点为对建筑物无震动影响。关键线路为准备工程→施工支洞开挖→廊道混凝土开挖→廊道混凝土衬砌→廊道内排水钻孔→施工支洞封堵,控制工期的工序为廊道混凝土开挖。由于不同的环境温度和不同的静态爆破产品对开挖效果均有影响,根据时段的安排,廊道混凝土开挖进尺大体可以按 1.0 m/d 考虑。

坝体防渗和排水降压是并行的两个选择。防渗做好了,扬压力自然会下降,也就不用排水了。

第 8 章　流域整体水土保持预防监督和建设发展

黄河流域的水土保持预防保护与监督管理工作可以追溯到很早以前,但有组织、有计划、有目的开展水土保持预防保护与监督管理工作却只有几十年的历史。几十年来,黄河流域的水土保持预防保护与监督管理工作经历了监督执法局部试点、全面展开和规范化建设等重要发展阶段。目前,已初步建立了水土保持法律法规、水土保持监督执法和水土保持技术服务三大体系,形成流域管理与区域管理相结合的管理模式,对整体推进流域水土保持工作发挥了十分重要的作用。

8.1　流域水土保持预防监督管理

8.1.1　黄河流域水土保持预防保护

8.1.1.1　组织与模式

经过几十年的水土保持预防保护与监督管理工作,黄河流域的水土保持监督管理组织和人员得到了完善和发展,特别是经过多年经常性的业务培训与实践,水土保持监督管理人员的业务素质和能力不断提高,目前已建立了由流域水土保持局、处(水土保持直属支、大队),省(区)水土保持局、处,地市水土保持局、科(监督总站),县(旗)水利、水务或水土保持局(监督站)和乡村水土保持专职监督员组织的水土保持监督执法组织体系,初步形成了流域管理与区域管理相结合的水土保持预防保护与监督管理模式。据不完全统计,全流域目前有各级监督机构 300 余个,监督检查员和管理员 8 000 余人。

8.1.1.2　水土保持预防保护

"预防为主,保护优先"是我国水土保持工作的一贯原则。《水土保持法》规定,国家对水土保持工作实行预防为主、全面规划、综合防治、因地制宜、加强管理、注重效益的方针。而且对增加林草植被和合理采伐林木,禁止挖山、烧山、毁林开荒和陡坡种植,加强开发建设项目管理,控制和减少修建公路、铁路和水工程,开办矿山、电力和其他大中型企业,从事采矿、取土、挖砂、采石造成水土流失等水土保持预防保护工作进行了规定。黄河流域在做好开发建设人为水土流失预防的同时,开展了国家级重点预防保护区监督管理与预防保护典型示范工作、省级重点预防保护区监督管理与预防保护典型示范工作,并先后在辖区内开展了较大规模的水土保持生态修复试点,推动了全流域水土保持预防保护工作的深入开展。

1.重点预防保护区的范围

黄河流域的国家级重点预防保护区有黄河源保护区、子午岭保护区和六盘山保护区。其中黄河源保护区地处青藏高原的东北部,涉及青海省、甘肃省和四川省的 6 个州(市)

的16个县，面积13.16万km^2。子午岭保护区位于北洛河与马莲河中上游地区，涉及甘肃省、陕西省的4个地市的14个县(区)，面积0.75万km^2。六盘山保护区位于泾河与渭河的分水岭地带，涉及甘肃省、宁夏回族自治区、陕西省的3个地(市)的10个县(市)，面积1.59万km^2。

黄河流域各省(区)根据自己的实际情况，把侵蚀模数在2 500 t/(km^2·a)以下、地表植被覆盖度在40%以上、水土流失轻微的地区划为省(区)级预防保护区，涉及流域内105个县，面积11.04万km^2。黄河流域国家级和省(区)级重点预防保护范围见表8-1。

表8-1 国家级和省(区)级重点预防保护区范围

预防保护区	级别	面积(万km^2)	涉及行政区		
			省(区)	地(市、州)	县(旗、区)
黄河源保护区	国家级	13.16	青海	玉树	曲麻莱
				果洛	玛多、玛沁、甘德、达日、久治
				海南	同德、兴海、贵南、共和
				黄南	泽库、河南
			四川	阿坝	阿坝、红原、若尔盖
子午岭保护区	国家级	0.75	甘肃	庆阳	正宁、宁县、合水、华池
			陕西	延安	志丹、安塞、甘泉、宝塔、富县、黄陵
				铜川	宜君、耀县
				咸阳	旬邑、淳化
六盘山保护区	国家级	1.59	甘肃	平凉	平凉、华亭、崇信、张家川、清水
			宁夏	固原	固原、隆德、泾源
			陕西	宝鸡	陇县、宝鸡
秦岭及关山保护区	省级	0.83	陕西	西安	蓝田、长安、户县、周至、临潼
				宝鸡	眉县
				渭南	潼关、华阴、华县
				商洛	洛南
				咸阳	陇县、千阳
黄龙山及桥山保护区	省级	0.75	陕西	延安	黄龙、黄陵、甘泉、志丹、宜川、富县、宝塔
				铜川	宜君
太行山、中条山、关帝山及芦芽山保护区	省级	0.42	山西		沁源、安泽、洪洞、霍州、浮山、古县、介休、平遥、垣曲、阳城、沁水、降县、夏县、中阳、汾阳、离石、岢岚、交城、方山、文水、交口、石楼、宁武、神池、五寨、静乐

续表 8-1

预防保护区	级别	面积（万 km^2）	涉及行政区		
			省（区）	地（市、州）	县（旗、区）
泾河、渭河上游保护区	省级	1.32	甘肃	庆阳	正宁、宁县、合水、华池
				天水	清水、渭源、北道、甘谷、武山、漳县
甘南保护区	省级	3.19	甘肃		碌曲、岷县、康乐、夏河、临潭、玛曲、卓尼、临夏、积石山、和政
海南、海北及海东保护区	省级	2.95	青海		尖扎、同仁、祁连、门源、海晏、湟源、湟中、大通、西宁、平安、互助、循化、化隆、乐都、民和
鄂尔多斯、河套保护区	省级	0.85	内蒙古		杭锦后旗、五原、乌拉特前旗、临河
贺兰山、大罗山及云雾山保护区	省级	0.07	宁夏		平罗、贺兰、银川、永宁、同心、固原
豫西伏牛山、豫北王屋山保护区	省级	0.66	河南		三门峡湖滨区、陕县、灵宝、渑池、卢氏、义马、新安、宜阳、洛宁、嵩县、栾川、沁阳、博爱、济源
合计		11.04			

2.重点预防保护区的目标与任务

1）重点预防保护区的目标

重点预防保护区防治目标是：按照“预防为主，管护优先”的工作原则，加强重点预防保护的监管力度，保护好现有林草植被，禁止在25°以上的坡地开垦种植农作物，禁止毁林毁草开荒。禁止在水源涵养地、森林、天然林区、草原（场）植被覆盖度在40%以上且面积大于20 km^2和治理程度达70%以上的小流域进行开发建设。依法保护森林、草原、水土资源，对有潜在侵蚀危险的地区，积极开展封山育林、封坡育草、轮牧禁牧，坚决制止一切人为破坏现象，减少人为因素对自然生态系统的干扰，防止产生新的水土流失，发挥林草植被的生态功能。建立健全管护组织，积极开展宣传和管护政策的调查研究。

2）重点预防保护区的任务

重点预防保护区的工作任务是：开展预防监督工程和预防保护试点示范工程建设，近期建立预防管护示范区面积4 200 km^2；加强重点预防保护区监管，建立健全管护组织，形成自上而下的管护体系，积极开展宣传和管护政策的调查研究，制定预防保护管理制度与政策；加大保护好现有植被的力度，严格限制森林砍伐，禁止毁林毁草、乱砍滥伐、过度放牧和陡坡开荒。依法保护森林、草原、水土资源，对有潜在侵蚀危险的地区，积极开展封山育林、封坡育草、轮牧禁牧，使已有水土保持治理成果得到维护、巩固和提高；坚决查处乱砍乱伐等违法案件，制止一切人为破坏现象，减少人为因素对自然生态系统的干扰，防止产生新的水土流失;定期开展人为水土流失普查和“三区”防治措施落实的检查工作,流域机构与地方监督监测部门联合建立10个水土流失动态监测站点,跟踪项目进展情况,监测其生态、社会、经济效益等。

3)重点预防保护区的主要工作

近年来由于黄河源、子午岭和六盘山保护区不合理的农林牧业利用、随意挖山采药、开山采石、毁林毁草、破坏植被等人为活动加剧,带来了十分严重的生态问题。黄河源区出现了来水量减少、河道断流、植被退化、鼠害增加、雪线上升、湖面下降、湿地及湖泊调蓄功能萎缩等生态恶化问题,子午岭和六盘山林缘线平均后移10~20 km。

(1)黄河源区水土保持预防保护工程

为加强源区保护工作,黄委启动了黄河源区水土保持预防保护一、二期工程,通过建立监督执法体系,预防保护体系,遏止人为破坏,运用预防管护手段有效地促进了生态环境的自我修复。工程实施以来,地方政府重视,成立了监督执法队伍,培训了执法人员,制定了配套法规,落实了预防管护措施,在交通和人口密集区设立了醒目的藏、汉文水土保持宣传标语牌,开展了水土保持生态保护示范区建设。据2006年一期项目验收资料,黄河源区已建立县级监督站15个,配备监督执法人员76名,完成水土保持生态保护试点面积55 km^2。

(2)重点预防保护区基础调查与研究工作

在重点开展黄河源区预防保护工作的同时,黄委加强了水土保持预防保护基础调查和研究工作,组织召开了“黄河源区径流及生态变化研讨会”,发动40名专家代表为黄河源区径流与生态变化、水文与水资源监测、水土保持生态保护献计献策;开展了“水土保持治理成果管护情况调查”“重点保护区水土流失情况调查”“子午岭地区水土流失情况调查”“六盘山地区水土流失情况调查”等调查研究工作;应用遥感影像资料开展了“子午岭保护区区域界定”和“六盘山保护区区域界定”工作;近期在修编《黄河治理规划》时组织完成了“黄河上游地区水土保持生态监测规划”和“黄河上游地区水土保持水资源保护规划”两个专题规划。

(3)水土保持预防保护典型示范工程

近期修编的《黄河治理规划》对水土保持预防保护典型示范工程进行了规划,拟在子午岭、六盘山保护区,选择宁夏固原、甘肃庆阳和平凉、陕西延安建立4个预防管护示范区,示范面积4 200 km^2,建设期限为2010~2015年;在省级重点预防保护区选择40个县(旗、区)作为省(区)级预防保护示范区,示范面积5.45万 km^2,建设期限为2010~2015年。国家级水土保持重点预防保护示范区由流域机构组织相关省、地共同承建,制定管护政策、管理管护经费、建立管护队伍、落实管护责任、开展定期检查,不断探索水土保持预防保护示范区管理的有效措施;省(区)级水土保持重点预防保护示范区由省、地共同承建,制定管护政策、建立管护队伍、落实管护责任,接受流域机构的监督检查。通过预防保护典型示范区建设,为水土保持预防保护区管理提供经验和模式。水土保持重点预防保护示范区表见表8-2。

表 8-2　水土保持重点预防保护示范区表

示范区	涉及县(旗、区)	试点面积(万 km²)	建设单位
子午岭保护区庆阳示范区	正宁、宁县、合水、华池	1 000	流域机构 甘肃、庆阳
子午岭保护区延安示范区	志丹、安塞、甘泉、黄陵县、富县、宝塔区	2 000	流域机构 陕西、延安
六盘山保护区固原示范区	隆德、泾源、固原	700	流域机构 宁夏、固原
六盘山保护区平凉示范区	庄浪、华亭、崇信、平凉	500	流域机构 甘肃、平凉
甘南保护区示范区	碌曲、岷县、康乐、夏河、临潭、玛曲、卓尼、临夏、积石山、和政	3.19	甘肃
黄龙山与桥山保护区示范区	黄龙、黄陵、甘泉、志丹、宜川、富县、宜君、宝塔区	0.75	陕西
鄂尔多斯与河套保护区示范区	杭锦后旗、五原、乌拉特前旗、临河	0.85	内蒙古
豫西伏牛山与豫北王屋山保护区示范区	三门峡湖滨区、陕县、灵宝、渑池、卢氏、义马、新安、宜阳、洛宁、嵩县、栾川、沁阳、博爱、济源	0.66	河南

8.1.2　黄河流域水土保持监督管理

根据《水土保持法》等法律法规及水利部《关于加强大型开发建设项目水土保持监督检查工作的通知》(办水保〔2004〕97 号)要求，黄委在全国率先开展了开发建设项目水土保持情况调研工作，颁布了《黄河流域及西北内陆河地区大型开发建设项目水土保持督察办法》，建立了程序规范的大型开发建设项目水土保持督察制度和报告制度，连续 4 年组织开展了黄河流域及西北内陆河地区国家大型开发建设项目水土保持暨各省(区)开发建设项目水土保持监督执法情况督查。

8.1.2.1　项目督查的内容、方法与程序

水利部《关于加强大型开发建设项目水土保持监督检查工作的通知》和黄委《黄河流域及西北内陆地区大型开发建设项目水土保持督查办法(试行)》对开发建设项目督查的内容、方法与程序都做了具体的规定。

1.确定年度督查项目的主要原则

黄委确定年度督查项目按以下主要原则进行：前次督查以来部批水土保持方案的大型开发建设项目；前几次督查中存在问题较多的开发建设项目；新开工的开建设项目；地方水行政主管部门督查存在问题较多的开发建设项目；水利、水电、火力发电、铁路、煤炭、石油、化工、公路、输变电路等不同类型代表性的开发建设项目。

2.项目督查的主要内容

开发建设项目水土保持督查的主要内容是：开发建设项目扰动地表、破坏地表植被、造成水土流失情况；水土保持方案及相关设计编制、审批和实施情况；水土保持监理、监测

工作开展情况;水土保持补偿费、防治费缴纳情况;水土保持设施验收情况;各级水行政部门监督检查与技术服务情况;其他与水土保持相关的情况。

3.项目督查的主要方法和程序

开发建设项目水土保持督查的主要方法和程序是:根据相关资料对年度督查、跟踪督查项目进行摸底;向省区级水行政主管部门及开发建设单位下发督查通知文件及开发建设项目水土保持报告制度表;开发建设单位填写和报送开发建设项目水土保持报告制度表;确定现场督查对象,组织现场督查组,开展现场督查;提出年度督查报告。

4.项目现场督查的主要方法和程序

开发建设项目水土保持现场督查的主要方法和程序是:向有关各方下发水土保持督查通知书文件;分别听取建设、施工、监理和监测单位相关水土保持工作的汇报;查阅相关的水土保持方案报告书、水土保持后续设计、水土保持工程施工记录、水土保持投资审计报告、竣工验收报告、监理报告、监测报告等;进行现场检查和相关人员询问调查;与建设单位座谈,形成初步督查意见或督查意见主体;形成督查意见或座谈会议纪要;向建设单位送达督查意见通知书。

8.1.2.2 黄河流域及西北内陆河地区历年督查情况

黄河流域及西北内陆地区大型开发建设项目呈逐年递增的趋势。2004 年,黄委首次开展了 13 个大型开发建设项目的水土保持督查;2005 年,重点督查对象为水利部 20 世纪 90 年代后期批复水土保持方案的 165 个国家大型开发建设项目,现场督查 113 个项目;2006 年,重点督查对象为 2005~2006 年期间审批动工和 2005 年已开展督查且需要继续跟踪督查的 180 个国家大型开发建设项目,现场督查 107 个项目;2007 年,重点督查对象为 2006~2007 年期间审批动工和 2005~2006 年已开展督查且需要继续跟踪督查的 384 个国家大型开发建设项目,现场督查 98 个项目。历年督查项目的行业分布见表 8-3。

表 8-3 国家大型开发建设项目督查行业分布表 (单位:个)

年份	2004	2005	2006	2007	合计
水利水电	2	18	15	37	72
火力发电	4	54	43	142	243
煤炭矿产	3	10	15	82	110
铁路工程	1	4	3	29	37
公路工程	2	15	15	54	86
油汽管线	1	7	8	22	38
输变线路	0	0	4	11	15
其他工程	0	5	4	7	16
合计	13	113	107	384	617

注:其他工程包括建筑材料、建筑工程、化工工程和有色金属等。

8.1.2.3 开发建设项目督查的意义与作用

黄河流域及西北内陆河地区面积 367.8 万 km^2,涉及新疆、青海、四川、甘肃、宁夏、内蒙古、陕西、山西、河南、山东等 10 个省(区)。这一地区有著名的塔克拉玛干沙漠、库布齐沙漠、毛乌素沙地、黄土高原等,生态环境脆弱,以风力、水力、重力、冻融等为动力的自然水土流失极为严重,同时由于区内蕴藏着丰富的煤炭、石油、天然气、有色金属等矿产资源,资源开发及配套公路、铁路、城镇等基础设施建设造成的人为水土流失也十分严重。水土流失不仅造成河流与水利设施的严重淤损,而且制约了区域经济、社会与生态的和谐发展。通过督查,获取开发建设项目的基础资料、掌握开发建设项目水土保持的情况,对全面落实开发建设水土保持"三同时"制度,有效控制自然和开发建设造成的人为水土流失,积极探索科学管理开发建设项目的制度、方式和方法,促进资源开发与区域经济、社会、生态的协调发展具有十分重要的作用。

通过连续多年督查工作,及时发现、纠正和解决了开发建设项目水土保持方案编制与审批、水土保持工程建设与管理、水土保持设施运行与管理等过程存在的一些问题;开发建设单位执行水土保持法律法规、自觉防治开发建设造成水土流失的意识明显提高;开展水土保持工程后续设计、监理和监测工作的比例逐年增加。2005年开发建设项目开展水土保持工程后续设计、监理和监测工作的比例均为25%,而2007年这一比例分别达到43%、50%和45%;开发建设项目主体工程施工中普遍采取了临时水土保持措施,水土保持规费征收和水土保持设施验收工作取得了一定的进展;各级水行政主管部门监督管理和技术服务的行为进一步规范,监督管理和技术服务的能力不断提高。实践证明,以流域机构为核心开展水土保持监督管理、流域管理与区域管理相结合的管理模式是目前最佳、最有效的开发建设项目水土保持监督管理模式。

8.2 水土流失防治与水土保持建设发展

8.2.1 水土流失防治

黄河流域的开发建设项目类型繁多,每类项目的结构组成和工艺流程各有特点,项目分布地区的地貌类型、自然条件和水土流失特点千差万别,因此开发建设项目的水土保持防治措施自然有很大的区别。开发建设项目应遵循"水土保持设施必须与主体工程同时设计、同时施工、同时投产使用",在防治责任范围内"分类指导,分区防治"的原则,开发建设人为水土流失防治措施体系是根据开发建设项目类别、防治责任范围、防治分区、防治目标、防治指标及其防治标准的具体情况确定的。

8.2.1.1 开发建设项目的分类

为科学预测开发建设造成的水土流失和布设水土流失防治措施,通常将开发建设项目按平面布局分为点型工程和线型工程,按水土流失发生的时限分为建设类项目和建设生产类项目。点型工程包括发电工程、采矿工程、冶金化工工程、城镇建设工程、水利水电工程、农林开发工程等;线型工程包括公路工程、铁路工程、管线工程、渠道工程、输变电工程等。建设类项目的水土流失主要发生在建设过程中,建设期完成投产后水土流失逐渐减少且趋于稳定,不再增加新的水土流失,如公路、铁路、输变电项目、管道项目、水利水电项目和城镇建设项目等;建设生产类项目在生产建设和运行期都将产生水土流失,如采矿项目在生产运行中要产生大量的剥离物、排弃物或矸石,燃煤站项目在生产运行中要产生大量的粉煤灰、石膏等废弃物,冶金化工项目在生产运行中需要建设大量的赤泥库和尾矿库等。

8.2.1.2　防治责任范围及其划分

防治责任范围是开发建设项目人为水土流失防治责任范围的简称,指依据法律法规的规定和水土保持方案,开发建设单位或个人对其开发建设行为可能造成水土流失必须采取有效措施进行预防和治理的范围,亦即开发建设单位或个人依法承担水土流失防治义务和责任的范围,同时也是水行政主管部门对开发建设项目依法进行监督检查和管理的范围。

防治责任范围是通过现场查勘、调查研究、多方协商的基础上依法科学确定的。一般情况下,根据工程建设的具体特点,水土流失防治责任范围包括项目建设区和直接影响区。项目建设区主要指生产建设扰动的区域,包括开发建设项目的征地范围、占地范围、用地范围及其管理范围;直接影响区指在项目建设区以外,由于工程建设,如专用公路、临时道路、高陡边坡削坡、渠道开挖、取料、堤防工程等,扰动土地的范围可能超出项目建设区(征占地界)并造成水土流失及其直接危害的区域。

8.2.1.3　防治目标、指标及其标准

结合水土流失重点防治区划分和区域综合治理规划要求,建设运行安全、功能稳定和功效持续的水土保持设施,对项目区原有和新增的水土流失进行预防和治理,最大限度地保护防治责任范围内的生态,促进水土资源的可持续利用和生态系统的良性发展。国家关于开发建设人为水土流失的防治标准制定了扰动土地整治率、水土流失总治理度、土壤流失控制比、拦渣率、林草植被恢复率和林草覆盖率 6 个定量指标。

开发建设项目水土流失防治标准的等级可按开发建设项目所处水土流失防治区划分法(简称“防治区法”)确定,或按开发建设项目所处地理位置、水系、河道、水资源及水功能等划分法(简称“功能区法”)确定。当按两种划分方法确定的防治标准执行等级不同时,按下列规定执行:当所处区域涉及两个标准等级时,采用高一级标准;点型项目采用同一个标准等级,线型项目分段确定标准等级。开发建设项目防治标准执行等级划分及适应范围见表 8-4,开发建设项目水土流失防治标准见表 8-5。

8.2.1.4　防治措施体系

开发建设项目的水土流失防治,应控制和减少对原地貌、地表植被、水系的扰动和破坏,保护原地表植被、表土及结皮层,减少占用水、土资源,提高水、土资源利用效率。对开挖、排弃、堆垫的场地必须采取拦挡、护坡、截排水以及其他整治措施。对弃土、弃石和弃渣等应优先考虑综合利用,不能利用的应集中堆放在专门的存放地,并按“先拦后弃”的原则采取拦挡措施,不得在江河、湖泊、建成水库及河道管理范围内布设弃土、弃石和弃渣场。在施工过程中必须有临时防护措施。施工迹地应及时进行土地整治,采取水土保持措施,恢复其利用功能。布设开发建设项目水土流失防治措施时,应结合工程实际和项目区水土流失现状,因地制宜、因害设防、总体设计、全面布局、科学配置。按照“分类指导,分区防治”的原则,在布设分区防护措施时,既要注重各分区的水土流失特点及相应的防治措施、防治重点和要求,又要注重防治分区的关联性、系统性和科学性。一般情况下,开发建设项目防治分区区分点型项目和线型项目按一级或两级进行分区。由于点型涉及的区域相对集中,地貌类型和水土流失类型可能比较单一,防治分区只按项目的结构和工艺组成划分,如某抽水蓄能电站的防治责任分区仅有一级分区,分为枢纽区、渣场区、施工公

表8-4 开发建设项目防治标准执行等级划分及适应范围

	一级标准	二级标准	三级标准
防治区法	国家级重点预防保护区、国家级重点监督区、国家级重点治理区和省级重点预防保护区	省级重点监督区、省级重点治理区	除一、二级标准涉及区域外的区域
功能区法	重要江河湖泊的防洪河段、水源保护区、水库周边、生态功能保护区、景观保护区、经济开发区等直接产生重大水土流失影响，并经水土保持方案论证确定为一级防治标准的区域	重要江河湖泊的防洪河段、水源保护区、水库周边、生态功能保护区、景观保护区、经济开发区等直接产生较大水土流失影响，并经水土保持方案论证确定为二级防治标准的区域	除一、二级标准涉及区域外的区域

表8-5 开发建设项目水土流失防治标准

		一级标准			二级标准			三级标准		
		A	B	C	A	B	C	A	B	C
建设类项目	扰动土地整治率(%)	*	95	—	*	95	—	*	90	—
	水土流失总治理度(%)	*	95	—	*	85	—	*	80	—
	土壤流失控制比	0.7	0.8	—	0.5	0.7	—	0.4	0.4	—
	拦渣率(%)	95	95	—	90	95	—	85	90	—
	林草植被恢复率(%)	*	97	—	*	95	—	*	90	—
	林草覆盖率(%)	*	25	—	*	20	—	*	15	—
建设生产类项目	扰动土地整治率(%)	*	95	>95	*	95	>95	*	90	>90
	水土流失总治理度(%)	*	90	>90	*	85	>85	*	80	>80
	土壤流失控制比	0.7	0.8	0.7	0.5	0.7	0.5	0.4	0.5	0.4
	拦渣率(%)	95	98	98	90	95	95	85	95	85
	林草植被恢复率(%)	*	97	97	*	95	>95	*	90	>90
	林草覆盖率(%)	*	25	>25	*	20	>20	*	15	>15

注：A代表施工期；B代表试点运行期；C代表生产运行期；“—”表示不存在；“*”值根据工程施工进度确定。

路区、施工营地场地区、水库淹没区和移民安置区；由于线型项目战线一般较长，涉及的地貌类型和水土流失类型可能比较多，一级分区一般按不同地貌类型或土壤侵蚀类型划分，二级分区按项目的结构和工艺组成划分。如某线型工程经过黄土高原地区，一级分区划分黄土丘陵沟壑区、黄土高原沟壑区和风沙区，也可划分为以水力侵蚀为主的地区、以风力侵蚀为主的地区和水蚀风蚀交错地区，而其二级分区则为路基工程防治区、场外公路防治区、铁路专用线防治区、排矸场防治区、桥涵工程防治区、生产生活防治区。在上述一级或二级防治分区的基础上，一般再把水土保持防治措施分为工程措施、植物措施和临时措施三类，最终形成完整的水土保持防治措施体系。

8.2.2　黄土高原地区水土保持建设发展

人民治理黄河,尤其是改革开放以来,黄土高原地区的水土保持以黄河支流为骨架,以小流域为单元,以重点治理为依托,以减少入黄泥沙、促进区域经济与社会发展、改善生态环境为目标开展综合防治,在改革中不断发展,走出了一条中国特色水土保持新路子。黄土高原地区的水土流失防治不仅丰富和发展了水土保持科学,而且对加快黄河治理、推动区域经济发展、改善生态环境改良和促进社会的和谐进步等发挥了显著的作用。

8.2.2.1　黄土高原地区水土保持成就与效益

中华人民共和国成立以来,黄土高原地区的水土保持工作有了很大发展,取得了前所未有的辉煌成就。截至 2005 年,累计初步治理水土流失面积 21.5 万 hm^2,其中建设基本农田 527.29 万 hm^2,营造水土保持林 946.13 万 hm^2、经果林 196.36 万 hm^2,人工种草 349.38万 hm^2,修建治沟骨干工程 4 714 座、淤地坝 8.25 万座;另外还修建了 176.05 万处(座)塘坝、涝池、水窖等小型蓄水工程。国家对水土保持的投资力度不断加大,水土流失的治理速度逐步加快;水土保持规划进一步加强,监督执法的领域不断拓宽;科研、监测等技术支撑的力度显著增强。保护和合理开发黄土高原地区的水土资源,为减轻水旱灾害、发展农村经济、改善生态环境、加快农民增产增收步伐,推动社会进步和显著减少入黄泥沙发挥了重要作用。

8.2.2.2　黄土高原地区水土保持经验

1.以小流域为单元综合防治水土流失

坚持以小流域为单元的综合治理,是充分发挥水土保持防护开发体系整体功能与综合效益的最佳途径。以小流域为单元,以黄河支流为骨架,坡面防治措施、沟道防治措施与农村基础设施建设相结合,工程措施、植物措施与农业耕作措施相结合,生态效益、社会效益与经济效益相结合,山水田林路统筹规划、因地制宜、综合防治,是黄土高原地区防治水土流失最成功的经验。在沟道建设淤地坝、治沟骨干工程、拦泥库以及小型拦蓄措施等治沟体系,可以起到快速拦截泥沙、拦蓄径流和洪水的作用,同时也为植物措施和坡面治理赢得了宝贵的时间、创造了相对适宜的条件;随着植物措施和坡面郁闭度的增加,其阻滞雨水击溅侵蚀、拦蓄径流、增加就地入渗、改善土壤理化性状作用逐渐显现,从而保障了沟道工程的持续安全运用;在地广人稀、雨量适宜区域,通过封山、禁伐、禁牧、轮牧、休牧等保护措施,转变农牧生产方式,控制人对自然的过度干扰,依靠自然力提高植被覆盖度是费省效宏的措施;加强干旱草原区、高地草原区、林区、土石山区、重要水源区和自然绿洲区的预防保护,加强对垦荒挖山、砍伐林木、草场超载和矿产、石油、天然气、有色金属、水利工程、交通、城镇基础设施等开发活动的监督管理,控制开发建设扰动地貌、破坏地表和植被、随意弃土弃渣的行为,可以有效减少人为水土流失。各种措施合理配置,相得益彰,共同发挥作用,就会收到事半功倍的效果。

2.因地制宜,分类指导

黄土高原地区东西长 1 100 多 km,南北宽 650 多 km,面积 64 万 km^2,横跨青海、甘肃、宁夏、内蒙古、陕西、山西、河南 7 个省(区),各地的自然、社会经济条件和水土流失状况差异很大。科技学术界曾就黄土高原地区的农业生产发展方向究竟以农业、林业、牧业谁为主和水土保持治理措施中工程措施与林草措施、治坡措施与治沟措施谁为主的问题展开过激烈的争论。应该说争论双方各据其理,但论点都不够全面。黄土高原地区的农业生产发展方向和治理措施部署必须因地制宜,分类指导。根据黄土高原地区的侵蚀形态(水力侵蚀、风力侵蚀和重力侵蚀等)、侵蚀程度(严重、一般和轻微)和侵蚀因子(地形、降雨、土壤、植被、人口密度和耕垦指数等),可将该区划分为严重流失区、局部流失区、轻微流失区 3 个一级类型区和黄土高原沟壑区、黄土丘陵沟壑区、黄土阶地区、冲积平原区、土石山区、林区、高地草原区、干旱草原区、风沙区 9 个二级类型区。土石山区、林区、高地草原区、干旱草原区和风沙区为局部流失区,农业生产方向为林牧业为主的地区,水土保持措施以保护现有植被、防止破坏为主;对已遭破坏、产生严重水土流失的土地采取积极的综合治理措施。黄土阶地区和冲积平原区为轻微流失区,农业生产方向为农业为主的地区,水土保持措施主要是进一步搞好水利,提高灌溉效益,力争高产;少量的侵蚀沟应采取类似于黄土高原沟壑区的治沟措施。黄土高原沟壑区和黄土丘陵沟壑区为严重流失区,农业生产方向为农林牧业并举的地区,对黄土高原沟壑区的水土保持措施要求是:"保塬固沟,以沟养塬",在塬面、沟头、沟坡、沟底形成四道防线;在黄土丘陵沟壑区的水土保持措施要求是:坡沟兼治,综合治理,建立梁峁顶、梁峁坡、峁缘线、沟坡和沟底防护体系。

3.突出重点、以点带面

经过长期的科学研究和艰苦的实践探索,人们对于对黄河下游淤积影响最大的产沙区和拦截泥沙的关键措施在认识上有了新的飞越。首先,划分了黄土高原地区水土保持国家重点预防保护区、国家重点监督区和国家重点治理区,明确了不同区域水土保持工作的特点、对策与措施;其次,明确划分了黄河中游多沙区、黄河中游多沙粗沙区和黄河中游粗泥沙集中来源区等危害黄河的重点区域,深化了对这些区域环境特点、产沙规律和治理方略的认识;最后,在治理措施的安排上,把淤地坝建设摆在突出重要的位置,注重大力推进生态的自我修复措施,明确治黄的关键措施。以黄河中游多沙粗沙区,尤其是黄河中游粗泥沙集中来源区为拦截泥沙的重点区域,以淤地坝为主的沟道工程措施为拦截泥沙的重点措施。安排治理措施布局,抓住了黄土高原地区水土流失治理的要害和关键,对于整个黄土高原地区的水土流失治理具有典型引路、以点代面的强烈辐射作用。

4.重视基本农田建设、农村产业发展和群众脱贫致富问题

黄土高原地区广大科技人员和农民群众在长期的生产实践中,创造了卓有成效的合理利用坡耕地的经验,其核心是在坡面上修筑梯田,实行等高种植,实现土地利用与土地适宜性、用地与养地的统一,使年内及年际间分布不均的降雨得到拦蓄、调节和利用,做到"秋雨春用,暴雨缓用",以水促肥,以肥调水,提高土地生产力。

例如,陕西省长武县自 20 世纪 80 年代开始,实施塬、坡、沟大规模水土保持治理开发,通过 10 年修筑基本农田、营建农田林网、植树造林、修筑沟埂沟头防护工程等,初步形成了塬、坡、沟三道立体的水土流失防线。农业总产值、粮食总产量和农民人均收入大幅度提高。1991 年被列为全国首批水土保持综合治理开发示范县后,开始了为期 5 年的"规模化治理、区域化开发、产业化发展"发展模式探索。期末全县累计治理水土流失面积 475 km^2,每年拦泥 229 万 t,拦蓄径流 380 万 m^3,年土壤侵蚀量下降了 60%,稳定了全

县95%的沟边和88.7%的沟头；全县2.5万hm²耕地的96.38%为高产稳产的基本农田，人均基本农田达0.13 hm²，其中人均水浇地0.03 hm²，实现了粮食自给；林牧用地比例大幅度提高，土地利用率由70%提高到87.6%，建成了以苹果、烤烟为拳头产品，花椒、大枣、蔬菜、畜产品、杂果全面发展的八大农产品商品基地，工农业总产值增长了111.4%，农业人均纯收入提高了70.5%；围绕农副产品加工和流通建成中小型企业4 560个，总产值上亿元，累计安排农村剩余劳力1.1万余人，建设商业网点2 500个和集贸市场6处，5万多个农民投入二、三产业，率先走上了富康之路。

8.2.2.3 黄土高原地区水土保持的创新

1.淤地坝

淤地坝是黄土高原地区人民群众在长期同水土流失斗争实践中创造出的一种行之有效的拦泥缓洪、保持水土、淤地造田的措施，在拦泥、淤地、减灾、提高水资源利用率、促进农业退耕、结构调整和经济增长、改善丘陵山区交通和生活条件等方面发挥了十分关键的作用。最早的淤地坝是自然形成的，有记载的人工筑坝始于明代万历年间，距今已有400多年的发展历史。1945年的黄委在西安荆峪沟修建了黄土高原地区的第一座淤地坝。新中国成立后，经过20世纪50年代的试验示范和60年代的推广普及，黄土高原地区的淤地坝在70年代有了很大的发展。为解决群众性建坝中标准低、配套差、无规划、缺设计以及易于发生连锁垮坝等问题，80年代中期以来，由原国家计委和水利部批准、原黄河中游治理局组织在陕北、晋西北、内蒙古南部、甘肃定西国家重点治理区、宁夏西海固地区和青海海东地区等开展了水土保持治沟骨干工程试点，开展了规范建设、规模发展、完善坝系、建管并重的新阶段。2003年以来，黄土高原地区水土保持淤地坝建设作为水利部启动的三大“亮点工程”之一取得了大规模的进展。据统计，黄土高原地区建成治沟骨干工程1 350余座，淤地坝11万余座，淤成坝地30多万hm²，发展灌溉面积5 300多hm²，保护淤地坝下游川台地1.3余万hm²。按沟道工程拦泥效益占水土保持措施效益65%计算，沟道工程平均每年减少黄泥沙2.3亿~2.9亿t。

2.小流域综合治理

“小流域综合治理”一词的来源可以追溯到1941年国民政府设立甘肃天水(陇南)水土保持试验区和陕西关中水土保持试验区时期。1944年，天水水土保持试验区选择大柳树沟作为小流域治理试验区，开始了“沟坡栽树，沟底打柳土、土石谷坊，沟口建量水堰”的小流域治理试验；1950年以后，黄委相继成立天水、西峰和绥德3个水土保持科学试验站，成功进行了修梯田、打坝、造林、种草和沟头防护等系列水土保持措施试验，并选择吕二沟、南小河沟、韭园沟、辛店沟作为试验小流域，因地制宜、因害设防地布设各种水土保持措施，开创了以小流域为单元综合治理的历史；20世纪六七十年代，黄土高原地区各省区仿效以小流域为单元综合治理的做法，先后规划治理了成千上万条小流域，有的与当地经济开发相结合，办成了发展区域经济的大样板，掀起了小流域综合治理的小高潮，产生了广泛而深刻的社会影响。

为探索不同类型区小流域综合治理模式，把治理与开发结合起来，实现小流域的快速治理，水利部1980年以来安排在黄河流域开展了5期169条小流域综合治理试点，其中90%左右安排在黄土高原地区。除部分试点小流域转入重点治理外，前4期试点中黄土高原地区先后有 141 条通过了竣工验收，流域面积 4 895.1 km^2，完成水土流失治理面积 1 725.2 km^2，新增治理程度 37.85%，使流域治理程度达到 70%以上。试点的开展为区域快速治理树立了一大批典型，对推动整个黄土高原地区水土保持治理开发起到了示范和辐射作用。各地以小流域为单元的水土保持综合治理工作蓬勃发展，1983 年和 1993 年开始的两期无定河、三川河、皇甫川和定西县 4 大片国家级水土流失重点治理，包括陕西、山西、内蒙古和甘肃 4 省区的 790 条小流域；1986 年，中国科学院开展了“黄土高原综合治理”国家重点攻关项目，组织了黄土高原地区科学考察，设立了 11 个综合治理试验示范区；1997 年开始的黄河上中游地区 18 条重点支流及沿黄水土流失重点区治理项目，涉及青海、宁夏、甘肃、内蒙古、陕西、山西和河南等省（区）29 个地（盟）67 个县（市、旗）的 176 条小流域；1998 年以来，启动实施的藉河、齐家川和韭园沟水土保持示范区项目包括 44 条小流域。目前，“以小流域为单元，山、水、田、林、路统筹规划，综合治理”已成为黄河流域乃至全国水土保持最成功的经验。据不完全统计，黄土高原地区各类重点治理小流域已发展到 3 600 余条。

3.雨水资源利用

黄土高原地区绝大部分地区为干旱或半干旱地区，一方面是严重缺水，另一方面有严重的水土流失，这是矛盾的两个方面，而矛盾的焦点又在“水”上。作为特定的生态类型区和重要的农业区，农业生产大面积依靠 200~600 mm 的降水资源，雨水成为农业生产和农村经济发展的限制因素，以雨养旱作农业为特征的农业承载能力逐渐不能满足人口增加生产的需求，导致对农业资源的掠夺式经营，使农业可持续发展成为该区 21 世纪生态恢复与农业发展的主要任务。雨水集蓄利用是一项古老而实用的技术，是黄土高原地区改善生态环境和提高土地生产的结合点，成为实现生态恢复和水土资源永续利用的重要手段。

雨水资源利用具有悠久的历史，公元前 2000 年的中东地区就有利用雨水的记载。在同干旱气候长期的斗争中，希腊、阿拉伯和以色列人积累了收集利用雨水的丰富经验。20 世纪 70 年代以来，美国、苏联、突尼斯、巴基斯坦、印度、澳大利亚、德国、日本、加拿大等国在雨水利用方面进行了大量研究。其后，世界各地悄然掀起了雨水利用的高潮，1982 年，夏威夷第一届国际雨水集流会议后，国际雨水集流系统协会（IWRA）成立，并多次召开学术会议，促进了国际间雨水利用的交流与研究。联合国粮农组织和国际干旱地区农业研究中心，也很重视雨水资源的利用问题。以色列、美国、澳大利亚等国成立了干旱研究机构，专门研究有关农业用水的问题。目前，以色列和日本分别在集雨农业灌溉和利用雨水回灌地下水方面成就显著。

我国黄土高原地区的劳动人民在长期的抗旱实践中创造和积累了丰富的雨水利用经验。距今约 4100 年的夏朝后稷时期便开始推行区田法，战国末期有了高低畦种植法和塘坝，明代出现了水窖。20 世纪 50~60 年代，我国创造出鱼鳞坑、隔坡梯田等就地拦蓄利用技术。在 20 世纪 80 年代后期，各地突破了原来雨水只作为人畜饮用的传统，纷纷实施雨水集流利用工程，收集的雨水被用于发展庭院经济和大田作物需水关键期的补充灌溉。如甘肃的“121 雨水集流工程”，陕西的“甘露工程”，山西的“123”工程，宁夏的“窖窖工程”，内蒙古即将启动的“112 集雨节水灌溉工程”和山西省实施的雨水集蓄工程。

目前,黄土高原地区集雨利用技术主要由收集、储蓄和高效利用三大部分技术组成。雨水收集技术主要有两类:一是通过水土保持工程改造田间微地形或采取水土保持耕作措施,集聚和存储降水,增加就地拦蓄入渗,如修筑水平梯田、隔坡梯田、水平沟、鱼鳞坑等或采取等高耕作、起垄耕作、粮草轮作、带状间作、渗水孔耕作及蓄水聚肥耕作技术等;二是采用自然集流面或人工修建的防渗集流面,收集并储蓄雨水在水窖等储水工程中供作物灌溉或人畜饮用的人工集流技术,如修建集雨场、集水渠、沉淀池、拦污栅和引水管等集雨设施等。雨水储蓄技术主要是通过修筑水窖、水池、涝池等蓄水工程设施,把集流面所汇集的径流拦蓄储存起来以备利用。雨水高效利用技术主要包括低压管道灌溉、注灌、膜下沟灌和微灌等节水灌溉技术和耕作保墒、覆盖保墒、抗旱品种筛选应用、化学制剂保水及有限补充灌溉等农艺节水技术。

集雨节灌是黄土高原地区发展高新种养业、生产高附加值农产品及生态系统建设的核心技术,是黄土高原地区人民观念的一次革命性变革,特别是以窖灌为标志的集雨节水技术是黄土高原地区旱作农业区的一项革命性的水土保持措施,可保证农业生产的持续与稳产。党的十五届三中全会提出"大力发展节水灌溉,把推广节水灌溉作为一项革命性措施来抓",《全国生态环境建设规划》也把"大力发展雨水集流节水灌溉和旱作节水农业"作为重要内容。实践证明,在干旱和水土流失严重的黄土高原地区,要使农业持续稳定地发展,就必须改变广种薄收的习惯,发展集雨灌溉农业,也就是在建设基本农田、提高粮食单产的同时,合理调整农林牧业用地比例,实现水土及其他自然资源的合理利用,增加林草植被,减少水土流失。通过调整农业结构提高系统物质和能量的转换效率、流通水平和整体功能。

4.多粗沙源区

近几十年来,黄土高原地区的水土保持科学研究坚持面向治理、面向区域经济社会发展的方针,大力开展应用基础和实用技术研究,在水土流失规律、水土保持措施、小流域综合治理模式和水土保持效益研究等方面完成了千余项科研项目,解决了许多关键性的技术难题,取得了大批具有较高学术水平和实用价值的科技成果。在众多水土保持科研成果中,最具价值的科研成果莫过于发现黄河中游多沙区、粗沙区、多沙粗沙和粗泥沙集中来源区这些对减少黄河下游淤积泥沙至关重要的区域。首先发现这一区域的是我国著名的泥沙专家钱宁教授等,钱宁等于20世纪60年代初在绘制黄河中游粗泥沙输沙模数图的基础上,得出粒径大于0.05 mm的粗泥沙主要集中于两个区域:皇甫川至秃尾河区域各条支流的中游地区,粗泥沙输沙模数达10 000 t/(km^2·a);无定河下游地区和广义的白于山地区,粗泥沙输沙模数分别达6 000~8 000 t/(km^2·a)和6 000 t/(km^2·a)左右。20世纪70年代以来,黄委及中国科学院的多位专家和科技人员,分别采用"来沙分配图法"与"指标法",对黄河上中游多沙区、粗沙区和多沙粗沙的范围与面积进行了多次界定与研究,奠定了黄河中游多粗沙源区研究的基础,但由于采用的资料、方法与指标不一致,以致成果数值有一定的差别,多沙区面积5.1万~21万km^2,粗沙区面积3.8万~21万km^{2}不等。1996~1999年,黄委组织开展的"黄河中游多沙粗沙区区域界定及产输沙规律研究",按照"多年平均输沙模数≥5 000 t/km^{2}的强度侵蚀以上水土流失区为多沙区、粒径大于0.05 mm粒级粗泥沙年均输沙模数≥1 300 t/km^{2}的水土流失区为粗沙区,具备多沙区和粗沙区条件的水土流失区为多沙粗沙区”的原则，经过外业查勘、内业分析和卫星遥感图片对照修正等综合研究，最终界定出黄河中游多沙区面积为 11.92 万 km^2、粗沙区面积为 7.86 万 km^2、多沙粗沙区面积为 7.86 万 km^2。2004～2005 年，黄委再次组织开展了“黄河中游粗泥沙区集中来源区界定研究”，以黄河中游多沙粗沙区为研究区域，按照粒径大于 0.10 mm 粒级粗泥沙年均输沙模数≥1 400 t/km^2的水土流失区为粗泥沙集中来源区的原则，经过资料整理、外业考察、内业分析和地理制图等综合研究，最终界定出的黄河中游粗泥沙集中来源区面积为 1.88 万 km^2。黄河中游多沙粗沙区和粗泥沙集中来源区的界定，明确了黄土高原水土流失治理的重点和关键区域，便于集中力量先抓主要矛盾，有的放矢地采取更加有效的措施，较快地收到事半功倍的效果，对于从根本上治理黄河具有革命性意义。

5.沙棘

沙棘原本是生长于我国及欧洲名不见经传、很少有人关注的落叶灌木，至今不过近百年的栽培历史。在黄土高原地区发现并研究具有神奇生态经济功能的水土保持植物措施——沙棘也算得上水土保持科学研究的重大贡献。虽然黄委及流域各省区的一些水土保持试验站从 20 世纪 50 年代初就开始了黄土高原地区的沙棘科研工作，且在沙棘生物学特性、分类体系和良种繁育研究取得了较大的进展，但我国真正栽培沙棘的历史也只有 20 多年。沙棘具有耐干旱、耐寒冷、耐瘠薄、耐轻度盐碱的特点，灌丛茂密，根系和根瘤发达，分蘖萌生能力很强，能有效保持水土、改良土壤和防风固沙，促进其他植物生长，达到快速改变恶劣生态环境的目的，同时沙棘浑身都是宝，果实、茎杆、枝叶和根系都有较高的开发利用价值，特别是果实和种子中含有丰富的营养物质和生物活性物质，在食品、饮料、保健品、药品及化妆品等领域具有广泛的用途。1985 年，时任水电部部长的钱正英为推动黄土高原地区的植被建设，加速治理水土流失，帮助山区农民脱贫，向中央提出了“以开发沙棘资源作为加速黄土高原治理的一个突破口”的建议，拉开了大规模种植开发沙棘的序幕。黄河上中游管理局组织开展了大量沙棘种植试验、示范、开发和研究工作，1986 年开始在砒砂岩分布最集中的内蒙古鄂尔多斯地区 17 个试种区种植沙棘；1990 年开始以准格尔旗、东胜市和达拉特旗的 8 个乡镇为重点项目区实施了砒砂岩沙棘专项治理工程；为加快砒砂岩沟道治理的步伐，1995 年开始在准格尔旗开展了沙棘治理砒砂岩千条沟工程，在砒砂岩裸露区人工栽植沙棘超过 3 万 hm^2；1994～1998 年，在总结前期沙棘工作经验的基础上开展了不同类型区沙棘示范建设项目，在青海、甘肃、宁夏、陕西、山西和内蒙古 6 个省（区）31 个县（旗、市）完成沙棘造林 6 万多 hm^2，涌现出了大通县、镇原县、清水县、彭阳县、吴起县（原吴旗县）、志丹县和准格尔旗等一批沙棘造林先进典型，推动了黄土高原地区沙棘资源建设的快速发展。据初步统计，黄土高原地区 1985 年底的沙棘资源面积为 50 多万 hm^2，之后以每年 3 万～7 万 hm^2的速度增长，到 2000 年底的沙棘资源面积超过 126 万 hm^2，约占全国面积的 85%。1998～2001 年，水利部沙棘开发管理中心采用“国家+公司+农户”模式，实施了“晋陕蒙砒砂岩区沙棘生态工程”，完成沙棘造林 8.18万 hm^2，十多年内使工程区内新增沙棘林 28.67 万 hm^2，大面积砒砂岩区的水土流失得到有效控制的同时，项目区群众通过种植沙棘、采收沙棘果叶实现每年增加收入 500 元以上，找到一条致富门路。我国目前有沙棘油、沙棘饮料和沙棘保健品等各类沙棘企业

200家左右,如果加上其他产品,总产值约3亿元人民币。黄土高原地区的绝大部分地区均适合种植沙棘,沙棘是黄土高原地区植被建设的一个关键树种,随着沙棘良种繁育和栽培技术的发展,沙棘企业加工能力的不断提升,种植沙棘必将为黄土高原地区恢复和重建植被做出更大的贡献。

6.监督监测

加强监督管理是防止人为造成水土流失的主要途径,是水土保持在工作方略上的一个根本转变。20世纪50年代中期以来,国务院发布的《中华人民共和国水土保持暂行纲要》及有关禁止垦荒、砍伐林木及兴修水利、公路、铁路等专项通知都对做好水土保持工作做出了具体规定;1982年6月3日,国务院发布的《水土保持工作条例》首先明确了"防治并重,治管结合,因地制宜,全面规划,综合治理,除害兴利"的水土保持工作方针,把预防和管理提到了非常重要的位置,并专设"水土流失的预防"章节,规定开荒、伐木、水利、交通、工矿等生产建设预防水土流失的要求;20世纪80年代中期,晋陕蒙接壤地区的神府—东胜煤田、河东煤田等被列为国家开发重点,煤田与基础设施建设呈现出国家、集体、个人一齐上的局面,为遏制可能造成的新的水土流失,国务院于1988年9月颁布了《开发建设晋陕蒙接壤地区水土保持规定》,黄河上中游管理在晋陕蒙接壤地区开展了以机构建设、法规建设、培训宣传、查处案件和制订规划为主要内容的水土保持监督执法试点,开始了水土保持监督事业的伟大开拓;1991年6月29日,《中华人民共和国水土保持法》的颁布实施,标志着水土流失防治步入了法制化轨道,通过多年的探索,已基本形成了水土保持预防监督法律法规、监督执法和技术服务三大体系,形成了流域管理与区域管理相结合的管理模式。目前,各省(区)都制定了《水土保持法实施办法》及配套法规;建立了水保监督执法机构387个,配备专、兼职监督执法人员7 000多人,已依法审批水土保持方案2万多个,查处水保违法案件1万余起,收缴水土保持防治费和补偿费1.3亿元。有效地巩固了水土保持治理成果,防止或减少了人为造成的新的水土流失。

黄土高原地区的水土保持监测可以追溯到20世纪40年代初黄委林垦设计委员会在陇南水土保持实验区开展的水土流失定位观测,但是"监测"一词引入水土保持却是1994年立项实施黄土高原水土保持世界银行贷款项目的事,当时的监测内容包括两部分:梯田、淤地坝、水浇地、造林、种草、小型拦蓄工程等水土保持措施计划执行、财务物资管理与工程质量监测;经济效益、水沙变化、环境影响、投资效果和技术服务效果监测。1998年立项实施的国家948项目"黄土高原严重水土流失区生态农业动态监测系统技术引进项目",给水土保持监测在内容上、在方法上、在工作制度上赋予了更为实质的内容。目前,水土保持监测工作已基本普及到区域水土流失的主要县市(旗),监测的内容、方法和标准随着实践的发展不断完善,并对全国水土保持监测工作的开展起到引路和探索的作用。1991年颁布的《中华人民共和国水土保持法》,明确了水土保持监测工作的地位和作用,标志着水土保持监测工作进入了新的发展阶段。截至2005年底,黄土高原地区建立水土保持监测机构169个,其中黄河海域监测中心1个、省级监测总站8个、地市级监测分站69个、县市(旗)级监测分站92个;有监测技术人员877人,基本形成了流域机构、省(区)、地(市)、县(旗)较完整的水土保持监测体系。

随着国家对水土保持的投资力度加大,水土保持监督执法领域的拓宽,水土保持科研、规划和监测等技术支撑的强化，黄土高原地区水土保持必将为减轻水旱灾害、改善生态环境，发展农村经济、加快农民增产增收步伐，推动社会进步和显著减少入黄泥沙发挥重要作用。

目前，黄土高原地区的水土保持工作面临难得的发展机遇。科学发展、可持续发展和人与自然和谐相处的理念不断深入人心，水土保持逐步得到全社会的普遍认同、积极支持和共同参与；不断完善的水土保持法律法规，为依法加强水土保持工作提供了强有力的法律保障，国家生态建设投入的不断增加，为水土保持提供了强大的物质基础，水土保持产权制度的改革，调动了群众治理水土流失、开发“四荒”资源、改善生活和生产条件的积极性，为水土保持提供了坚实的群众基础和多元化的投入渠道；水土保持与区域经济发展相结合，生态效益、经济效益与社会效益相结合，为水土保持注入了良性循环的活力，工程措施、植物措施与农业耕作措施相结合，坡面治理与沟道治理相结合，人工治理与生态修复相结合，提高了水土保持的综合效益。

参考文献

[1] 赵文林，等. 黄河泥沙[M]. 郑州:黄河水利出版社，1996.
[2] 程建伟，等. 黄河水沙分析及防洪工程实践[M]. 郑州:黄河水利出版社，2016 .
[3] 胡一三，张红武,刘贵芝,等.黄河下游游荡性河段河道整治[M].郑州:黄河水利出版社，1998.
[4] 钱意颖,叶青超,周文浩. 黄河干流水沙变化与河床演变[M]. 北京:中国建材工业出版社，1993.
[5] 胡春宏,陈建国,严军,等.黄河水沙调控与下游河道中水河槽塑造[M].北京:科学出版社,2007.
[6] 张攀,姚文艺,冉大川. 水土保持综合治理的水沙响应研究方法改进探讨[J]. 水土保持研究,2008,15(2):168-170.
[7] 刘继祥,郜国明,曾芹,等.黄河下游河道冲淤特性研究[J].人民黄河,2000(8):11-12.
[8] 许新宜,王红瑞,刘海军，等. 中国水资源利用效率评估报告[M]. 北京:北京师范大学出版社,2010.
[9] 孟庆枚，等. 黄土高原水土保持[M]. 郑州:黄河水利出版社,1996.
[10] 李国英. 维持黄河健康生命[M]. 郑州:黄河水利出版社,2005.
[11] 张仁，等. 拦减粗泥沙对黄河河道冲淤变化影响[M]. 郑州:黄河水利出版社,1998.
[12] 齐璞，等. 黄河水沙变化与下游河道减淤措施[M]. 郑州:黄河水利出版社,1997.
[13] 王金花,苏富岩,康玲玲,等. 黄河上游近 520 年天然径流量变化规律及预测分析[J].人民黄河,2009,31(10):71-73.
[14] 毕慈芬,郑新民,李欣,等. 黄土高原淤地坝对水环境的调节作用[J]. 人民黄河,2009,31(11):85-86.
[15] 刘立斌,刘斌,康玲玲. 水土保持综合措施拦沙的复合效应[J]. 水力发电,2008,34(11):20-23.
[16] 姚文艺,徐宗学,王云璋. 气候变化背景下黄河流域径流变化情势分析[J]. 气象与环境科学,2009,32(2):1-6.
[17] 匡键,张学成. 浅析黄河源区来水量减少的成因[J]. 水文,2008,28(4):80-81,91.
[18] 冉大川,王昌高,董飞飞,等. 黄河中游典型区域近期水土保持生态建设蓄水量分析[J]. 人民黄河,2008,30(7):66-67.
[19] 韩其为.黄河下游输沙及冲淤的若干规律[J].泥沙研究,2004(3):1-13.